D1655214

Einführung in die Nanobiomechanik

Beachten Sie bitte auch weitere interessante Titel zu diesem Thema

Sarid, D.

Exploring Scanning Probe Microscopy with MATHEMATICA

2007
ISBN: 978-3-527-40617-3

Kumar, C. S. S. R. (Hrsg.)

Nanodevices for the Life Sciences

2006
ISBN: 978-3-527-31384-6

Kumar, C. S. S. R. (Hrsg.)

Nanosystem Characterization Tools in the Life Sciences

2006
ISBN: 978-3-527-31383-9

Reich, S., Thomsen, C., Maultzsch, J.

Carbon Nanotubes

Basic Concepts and Physical Properties

2004
ISBN: 978-3-527-40386-8

Bonnell, D. (Hrsg.)

Scanning Probe Microscopy and Spectroscopy

Theory, Techniques, and Applications

2001
ISBN: 978-0-471-24824-8

Atsushi Ikai

Einführung in die Nanobiomechanik

Bildgebung und Messung durch Rasterkraftmikroskopie

Mit Beiträgen von Rehana Afrin, Sandor Kasas,
Thomas Gmür und Giovanni Dietler

WILEY-VCH Verlag GmbH & Co. KGaA

Autor

Prof. Atsushi Ikai
Innovation Laboratory
Tokyo Institute of Technology
Tokyo, Japan

Übersetzer

Dr. Michael Bär

Kapitel 2, 3 und 4 wurden mit Unterstützung von Herrn Carsten Heinisch, redaktor.de, übersetzt.

Originaltitel

The World of Nano-Biomechanics
© 2008 Elsevier BV.
This first print edition of the work The World of Nano-Biomechanics, ISBN 9780444527776 by Atsushi Ikai is published by arrangement with ELSEVIER BV of Radarweg 29, 1043 NX Amsterdam, The Netherlands.

Titelbild

Schema der Gelsäulenmethode zur Kraftmessung zwischen einer sich bewegenden Zelle und den Oberseiten der Säulen (Abbildung Dr. Ichiro Harada).

1. Auflage 2010

Bibliografische Information der Deutschen Nationalbibliothek
Die Deutsche Nationalbibliothek verzeichnet diese Publikation in der Deutschen Nationalbibliografie; detaillierte bibliografische Daten sind im Internet über <http://dnb.d-nb.de> abrufbar.

Printed in the Federal Republic of Germany

Gedruckt auf säurefreiem Papier

Satz Dr. Michael Bär, Shanghai
Druck betz-druck GmbH, Darmstadt
Bindung betz-druck GmbH, Darmstadt

ISBN: 978-3-527-40954-9

Inhaltsverzeichnis

Einführung in die Nanobiomechanik. Atsushi Ikai.

ISBN: 978-3-527-40954-9

Vorwort

Die Nanobiomechanik, die diesem Buch seinen Titel gegeben hat, entwickelt sich derzeit schnell zu einer neuen und attraktiven Disziplin der Forschung auf molekularer Ebene. Sie bildet eine Brücke zwischen den Bio- und Ingenieurwissenschaften. Die Biomechanik ohne den Vorsatz „Nano" ist bereits ein sehr aktives Gebiet, das sich überwiegend mit makroskopischen Bewegungen von und in Körpern und speziell mit der Dynamik der Blutströmung befasst. In der Nanobiomechanik werden viele erst vor kurzem entwickelte Geräte und Methoden zur Beobachtung und Manipulation einzelner Atome und Moleküle dazu verwendet, die Prinzipien der molekularen Wechselwirkungen zu verstehen, auf denen das Leben beruht. Ich selbst bin kein Physiker oder Ingenieur, sondern ein Biochemiker, den es in dieses aufregende Feld verschlagen hat und der sich für die Eigenschaften der Biomoleküle und Biostrukturen interessiert, die vor vier Milliarden Jahren dazu beigetragen haben, dass das Leben entstand, und die seine Ausbreitung seither so erfolgreich unterstützt haben.

Seit ich vor fast 20 Jahren anfing, mit der Rasterkraftmikroskopie zu arbeiten, habe ich in meiner eigenen Arbeit einige Probleme beim Wandeln zwischen den Welten von Biochemie und Material- oder Ingenieurwissenschaft erfahren. Ich musste einsehen, dass es eine Sache ist, zur Interpretation experimenteller Daten die gemessenen Größen durch Gleichungen mit den mechanischen Parametern eines Materials zu verknüpfen, aber eine ganz andere Sache, das Wesen dieser Gleichungen wirklich zu verstehen. In einer angewandten Wissenschaft werden bewährte Gleichungen aus verschiedenen Quellen entnommen und angewendet, was für einen Neuling immer wieder aufs Neue das Problem aufwirft, aus welchen Lehrbüchern er sich informieren kann, wenn er auf neue Gleichungen stößt. Dieses Buch soll hier eine Hilfestellung geben; es befasst sich ausschließlich mit den bewährten Resultaten der klassischen Mechanik, die bei der Messung der Materialeigenschaften von einzelnen Proteinen oder Zellen benötigt werden.

Einführung in die Nanobiomechanik. Atsushi Ikai.

ISBN: 978-3-527-40954-9

Dank der Entwicklung raffinierter neuer Instrumente, die eine Woge der Begeisterung unter Wissenschaftlern und Ingenieuren ausgelöst und die neue Disziplin der Nanotechnologie geschaffen haben, verschwinden einige der traditionellen Schranken zwischen biomedizinischer und physikalischer Forschung schnell, zumindest im Bereich der Erforschung einzelner Moleküle. Natürlich haben Physiker und Biologen unterschiedliche Herangehens- und Betrachtungsweisen, aber sie alle wollen das Verhalten von großen oder kleinen Molekülen verstehen oder neue Wege erforschen, diese durch direkte Berührung zu manipulieren.

Da biologische Makromoleküle nicht elektrisch leiten, läuft die biologische Informationsübertragung überwiegend mechanisch ab, durch direkte Kontakte von Atomen und Molekülen, nicht elektronisch wie bei Computern. Beispielsweise wird die Aktivität eines Enzyms in der Regel durch das Andocken und die Loslösung von Effektormolekülen an das bzw. von dem Enzym gesteuert. Ein Ligandenmolekül als Träger der extrazellulären physiologischen Information bindet an einen Membranrezeptor auf einer Zelle, der die Information auf mechanischem Weg an das Zellinnere weitergibt.

Beispiele wie diese gibt es in der Biologie im Überfluss. Sie alle verlangen, dass wir die Mechanik als ein wichtiges und unentbehrliches Werkzeug für ein Verständnis der Grundlagen der Biologie sowie die Entwicklung neuer Techniken zur Manipulation von Proteinen, DNA und Zellen akzeptieren und ernst nehmen. Eines der zahlreichen Ziele einer solchen Manipulation ist die Entwicklung neuer biomedizinischer Methoden.

Wenn wir die Mechanik als Werkzeug verwenden, um einzelne Moleküle zu manipulieren, dann müssen wir zumindest die Grundlagen der Mechanik von Materialien mit ihrer langen und bemerkenswerten Geschichte in der Physik und der Technik verstehen. Für viele von uns mit einem Hintergrund in Biologie, Molekularbiologie, Biochemie oder Chemie ist das Niveau der studentischen Ausbildung in Mechanik eher beschränkt, und es erfordert besondere Anstrengungen, die Funktionsprinzipien von Instrumenten für die Messung der mechanischen Eigenschaften von Materialien verstehen und die Ergebnisse solcher Messungen interpretieren zu können. Die meisten Veröffentlichungen in der Nanobiomechanik werden unter der Annahme geschrieben, dass die Leser mit der elementaren Mechanik sowie mit dem Hintergrund der für die Interpretation von Daten notwendigen Gleichungen vertraut sind. Es kostet viel Zeit (ist aber nicht unmöglich), sich die dazu benötigte Literatur aus einer großen Zahl von Lehrbüchern der Mechanik zusammenzusuchen und sich auf diesem Weg ein tieferes Verständnis der Gleichungen zu erarbeiten, für die Messung und Interpretation der Daten benötigt werden.

Dieses Buch ist im Wesentlichen eine Sammlung von grundlegenden Gleichungen aus der makroskopischen Kontinuumsmechanik, die notwendig sind, um aktuelle Arbeiten aus der Biomechanik im Nanometer- und Nanonewton-Maßstab zu verstehen. Ich habe versucht zu erklären, wie solche Gleichungen aus den grundlegenden Prinzipien der linearen Mechanik abgeleitet werden, in der Hoffnung, dass dieses Buch denjenigen Zeit sparen und Arbeit abnehmen wird, die neu auf diesem Gebiet und auf der Suche nach einer kurzen Zusammenfassung der wichtigsten Grundlagen der klassischen Mechanik sind. Das Thema dieses Buches ist hauptsächlich die statische Mechanik, daher werden Themen wie Viskoelastizität, Fluiddynamik und nichtlineare Mechanik, die auch in der Nanobiomechanik wichtig sind, nicht oder nur kurz behandelt. Für weitergehende Einführungen in diese Gebiete verweisen wir auf die einschlägigen Lehrbücher. Manche Leser werden dieses Buch zu elementar oder auch zu mathematisch finden, weil ich versucht habe, möglichst viele (auch elementare) Herleitungen anzugeben, um allen, die bisher weniger mit der Mechanik vertraut sind, das Wesen von Gleichungen nahe zu bringen und ihnen die Gelegenheit zu geben, mit der Denkweise der Mechanik vertraut zu werden.

Wie bereits gesagt liegt der Schwerpunkt des Buches auf den Grundlagen der Mechanik, daher sind die Anwendungsbeispiele keineswegs erschöpfend; das sollen sie auch nicht sein. Ich muss mich bei vielen Autoren wichtiger Arbeiten entschuldigen, weil ich sie in diesem Buch nicht zitiert habe. Die aufgeführten Beispiele sollen eher dazu dienen, Grundideen zu veranschaulichen und mechanische Prinzipien auf die Untersuchung von biologischen Makromolekülen und daraus aufgebauten Strukturen anzuwenden. Viele der Beispiele stammen aus dem Laboratory of Biodynamics des Tokyo Institute of Technology, an dem ich selbst arbeite. Mein besonderer Dank gilt den Verlagen und Autoren, die mir großzügig erlaubten, Abbildungen aus ihren Veröffentlichungen zu verwenden.

Ich würde mich gerne bei vielen Freunden und Kollegen bedanken, die mich beim Schreiben dieses Buches unterstützt haben; besonders danke ich R. Afrin für ihre Fallstudie zur Carboanhydrase II in Kapitel 8 und S. Kasas, T. Gmür und G. Dietler, die freundlicherweise Kapitel 12 über die Anwendung der Finite-Elemente-Methode beigetragen haben. Weiter danke ich H. Sekiguchi und I. Harada, die einige der Abbildungen erstellt haben, M. Miyata für eine Originalfotografie von Mycoplasma, R. Afrin, A. Yersin und H. Sekiguchi für das Probelesen des Manuskripts und schließlich A. Itoh für den Entwurf des Umschlags. Für die im Buch verbleibenden Fehler und unzulänglichen Erklärungen bin ich allein verantwortlich; ich freue mich über Anmerkungen und Kommentare von interessierten Lesern (per E-Mail an ikai.a.aa@m.titech.ac.jp).

Weiterhin danke ich neben vielen anderen vor allem O. Nishikawa, S. Morita und M. Tsukada, die mich in das Feld der Nanomechanik von Atomen und Molekülen eingeführt und mich ermutigt haben, meine Arbeit auf diesem Gebiet fortzusetzen. Ich bedanke mich auch bei meinen früheren und gegenwärtigen Kollegen und fortgeschrittenen Studenten, mit denen mich eine ausgezeichnete Zusammenarbeit bei der Aufklärung der Natur von Biomakromolekülen und biologischen Strukturen verband und noch verbindet.

Schließlich möchte ich mich bei Kristi Green, Donna de Weerd-Wilson, Ezhilvijayan Balakrishnan und Erik Oosterwijk bei Elsevier bedanken, die sich der Herstellung dieses Buches annahmen und mir eine große Hilfe waren.

Atsushi Ikai

Beitragende Autoren

Rehana Afrin
Tokyo Institute of Technology, Graduate School of Bioscience and Biotechnology, Department of Life Science, Laboratory of Biodynamics, 4259 Nagatsuta, Midori-Ku, Yokohama 226–8501, Japan

Sandor Kasas
Ecole Polytechnique Fédérale de Lausanne, Laboratoire de physique de la matière vivante, 1015 Lausanne, Schweiz, *und*
Université de Lausanne, Département de Biologie Cellulaire et de Morphologie, Bugnion 9, 1005 Lausanne, Schweiz

Thomas Gmür
Ecole Polytechnique Fédérale de Lausanne, Département de mécanique appliqué et d'analyse de fiabilité, 1015 Lausanne, Schweiz

Giovanni Dietler
Ecole Polytechnique Fédérale de Lausanne, Laboratoire de physique de la matière vivante, 1015 Lausanne, Schweiz

1
Kräfte in der Biologie

1.1
Woraus bestehen wir?

Das zentrale Thema dieses Buches wird die Frage sein: „Aus welchen Materialien bestehen wir?“ Verglichen mit vielen – natürlichen oder künstlichen – unbelebten Objekten in dieser Welt ist unser Körper weich und zerbrechlich. Warum ist unser Körper nicht so hart, dass bei einem Autounfall das Auto zerstört wird, während wir unverletzt überleben? Oder wenn das schon nicht möglich ist, weil unser Körper auf dem organisierten Zusammenwirken einer großen Zahl von Molekülen beruht, können wir dann wenigstens irgendwann die Montage und Demontage dieser Moleküle so weit kontrollieren, dass wir sie wieder zusammenbauen können, wenn unser Körper durch Verletzungen beschädigt ist? Die gezielte Manipulation von Atomen, Molekülen, Zellen und Geweben in unserem Körpers ist das Thema der „Nanobiomechanik“. Damit wir die Bestandteile unseres Körpers in einer entfernten Zukunft manipulieren können, müssen wir die physikalischen Eigenschaften der Materialien kennen, die ihn ausmachen. Da der Körper eher einem mechanischen als einem elektronischen Gerät ähnelt, untersuchen wir folglich die mechanischen Eigenschaften seiner Komponenten, also der Proteine, der Nukleinsäuren, der Polysaccharide, der Lipidgewebe, der Biomembranen und Zellen usw. Dabei setzen wir die modernsten Techniken ein, die uns gegenwärtig zur Verfügung stehen. Es ist eine wichtige Tatsache, dass die häufigsten Bausteine des Körpers – die Proteine – elektrisch nichtleitend sind. Die Informationsübertragung innerhalb und zwischen Proteinstrukturen erfolgt daher hauptsächlich durch mechanische Deformationen.

Da jede mechanische Manipulation durch Anwendung einer Kraft auf die betreffenden Objekte erfolgt, werden wir im ersten Kapitel den Begriff der Kraft in unserer Alltagserfahrung erforschen. Kraft ist etwas, was wir fühlen können, und daher ein vertrauteres Konzept als thermodynamische Funktionen wie Enthalpie oder Entropie. Dieses Buch befasst sich mit der Wirkung von Kräften im Kleinen, weil wir über Atome und Moleküle und schließlich über lebende Zellen sprechen werden, die weniger als 1 mm groß sind. Atome sind aus Protonen, Neutronen und Elektronen aufgebaut; sie sind sehr stabil und zerbrechen in unserem Körper nicht (abgesehen von einem winzigen

Einführung in die Nanobiomechanik. Atsushi Ikai.

ISBN: 978-3-527-40954-9

Anteil von Radioisotopen). Moleküle sind Gruppen von Atomen, die durch kovalente Bindungen zusammengehalten werden und die ebenfalls ziemlich stabil und schwierig zu zerstören sind, aber doch viel leichter als Atomkerne. Moleküle können von einer Form in eine andere umgewandelt werden, indem kovalente Bindungen geschaffen, gebrochen oder ausgewechselt werden, häufig mithilfe eines Katalysators. Ein viel zitiertes Beispiel ist die industrielle Umwandlung von Stickstoffgas in Ammoniak mithilfe von Katalysatoren. In lebenden Organismen sind mehrere zehntausend Katalysatoren damit beschäftigt, aus Nahrungsmitteln die Gewebe unseres Körpers aufzubauen und die Energie zu gewinnen, die wir brauchen, um zu leben.

Die Katalysatoren in unserem Körper werden Enzyme genannt. Eines von ihnen, die Invertase, bindet beispielsweise ein Zuckermolekül und wandelt es in Glukose und Fructose um, indem es die kovalente Bindung spaltet, die die beiden im ursprünglichen Zuckermolekül verbindet. Ein spezifisches Substratmolekül aus den Millionen ähnlich aussehender Moleküle gezielt binden zu können, ist der entscheidende erste Schritt für ein Enzym. Die Bindung wird in diesem Fall durch schwächere Kräfte bewirkt, die mit so genannten *nichtkovalenten Wechselwirkungen* oder *nichtkovalenten Bindungen* zusammenhängen. Alle Handlungen und Bewegungen unseres Körpers sind das Resultat dieser nichtkovalenten Wechselwirkungen zwischen Zehntausenden von Molekülen in unserem Körper. In den folgenden Kapiteln werden wir die Arten von Wechselwirkungen untersuchen, die auf molekularer Ebene in lebenden Organismen wirken. Leben bedeutet Bewegung und Aktivität. Um dazu in der Lage und dabei möglichst effizient zu sein haben Organismen viele raffinierte Mechanismen entwickelt, die hauptsächlich auf Proteinen, Nukleinsäuren, Lipiden und Kohlenhydraten beruhen. Wir werden die grundlegende Natur der so geschaffenen Mechanismen und ihrer Bestandteile auf molekularer Ebene untersuchen.

1.2 Kräfte und der menschliche Körper

1.2.1 Schwerkraft und hydrodynamische Kraft

Was „Kraft" ist, spüren wir in den Muskeln unseres Körpers, wenn wir ein Gewicht gegen die Schwerkraft anheben oder wenn wir plötzlich unser Auto beschleunigen. Weil Kraft das Produkt aus Masse (m) und Beschleunigung (a) ist, spüren wir, wenn das Auto beschleunigt, aber nicht, wenn es mit einer konstanten Geschwindigkeit fährt (d. h. wenn $a = 0$ ist). In der Achterbahn spüren wir sowohl die Schwerkraft als auch die Zentrifugalkraft, wenn der Wagen um scharfe Kurven rast. Wenn uns jemand plötzlich von hinten stößt, empfinden wir die Kraft als einen Schubs. Eine plötzliche Einwirkung einer Kraft wie in diesem Fall wird *Stoß* genannt. Kraft ist offensichtlich immer etwas, das wir körperlich spüren können, wenn wir angestoßen werden.

Wir fühlen die Schwerkraft der Erde, weil wir mit unserem großen und schweren Körper in Luft leben, die eine viel geringere Dichte hat als unser Körper. Würden wir wie Wale und Fische im Wasser leben, spürten wir die Schwerkraft viel weniger, weil die Kraft der Gravitation größtenteils durch den Auftrieb im Wasser kompensiert würde. Wenn wir nun zu viel kleineren Maßstäben übergehen, lernen wir ein Leben ohne Schwerkraft kennen. Bakterien schwimmen beispielsweise frei herum, ohne viel von der Schwerkraft zu spüren. Ihr Leben ist viel stärker von der Viskosität des Wassers bestimmt. Weil ihr Körper so klein ist, überwiegt der Viskositätseffekt über die Wirkung der Massenträgheit. Die *Reynoldszahl Re* gibt eine Abschätzung der relativen Bedeutung von Trägheit und Zähigkeit:

$$Re = \frac{\rho R v}{\eta}\,, \tag{1.1}$$

wobei ρ, R, v und η die Dichte, die charakteristische Größe und die Geschwindigkeit des bewegten Körpers und der Viskositätskoeffizient von Wasser sind. Wenn die Reynoldszahl kleiner als etwa 2 000 ist, ist das Strömungsmuster um den bewegenden Körper glatt ohne jede Turbulenz und wird laminare Strömung genannt. Für $Re > 2000$ ist die Strömung dagegen turbulent. In beiden Fällen spürt der bewegte Körper erstens einen Trägheitswiderstand, weil er eine Wassermasse beiseite schieben muss, und zweitens einen viskosen Widerstand durch das Wasser an seiner Oberfläche. In einer turbulenten Strömung spürt der bewegte Körper aufgrund von Wirbeln außerdem eine Zugkraft. Die Kraft auf eine Kugel mit dem Radius r in einer laminaren Strömung ist durch das stokessche Gesetz gegeben, wobei f, η und v der Reibungskoeffizient, die Viskosität der Flüssigkeit und die Geschwindigkeit der Kugel sind:

$$F = f \times v = 6\pi \eta r v\,. \tag{1.2}$$

Von dieser Kraft stammen etwa 2/3 aus der Viskosität und 1/3 vom Druckeffekt des Wassers. Für ein Bakterium mit einem Durchmesser von etwa 1 μm, das mit einer Geschwindigkeit 1 μm pro Sekunde in Wasser schwimmt, ist die Kraft etwa 0.02 pN, was ziemlich klein im Vergleich zu der durch das Geißelsystem des Bakteriums erzeugten Kraft ist. Auf einer Skala von Mikro- oder Nanometern ist die Viskosität wichtiger als die Trägheit oder die Kraft aufgrund von Wirbeln in der Flüssigkeit, sodass die Kraft auf die Kugel nach dem stokesschen Gesetz berechnet werden kann. Der Reibungskoeffizient muss je nach der Form des bewegten Körpers verändert werden. Reibungskoeffizienten für nicht kugelförmige Körper können näherungsweise durch die von

Garcia de la Torre entwickelte Methode [1, 2] berechnet oder durch numerische Anpassung an analytische Ausdrücke für abgeplattete oder verlängerte Ellipsoide [3, 4] erhalten werden. Nach [1] kann man einen Näherungswert für den Reibungskoeffizienten eines beliebig geformten Gegenstands erhalten, indem man die Form des Gegenstands durch Kugeln mit den Radien R_i in Abständen r_{ij} von den Zentren anderer Kugeln mit den Radien R_j aufbaut und die folgende Gleichung verwendet:

$$f = \frac{6\pi\eta \sum_{i=1}^{N} R_i}{1 + \frac{2 \sum_{i=1}^{N} R_i \sum_{i=1}^{N} R_i \frac{R_i R_j}{r_{ij}}}{\sum_{i=1}^{N} R_i R_i}} . \tag{1.3}$$

Nach dieser Methode bestimmte Ikai den Reibungskoeffizienten von komplexen Proteinen [5].

Die hydrodynamische Kraft auf Mikroorganismen und Moleküle ist recht klein; sie ist jedoch ein wichtiger Faktor, um ihr Verhalten verstehen zu können.

Die Biomechanik untersucht die Wirkung von verschiedenen Arten von Kräften auf makroskopische biologische Strukturen. Durch ausgefeilte Analysen auf der Grundlage einer mathematischen Formulierung der Mechanik kann man die Reaktion biologischer Strukturen auf äußere Kräfte verstehen. Umfassende Abhandlungen dazu sind in der Literatur [6, 7] zu finden.

1.2.2 Reibungskoeffizienten

Die Reibungskoeffizienten eines Zylinders mit der Länge L und dem Radius r in einer laminaren Strömung sind in Tabelle 1.1 angegeben. Die Indizes geben an, ob die Strömung und der Zylinder parallel oder senkrecht zueinander angeordnet sind [3].

1.3 Der große Bruder: Biomechanik

Die Biomechanik selbst hat eine lange Geschichte. Dieser Zweig der Wissenschaft befasst sich mit den mechanischen Grundlagen der Funktion und der Bewegung unseres Körpers und somit vor allem mit makroskopischer Mechanik. Ihre Grundlage ist die hoch entwickelte theoretische und experimentelle Mechanik mit ihrer langen Geschichte hervorragender Grundlagenforschung und zahlreichen nützlichen Anwendungen z. B. im Bauwesen und der Werkstoffkunde. Obwohl sie ursprünglich ein Zweig der technischen Mechanik ist,

Tabelle 1.1 Reibungskoeffizienten von verschiedenen Körpern in einer laminaren Strömung.

Richtung der Reibung	Zylinder ($L \gg r$)	Ellipsoid ($b \gg a$)	Kugel
f_{parallel}	$\dfrac{2\pi\,\eta L}{\ln(L/2r) - 0.20}$	$\dfrac{4\pi\,\eta b}{\ln(2b/a) - 0.5}$	$6\pi\,\eta r$
$f_{\text{senkrecht}}$	$\dfrac{4\pi\,\eta L}{\ln(L/2r) + 0.84}$	$\dfrac{8\pi\,\eta b}{\ln(2b/a) + 0.5}$	$6\pi\,\eta r$
f_{Rotation}	$\dfrac{\frac{1}{3}\pi\,\eta L^3}{\ln(L/2r) - 0.66}$	$\dfrac{\frac{8}{3}\pi\,\eta b^3}{\ln(2b/a) - 0.5}$	$8\pi\,\eta r^3$
$f_{\text{axiale Rotation}}$	$4\pi\,\eta r^2 L$	$\frac{16}{3}\pi\,\eta a^2 b$	$8\pi\,\eta r^3$

η, L, r, b und a sind der Viskositätskoeffizient der Flüssigkeit, die Länge und der Radius des Zylinders und die lange bzw. kurze Achse des Ellipsoids. Reibungskoeffizienten für Zylinder in der Nähe einer planaren Oberfläche sind in [3] zu finden. Wiedergabe mit freundlicher Genehmigung aus [3].

wurden auch viele Arbeiten gerade im Bereich der medizinischen Anwendungen wie z. B. der Sport- und Rehabilitationsmedizin veröffentlicht, und es arbeiten Wissenschaftler aus vielerlei Disziplinen auf diesem Gebiet. Sowohl in der Grundlagenforschung als auch in der Industrie stößt die Biomechanik auf großes Interesse; der *World Congress of Biomechanics* ist eine gut besuchte Veranstaltung (zuletzt 2006 in München). Dort wurde eine Vielfalt von Themen diskutiert wie z. B. die Mechanik der Muskelkontraktion, der Blutfluss, die Organentwicklung, die Wirkungen von Verletzungen, künstliche Gliedmaßen, Sportmedizin und seit kurzem auch die Mechanik der Moleküle und Zellen in unserem Körper. Nanobiomechanik kann als Kind der Biomechanik aufgefasst werden, in dem Sinn, dass sie sich mit der Wirkung von Kräften auf Biomoleküle und Biostrukturen befasst, die in der Größenordnung von Nanometern bzw. Nanonewton liegen. Das Prinzip der Mechanik ist in der Biomechanik und in der Nanobiomechanik dasselbe, aber die Methoden zur Messung einer kleinen Kraft und ihrer Wirkung auf Biosysteme unterscheiden sich von denjenigen, die in der makroskopischen Biomechanik zum Einsatz kommen. Die klassische Mechanik befasst sich hauptsächlich mit Materialien, die homogen zusammengesetzt und deren Abmessungen groß im Vergleich zu einer Messsonde sind. Eine umfassende Behandlung der Biomechanik ist bei Fung [6] zu finden.

Die Entwicklung von verschiedenen physikalischen Methoden zur Messung kleiner Kräfte und Verschiebungen hat Wissenschaftler auf den Gebieten Biomakromoleküle und Zellstrukturen dazu ermuntert, die Beziehung zwischen der angewandten Kraft und der Deformation zu untersuchen, die in ihren Proben auf molekularem Niveau auftritt (Spannungs-/Dehnungs-Beziehung). Indem wir solche Beziehungen experimentell untersuchen und theoretische Vorhersagen anwenden, können wir mechanische Parameter be-

Tabelle 1.2 Mechanische Parameter, die in diesem Buch verwendet werden.

Parameter	Zeichen	Effekt
Elastizitätsmodul, Young-Modul	Y, (E)	Dehnung und Kompression
Torsionsmodul, Schubmodul	G, (μ)	Verformung durch Scherspannung
Poissonzahl, Querdehnzahl	ν, (σ)	Dickenänderung bei Dehnung
Kompressionsmodul	κ	Kompression bei isotropem Druck
Torsionssteifheit	τ	Verdrehung
Biegesteifheit	YI, (EI)	Verbiegung

Anmerkung: Formelzeichen in Klammern sind häufig verwendete alternative Ausdrücke.

stimmen, die für die Materialeigenschaften der Probe charakteristisch sind. Dank der technologischen und theoretischen Fortschritte in der Nanowissenschaft und der Nanotechnologie können wir heute ein einzelnes Proteinmolekül anstoßen und/oder ziehen, um die Kraft zu bestimmen, die wir benötigen, um es von einem kompakten Kügelchen zu einer linear ausgedehnten Schnur zu entfalten. Die resultierenden Kurven geben uns viele Informationen über die Starrheit und Zugfestigkeit der intramolekularen Struktur. Ein ähnliches Experiment ist auch mit einem einzelnen DNA-Strang möglich – mit dem genetischen Material selbst. Mit dieser Methode konnte der Mechanismus aufgeklärt werden, nach dem sich DNA mit einer Gesamtlänge von etwa 1 m in einen Zellkern mit einem Durchmesser von einigen Mikrometern faltet.

In diesem Buch werden die Materialeigenschaften von biologischen Makromolekülen aus ihnen zusammengesetzten Strukturen erklärt. In Tabelle 1.2 sind einige der hierfür relevanten Parameter mit kurzen Anmerkungen vorgestellt.

1.4 Molekulare Grundlagen biologischer Konstruktionen

Das Grundprinzip biologischer Konstruktionen ist, dass alles „bottom up" aus Molekülen aufgebaut wird, d. h. alle makroskopischen Bauteile des Körpers werden mithilfe von molekularen Wechselwirkungen direkt aus Molekülen zusammengefügt. Da es für diese Aufgabe keine geeigneten Bauarbeiter gibt, hilft sich unser Körper mit dem Prinzip der Selbstmontage (engl. *self-assembly*) der einzelnen Moleküle. Um einen Vergleich zu bemühen: Ein Kran auf einer Baustelle ist aus einer relativ kleinen Zahl möglichst starrer und steifer makroskopischer Bauteile mit einem vorgegebenen Design aufgebaut, die von einem Team von Monteuren oder Robotern zusammengefügt werden. Seine Beweglichkeit beruht auf einer relativ kleinen Zahl flexibler Gelenke, und seine Bewegungen werden durch die Kraft eines zentralen Elektromotors angetrieben, die über Kabel verteilt wird. Der menschliche Arm führt eine ähnliche

Aufgabe aus wie ein Kran, nur auf einem kleineren Maßstab, aber seine Bewegung wird direkt durch eine Ansammlung von Muskelzellen kontrolliert und die Kraft wird direkt von der molekularen Bewegung von Proteinfilamenten in der Zelle erzeugt. In dieser Weise beruhen biologische Systeme auf den dynamischen Wechselwirkungen einer großen Zahl von Molekülen, vor allem Proteinen. Proteine sind lineare Polymere aus zwanzig Arten von Aminosäuren, die zu speziellen dreidimensionalen Anordnungen zusammengefaltet werden, sodass sie optimal für ihre jeweilige Funktion programmiert sind.

Auf molekularer Ebene wirken Proteine als Enzyme, Antikörper, Rezeptoren, Kanäle, Inhibitoren und Hormone, und in organisierten Ansammlungen bilden sie Mikrotubuli, Muskelfilamente, Sehnen, Knochen, Zähne, Haare oder Seidenfasern, um nur einige zu nennen. Es sind Tausende von Enzymen bekannt, von denen jedes eine spezifische Reaktion katalysiert, sodass Tausende von biochemischen Reaktionen kontrolliert ablaufen, um den jeweiligen Organismus am Leben zu erhalten. Wie oben angedeutet hat ein Enzym die Fähigkeit, genau eine Art von Molekül, das so genannte Substrat, aus Millionen von anderen an sein *aktives Zentrum* zu binden und eine notwendige Veränderung an diesem Molekül auszuführen. Das Andocken eines Substrats an das aktive Zentrum ist der erste Schritt der Enzymkatalyse. Dieses Andocken ist im Prinzip ein mechanischer Prozess in dem Sinn, dass das Substrat durch mechanisch gesteuerte Prozesse angezogen und zum aktiven Zentrum geleitet wird. Und wenn das Substrat schließlich am aktiven Zentrum des Enzyms angekommen ist, verändert sich die dreidimensionale Anordnung des Enzyms, um das Substrat in sein aktives Zentrum aufzunehmen, wobei es dieses zwingt, auch seine Konformation etwas aus der stabilsten Anordnung zu verzerren, vor allem in dem Bereich um die zu brechende(n) Bindung(en). Diese verzerrte Konformation ähnelt schon dem aktivierten Zustand des Substrats entlang des Reaktionsweges, der zu dem gewünschten Produkt führt. Das gebundene Substrat sitzt somit 'aktiviert' im aktiven Zentrum des Enzyms. Diese Aktivierung wird ohne Temperaturerhöhung erreicht, aber auf Kosten der Bindungsenergie an das aktive Zentrum. Das aktive Zentrum des Enzyms besitzt an strategischen Positionen funktionelle Gruppen aus Aminosäure-Seitenketten, um das Substrat in eine Anordnung zu bringen, die seinem aktivierten Zustand ähnelt, und so die Konversion vom Reaktanten zum Produkt unter milden Bedingungen zu erleichtern. Im aktivierten Zustand liegt das Substrat in der Regel in einer mechanisch gespannten Konformation vor, und das Enzym muss starr genug sein, um diese Spannung über eine angemessene Zeit aufrechtzuerhalten, während der die Reaktion mit einer höheren Wahrscheinlichkeit ablaufen kann.

Bindung – genauer gesagt *spezifische Bindung* – ist ein wichtiges und zentrales Thema in der Biochemie. Viele Proteine arbeiten mit anderen Molekülen zusammen und wiederholen immer wieder dieselben Prozesse von Bindungsbildung und -bruch. Wenn die bindenden Moleküle klein sind, nennt man sie *Liganden* und das Protein heißt Rezeptor; häufig sind die Liganden aber auch bestimmte Teile von Makromolekülen wie z. B. DNA, Proteinen oder Polysacchariden. In diesen Fällen nennt man die Makromoleküle ebenfalls Liganden. Antikörper sind ein Beispiel für Bindungsproteine ohne katalytische Funktion. Sie bilden eine Familie von eng verwandten Proteinen mit einer gemeinsamen dreidimensionalen Struktur, aber jedes von ihnen besitzt eine besondere Affinität zu einem spezifischen Ligandenmolekül, dem so genannten *Antigen*. Das Antigen, das an einen Antikörper bindet, entspricht dem Substrat, das an ein Enzym bindet, aber weder aktivieren Antikörper ihre Liganden noch katalysieren sie ihre Umwandlung in andere Moleküle. Lerner [8] versuchte erfolgreich, die Anordnung von Aminosäuren um die Bindungsstelle eines Antikörpers so zu modifizieren, dass er den gebundenen Liganden aktiviert; ein solcher zum Enzym verwandelter Antikörper wird *katalytischer Antikörper* oder *Abzym* genannt. Eine aktuelle Übersicht über katalytische Antikörper ist in [9] zu finden.

Ein Antikörper hält das Antigen in seinem stabilen Grundzustand und bildet durch seine di- oder multivalente Bindungsfähigkeit ein dreidimensionales Gel. Dieses Gel hilft dem Körper bei der Beseitigung von körperfremden Antigenen durch Aktivierung des Immunsystems mithilfe von Fresszellen wie z. B. Makrophagen. Die Bindung von Antigenen und die Entstehung eines dreidimensionalen Netzes von Antikörper–Antigen-Komplexen sind größtenteils durch die Thermodynamik des Systems bestimmt, aber auch die mechanische Stabilität des Systems ist ein wichtiger Faktor für die Haltbarkeit des Netzes im Blut.

Eine andere prominente Gruppe von Bindungsproteinen sind die Rezeptorproteine, die häufig über stark hydrophobe Transmembransegmente, die sich mit der Kohlenwasserstoffschicht der Phospholipidmembran verbinden, in der Zellmembran verankert sind. Diese Proteine werden *intrinsische* oder *integrale* Membranproteine genannt; sie besitzen in der Regel extrazelluläre und intrazelluläre Segmente an den beiden Enden des membranübergreifenden Segments. Die Bindung von Liganden erfolgt meist auf der extrazellulären Seite, gelegentlich aber auch auf der intrazellulären Seite. Die Liganden binden dabei an einen spezifischen Rezeptor, um physiologische Informationen von anderen Teilen des Körpers zu übermitteln, z. B. um die biochemische Aktivität bestimmter Arten von Zellen an einen neuen metabolischen Zustand des Körpers anzupassen. Die Bindung eines Liganden an die extrazelluläre Bindungsstelle des Rezeptors muss daher dem intrazellulären metabolischen System durch eine Konformationsänderung oder den Aggregationsstatus des Rezeptors übermittelt werden.

1.5 Weiche und harte Materialien

Die Strukturen der biologischen Welt werden durch Selbstmontage einer großen Zahl gleicher oder unterschiedlicher Moleküle aufgebaut, nicht durch Zusammenbau makroskopischer Bauteile aus festen Materialien wie Metallen und/oder Kristallen. Die Atome in Metallen und Kristallen sind durch starke metallische oder kovalente Bindungen verknüpft, wohingegen die Bindung zwischen Biomolekülen gewöhnlich durch viel schwächere Wechselwirkungen vermittelt wird, die so genannten *nichtkovalenten Bindungen*. Sie werden häufig gar nicht als „Bindungen" bezeichnet, sondern als nichtkovalente „Wechselwirkungen". Zwar werden Atome in Molekülen durch starke kovalente Bindungen zusammengehalten, aber die Zahl von Atomen innerhalb selbst eines Makromoleküls beträgt gewöhnlich nicht mehr als einige zehntausend, höchstens einige Millionen, wohingegen zum Aufbau auch nur einer Fingerspitze in der Größenordnung von 10^{20} Atome gebraucht werden – zig Milliarden mehr als die Zahl der Atome in einem Molekül. Daher wird unser Körper von einer großen Zahl von schwachen Wechselwirkungen zwischen winzigen Bausteinen, den Biomolekülen, zusammengehalten.

Die Weichheit und Flexibilität unseres Körpers ermöglicht uns, viele Millionen unterschiedlicher Gesichtsausdrücke und Körperhaltungen einzunehmen, die in Robotern noch sehr schwierig zu reproduzieren sind. Roboter bestehen aus Metallen, Plastik und amorphen Materialien – festen makroskopischen Baustoffen. Die motorischen Fähigkeiten von Robotern sind durch die Größe ihrer Komponenten und die Stärke der Verbindungen zwischen ihnen festgelegt. Da die Bestandteile eines Roboter„körpers" Abmessungen in der Größenordnung einiger Zentimeter haben und die Stärke der Verbindungen zwischen ihnen in der Größenordnung von einigen Newton liegt, laufen ihre Bewegungen im Zentimetermaßstab gleichmäßig ab, aber nicht im Mikrometermaßstab. Menschliche Körperbewegungen erscheinen im Vergleich dazu fast perfekt, vor allem wenn man junge und trainierte Menschen wie die Spitzensportler bei Olympischen Spielen betrachtet.

Der Nachteil unseres weichen und flexiblen Körpers ist seine Verletzlichkeit, die sich z. B. beim Aufprall auf harte Objekte wie Felsen oder Autos offenbart. Bei einem Autounfall ist es fast immer der menschliche Körper, der zerstört wird. Um diesen Nachteil zu überwinden und unseren Körper widerstandsfähiger gegen heftige Zusammenstöße mit harten Objekten zu machen, schufen unsere Vorfahren fast überall auf der Welt Harnische aus kleinen Metallstücken, Leder, starken Fasern usw., wenn auch das genaue Design von Ort zu Ort unterschiedlich war. Sie schützten den Körper bis zu einem gewissen Grad, allerdings mit bedauerlichen Kompromissen in Hinblick auf die Anmut der Bewegungen.

Wir verstehen nun, warum unser Körper nicht aus starren Armen und Drähten gebaut ist, wie wir sie bei Kränen auf einer Baustelle sehen. Muskeln bestehen aus Milliarden von Milliarden von Proteinmolekülen – Myosin und Aktin –, die zu sehr dünnen, aber noch molekülgroßen, Fasern gebündelt werden. Die Wechselwirkungen zwischen Myosin und Aktin betragen zwischen null und einigen Pikonewton (10^{-12} N). Eine Kraft von 1 N ist das Gewicht von 100 mL Wasser auf unserer Hand. Ein Pikonewton ist ein billionstel Newton, d. h. wir bräuchten wenigstens 10^{12} Myosin/Actin-Wechselwirkungen, um 100 mL Wasser zu heben. Wenn wir die Zahl der Myosin/Actin-Wechselwirkungen variieren, können wir die Kraft fast kontinuierlich verändern.

Während die Weichteile von biologischen Strukturen gewöhnlich aus Proteinen, Lipiden und Kohlenhydraten bestehen, sind die harten Teile wie Knochen, Schalen oder Schuppen meist Verbundwerkstoffe aus anorganischen und organischen Materialien. Säugetierknochen bestehen aus Calciumphosphat im Komplex mit dem Protein Kollagen; Schalen von Austern und anderen Schalentieren aus Calciumcarbonat im Komplex mit dem Protein Conchiolin. Die Panzer von Krebsen bestehen aus dem starren Polysaccharid Chitin, komplexiert mit Calciumionen. Das Konstruktionsprinzip solcher biologischen harten Materialien ähnelt dem von Baumaterialien, die wir Menschen bei unseren Bauwerken einsetzen, z. B. Beton.

Die charakteristischen Eigenschaften von lebenden Organismen finden wir jedoch am ehesten in den Weichteilen wie Muskeln, Herz, Leber, Haut und Gehirn. Da die auffälligsten Bestandteile der Weichteile Proteine sind, wollen wir sie kurz durch die Brille der Materialwissenschaft betrachten. Protein ist uns am vertrautesten in Form von Fleisch. Fleisch ist der weiche Bestandteil des Körpers von Tieren, auch Säugetieren, und hat eine sehr ähnliche Textur wie unser Körper. Proteine sind im Inneren der Zellen eingeschlossen, die im Prinzip nicht weiter als Beutel aus Phospholipid-Doppelschichtmembranen sind, wie Abbildung 1.1 schematisch zeigt.

Die Phospholipid-Doppelschicht ist etwa 5 nm dick und ist für Wasser und viele unpolare Moleküle durchlässig, aber undurchlässig für Ionen. Dieser kleine Beutel aus Phospholipid-Doppelschichten ist dadurch in der Lage, eine heterogene Umgebung in einem ansonsten homogenen Medium zu erzeugen. Innerhalb der Umhüllung aus Phospholipid-Doppelschichten sind die häufigsten Makromoleküle viele Tausende von unterschiedlichen Proteinen mit jeweils spezifischen Funktionen. Die Eigenschaften jedes Proteins werden durch die Zahl der Aminosäurereste bestimmt, die kovalent zu einem Polymermolekül verknüpft sind, sowie durch ihre Reihenfolge von einem Ende des Moleküls bis zum anderen. Diese Anordnung der Aminosäurereste wird *Aminosäuresequenz* genannt; sie bewirkt eine spezifische biologische Funktion. Somit ist jedes Polymer mit einer bestimmten Sequenz

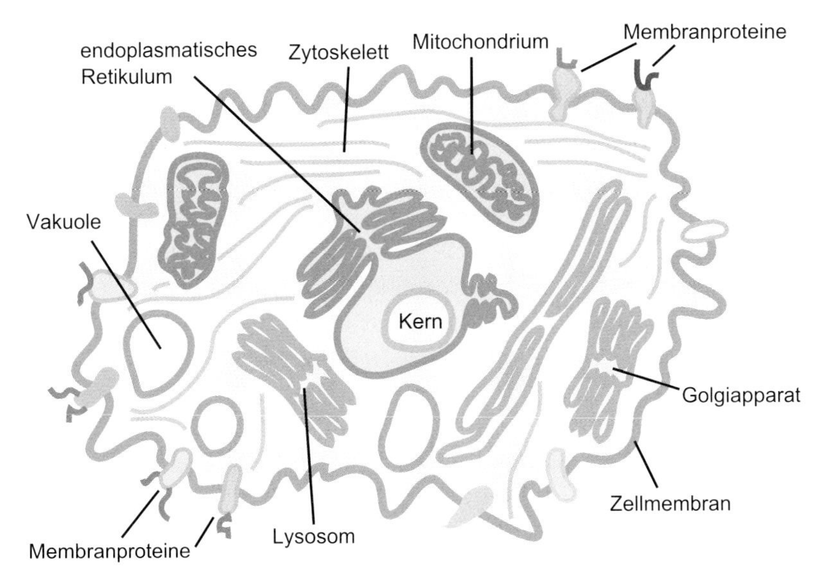

Abbildung 1.1 Schematischer Querschnitt durch eine tierische Zelle. Nur Hauptorganellen im Zytoplasma sind gezeigt. Für eine farbige Version der Abbildung siehe Anhang E.

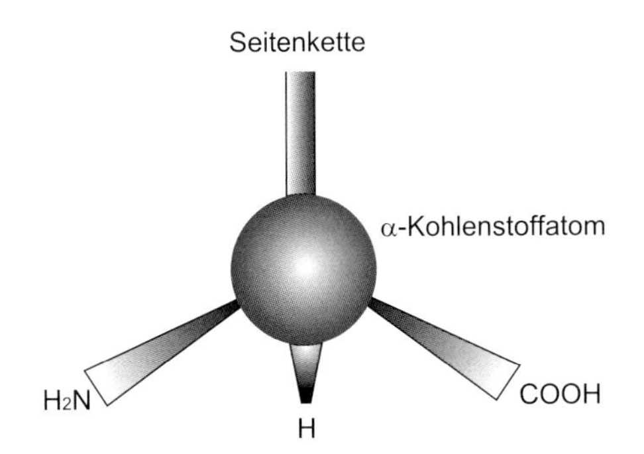

Abbildung 1.2 Die Struktur einer L-α-Aminosäure. Es gibt 20 (nach neueren Ergebnissen 22) Arten von Seitenketten, die die lebenswichtigen Eigenschaften von Zehntausenden unterschiedlicher Proteine hervorbringen.

ein eigenes Protein und bekommt daher einen eigenen Namen. Alle Aminosäuren besitzen eine Amino- und eine Carboxylgruppe an ihrem zentralen α-Kohlenstoffatom, wie Abbildung 1.2 zeigt. Die restlichen Valenzen des α-Kohlenstoffatoms werden durch ein Wasserstoffatom und die *Seitenkette* besetzt. Alle Aminosäuren, die die Aminogruppe auf dem α-Kohlenstoffatom tragen, werden α-Aminosäuren genannt. Das α-Kohlenstoffatom ist ein chirales Zentrum; alle natürlich vorkommenden Aminosäuren besitzen an diesem

Zentrum L-Konfiguration. Nach den unterschiedlichen Seitenketten unterscheidet man 20 Gruppen von Aminosäuren, die jedoch alle dieselbe Struktur um das zentrale α-Kohlenstoffatom besitzen. Theoretisch gibt es unendlich viele α-Aminosäuren, aber in lebenden Organismen kommen nur 20 (bis 22) davon vor, die die Proteine in den Zellen aufbauen.

Proteine werden in der Zelle als lineare polymere Kette synthetisiert, deren Aminosäuresequenz durch den in der DNA des Genoms gespeicherten genetischen Code bestimmt wird. Die Hauptfunktion des Genoms ist, die Aminosäuresequenzen von mehreren zehntausend unterschiedlichen Proteinen zu speichern und es der Zelle zu ermöglichen, die gespeicherte Information auszulesen, um Kopien der gerade benötigen Proteine zu produzieren. Die gespeicherte Information wird in Form von mRNA (Boten-RNA, engl. *messenger RNA*) innerhalb des Kerns ausgelesen und ins Zytoplasma transportiert. Die Proteinsynthesefabrik im Zytoplasma ist das Ribosom, das aus einer kleinen und einer großen Untereinheit besteht, von denen jede wieder aus verschiedenen Arten von RNA und Proteinen aufgebaut ist. Ribosomen verknüpfen die Aminosäuren gemäß der in den mRNA enthaltenen Anweisungen, wobei sie die Energie aus energiereichen Phosphatbindungen beziehen. Am Ende der Polymerisation in den Ribosomen liegen die Proteine als lineare Kette aus Hunderten oder Tausenden von Aminosäureresten vor – ein Polypeptid ohne jede biologische Funktion. Was den neugeborenen Polypeptiden eine biologische Funktion gibt, ist die so genannte *Faltung*.

Nach der Biosynthese hat das Polypeptid ein paar Sekunden Zeit, um seine unter den gegebenen physiologischen Bedingungen thermodynamisch stabilste Konformation zu finden. Gewöhnlich führt dies zu einer bestimmten, kompakten Konformation, dem *nativen Zustand*. Christian Anfinsen gebührt der Ruhm, zweifelsfrei gezeigt zu haben, dass die thermodynamisch stabilste Konformation eines gegebenen Polypeptids gerade der native Zustand des Proteins mit der jeweiligen biologischen Funktion ist [10, 11]. Er extrahierte das Protein Rinder-Pankreasribonuklease A in vollständig funktioneller Form und zerstörte seine native Konformation und biologische Aktivität durch Zugabe von Harnstoff in hoher Konzentration – was eine bewährte Methode ist, um die meisten nichtkovalenten Wechselwirkungen zu zerstören. Er zerstörte auch Disulfidbrücken in den nativen Molekülen, indem er sie mit 2-Mercaptoethanol reduzierte. Nachdem er geprüft hatte, dass das Protein keine Funktion mehr besaß, trennte er den Harnstoff und das 2-Mercaptoethanol durch Dialyse ab und zeigte, dass ein großer Teil des denaturierten Proteins seine ursprüngliche biologische Aktivität wiedergewann und erneut die charakteristische Konformation des nativen Zustands einnahm. Als den wichtigsten Schritt konnte er dabei die Rekonstruktion der reduzierten Disulfidbrücken in ihren einzigartigen Originalzustand (eine von 105 unterschiedlichen Möglichkeiten) identifizieren.

Heute zählt es zum Allgemeinwissen, dass ein Proteinmolekül spontan eine native Konformation einnimmt, wenn es die Möglichkeit dazu hat. Innerhalb einer Zelle ist diese Möglichkeit aus Platzmangel manchmal – oder oft – eingeschränkt. In solchen Fällen tritt eine bestimmte Klasse von Proteinen in Aktion, die *Chaperone*, die jedem Protein zu einem geschützten Bereich verhelfen, in dem die Faltung ungestört ablaufen kann [12–15]. Im Prinzip haben Chaperone keine andere Funktion als ein Proteinmolekül einzufangen und es für einige Sekunden innerhalb ihres eigenen Hohlraums festzuhalten, bis es sich erfolgreich in seine native Konformation gefaltet hat.

1.6 Biologische und biomimetische Strukturmaterialien

Menschen versuchen oft, raffinierte und effiziente biologische Funktionen mithilfe künstlicher Materialien nachzuahmen. Ein wichtiger Grund dafür ist, die empfindlichen biologischen Funktionen robuster zu machen, sodass wir sie für unsere Zwecke nutzen können. Zum Beispiel hat man versucht, weiche Materialien wie Proteine und proteinbasierte Strukturen durch synthetische Polymere im Verbund mit anorganischen Materialien zu imitieren, um sie entweder als vorläufigen oder dauerhaften Ersatz für verletzte oder beschädigte Gewebe in Patienten zu verwenden. Um Kunststoffe zu finden, die im Körper optimal verträglich, d. h. *biokompatibel* sind, müssen wir zusätzlich zu ihren chemischen und biochemischen Eigenschaften auch die physikalischen Eigenschaften der Originalgewebe kennen. Es ist üblich, die mechanischen Konstanten der Materialien zu messen, die als Kandidaten für den Ersatz von harten Geweben wie Knochen oder Zähnen in Frage kommen. Auch die mechanischen Konstanten von Muskeln und Adern, die das Ersatzteil umgeben, müssen gemessen oder abgeschätzt werden. Die Verbesserung der Oberflächeneigenschaften von biomimetischen Strukturen ist eines des am intensivsten erforschten Gebiete, ebenso wie die Herstellung von biologisch abbaubaren Polymeren und Keramiken.

1.7 Abnutzung von biologischen Strukturen

Können Proteine und andere biologische Strukturen Katalyse- oder Bindungsprozesse beliebig lange ohne Abnutzung wiederholen? Wenn eine Kraft auf einen ideal elastischen makroskopischen Gegenstand wirkt, verändert sich seine Form und in seinem Inneren wächst die Dehnungsenergie; wenn die Kraft entfernt wird, kehrt seine Form wieder in den Originalzustand zurück und die Dehnungsenergie wird wieder null. In der Praxis verändert sich sei-

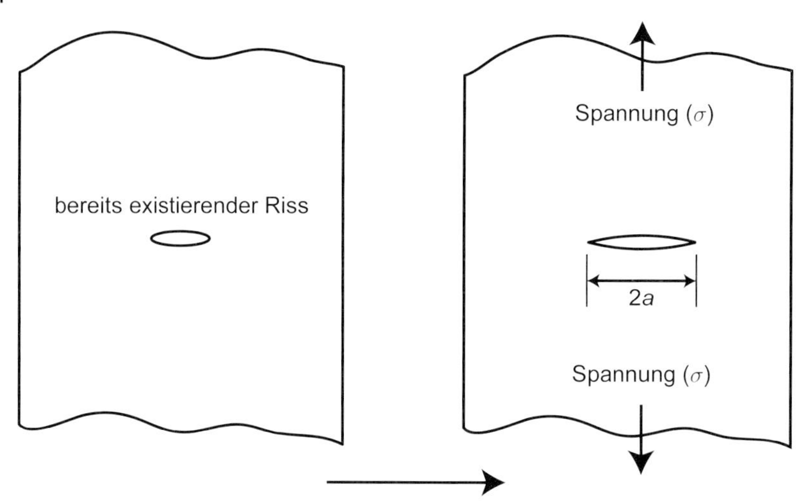

Abbildung 1.3 Rissausbreitung in einem unvollkommenen zweidimensionalen Material. Ein in (a) bereits existierender Riss wird durch die Wirkung einer longitudinalen Spannung so verformt, dass die Krümmung an beiden Enden des Risses null wird. Die Spannung konzentriert sich an den beiden Kanten, was dazu führt, dass der Riss sich wie in (b) horizontal ausbreitet.

ne Struktur jedoch auf atomarer Ebene, während das Material gespannt ist. Das Entfernen der äußeren Kraft bringt die Atome dann nicht mehr auf ihre ursprüngliche Position zurück, das Material erreicht also seine ursprüngliche Form nicht wieder. Das gilt insbesondere für teilweise plastische Materialien. Wenn ein solcher Prozess mehrere zehntausend Mal wiederholt wird, wird die dauernde Umordnung von Atomen und das Brechen von Bindungen schließlich kleine Hohlräume oder Risse in dem Material bilden, die letztlich zum Bruch des Materials führen werden.

Eine allgemeine Theorie der Materialermüdung und experimentelle Beobachtungen dazu sind in [16] zu finden. Die Ausbreitung von bereits vorgebildeten Rissen wurde von Griffith in den 1920er Jahren [17] als wichtiger Faktor für das mechanische Versagen von Werkstoffen erkannt. Er vermutete aus den Materialkonstanten von Materialien mit Mikrorissen, dass die Zugfestigkeit von Materialien im Allgemeinen viel geringer war als erwartet, weil eine äußere Kraft (bzw. Spannung, die in Kapitel 2 als Kraft pro Querschnittsfläche definiert wird) dazu neigt, sich an diesen Rissen zu konzentrieren und ein Sprödbruch des Materials durch Rissausbreitung (Abbildung 1.3) stattfindet. Ein Ermüdungsbruch ist eine besondere Art von Bruch, der nach Einwirkung einer äußeren Kraft über eine ausgedehnte Zeitdauer auftritt und meist bei metallischen Gegenständen beobachtet wird.

Die kritische Spannung σ_k für die Rissausbreitung in einem spröden Material ist

$$\sigma_k = \left(\frac{2Y\gamma_s}{\pi a} \right)^{1/2} , \tag{1.4}$$

wobei Y der Elastizitätsmodul, γ_s die spezifische Oberflächenenergie und a die halbe Länge eines Mikrorisses ist.

Gleichung (1.4) kann hergeleitet werden, indem man das Gleichgewicht zwischen der Änderung der elastischen Energie um den Riss $(-\pi a^2\sigma^2/Y)$ und der Zunahme der Oberflächenenergie $(4ar_s)$ aufgrund der Rissvergrößerung betrachtet.

Biologische Nanostrukturen arbeiten ständig an der Produktion und dem Transport von benötigten Metaboliten. Die Arbeit der Biostrukturen ist meist von kleinen oder großen Konformationsänderungen begleitet, die eine Ursache für die Abnutzung solcher Strukturen sein müssten, wenn wir unsere alltäglichen makroskopischen Erfahrungen übertragen können. Zum Beispiel erfordert der Motor eines Autos regelmäßige Pflege und Wartung, damit er weiterhin funktioniert. Biologische Nanostrukturen sind gegenüber Abnutzung überraschend unempfindlich. Ein gutes Beispiel sind rote Blutkörperchen, die während ihrer Lebensdauer von etwa 120 Tagen [18] ungefähr 200 000-mal durch unseren Körper zirkulieren. Während ihrer Reise durch die Adern müssen sie auch Kapillaren durchqueren, die nur halb so dick sind wie ihr eigener Durchmesser von 8 μm. In den Kapillaren ändern sie ihre Form von der normalen bikonkaven zu einer projektilähnlichen Gestalt. Auch nachdem sie das einige hunderttausend Mal wiederholt haben, behalten sie ihre biologische Aktivität fast vollständig; sie werden jedoch mit einer mittleren Halbwertzeit von 120 Tagen ständig durch neue Zellen ersetzt.

Wenn die Oberfläche eines Gegenstands ständig in schleifendem Kontakt mit einer anderen Oberfläche ist, wird fortlaufend ein Teil der Oberflächenatome entfernt, was zu einer Abnutzung der Oberfläche führt. Unser Körper ist mit Haut bedeckt, d. h. mit Epithelzellen, die ständig von innen erneuert werden, nachdem die alten abgescheuert sind. Dieser kontinuierliche Ersatz von alten Bestandteilen des Körpers durch neu gebildete ist das grundlegende Prinzip, mit dem biologische Systeme das Problem der Abnutzung lösen. Es ist ebenso bei Pflanzen zu sehen, z. B. wenn Bäume die Blätter im Herbst abwerfen, die sie sie seit dem Frühling für Fotosynthese und Atmung verwendet haben. Im Frühling werden neue Blätter austreiben, die wieder eine Vegetationsperiode lang Energie für die Biosynthese liefern werden.

Es stellt sich die Frage, ob Biomoleküle (oder allgemeiner Moleküle) sich abnutzen. Unter dem Einfluss von Licht (vor allem UV-Licht), Röntgenstrahlen oder starker elektrischer Felder können Moleküle zerstört werden, aber gegenüber mechanischen Beanspruchungen sind sie sehr stabil. Insgesamt können die Strukturänderungen von biologischen Molekülen und Strukturen grundsätzlich Millionen und Milliarden Mal wiederholt werden, ohne dass wir Anzeichen von Abnutzung erkennen können.

1.8 Thermodynamik und Mechanik in der Biologie im Nanometermaßstab

Die Prozesse des Lebens werden häufig nicht in den Begriffen des thermodynamischen Gleichgewichts diskutiert, sondern im Kontext von dynamischen Nichtgleichgewichtszuständen. Das ist grundsätzlich richtig, aber in den meisten biochemischen Experimenten betrachten wir einen kleinen Ausschnitt von Prozessen des Lebens als befänden sie sich im thermodynamischen Gleichgewicht. Auch im Alltag sehen wir viele natürliche und künstliche Erscheinungen als Gleichgewichte. Von einem allgemeinen Standpunkt aus ist die Erde selbst, einschließlich aller Phänomene, die auf ihrer Oberfläche stattfinden, jedoch in einem Nichtgleichgewichtszustand. Zum Beispiel hatten wir bereits festgestellt, dass der native Zustand eines Enzyms die thermodynamisch stabilste Konformation für eine gegebene kovalente Struktur (d. h. Primärstruktur) ist. Auch viele andere scheinbar dynamische Eigenschaften von biologischen Prozessen folgen bei genauer Analyse der molekularen Wechselwirkungen der Gleichgewichtsthermodynamik. Lokal betrachtet kann man damit sagen, dass das Leben auf Gleichgewichtsbeziehungen zwischen Molekülen beruht. Dass wir es mit Nichtgleichgewichtsprozessen zu tun haben, zeigt sich jedoch dann, wenn wir den gesamten Metabolismus des Körpers betrachten, wobei wir tägliche Nahrungsaufnahme und die Entsorgung der Abfallstoffe berücksichtigen müssen. Die wichtigste Konsequenz der Tatsache, dass der Körper ein offenes System im Nichtgleichgewichtszustand ist, ist seine Fähigkeit, ständig alte Materialien zu entsorgen und sie durch neu erworbene oder synthetisierte zu ersetzen. Es gibt gewissermaßen einen unbegrenzten Vorrat an Rohstoffen, die in benötigte Komponenten umgewandelt werden können, sowie effiziente Prozesse zur Entsorgung dessen, was nicht mehr gebraucht wird. Überflüssige Proteine werden durch das Ubiquitin/Proteasom-System abgebaut, defekte Zellen erleiden den programmierten Zelltod (*Apoptose*) usw. Das Grundprinzip ist, dass der Organismus aus den Nahrungsmitteln chemische Energie gewinnt, um andere Rohstoffe in die Moleküle umzuwandeln, die er zum Weiterleben benötigt.

Literaturverzeichnis

1 Bloomfield, V., Dalton, W. O., van Holde, K. E. (1967) Frictional coefficients of multisubunit structures, 1. Theory. *Biopolymers*, **5**, 135–148.

2 Garcia de la Torre, J., Bloomfield, V. A. (1977) Hydrodynamic properties of macromolecular complexes, 1. Translation. *Biopolymers*, **16**, 1747–1763.

3 Howard, J. (2001) *Mechanics of Motor Proteins and the Cytoskeleton*, Sinaur Associates, Sunderland.

4 van Holde, K. E., Johnson, C. und Ho, P. S. (1998) *Principles of Physical Biochemistry* (2. Auflage), Prentice-Hall, Englewood Cliffs.

5 Ikai A. (1986) Calculation and experimental verification of the frictional ratio of hagfish proteinase inhibitor. *Journal of Ultrastructure and Molecular Structure Research*, **96**, 146–150.

6 Fung, Y. C. (1993) *Biomechanics: Mechanical Properties of Living Tissues*, Springer, New York.

7 Winter, D. A. (2004) *Biomechanics and Motor Control of Human Movement*, Wiley, New York.

8 Lerner, R. A., Benkovic, S. J., Schultz, P. G. (1991) At the crossroads of chemistry and immunology: catalytic antibodies. *Science*, **252**, 659–667.

9 Keinan, E. (Hrsg.) (2005), *Catalytic Antibodies*, Wiley-VCH, Weinheim.

10 Anfinsen, C. B., Haber, E. (1961) Studies on the reduction and re-formation of protein disulfide bonds. *Journal of Biological Chemistry*, **236**, 1361–1363.

11 Haber, E., Anfinsen, C. B. (1961) Regeneration of enzyme activity by air oxidation of reduced subtilisin-modified ribonuclease. *Journal of Biological Chemistry*, **236**, 422–424.

12 Ellis, R. J. (1987) Proteins as molecular chaperones. *Nature*, **328**, 378–379.

13 Gething, M. J., Sambrook, J. (1992) Protein folding in the cell. *Nature*, **355**, 33–45.

14 Horwich, A. L., Neupert, W., Hartl, F. U. (1990) Protein-catalysed protein folding. *Trends in Biotechnology*, **8**, 126–131.

15 Hartl, F. U. (1996) Molecular chaperones in cellular protein folding. *Nature*, **381**, 571–580.

16 Suresh, S. (1998) *Fatigue of Materials* (Cambridge Solid State Science Series) (2. Auflage), Cambridge University Press, Cambridge.

17 Griffith, A. A. (1921) Phenomena of rupture and flow in solids. *Philosophical Transactions of the Royal Society*, **221**, 163–198.

18 Yawata, Y. (2003) *Cell Membrane: The Red Blood Cell as a Model*, Wiley-VCH, Weinheim.

2
Einführung in die Grundlagen der Mechanik

2.1
Elastische und plastische Verformung

Ein Probekörper (in der Sprache der Ingenieure ein Bauelement) wird verformt, wenn eine Zug-, Kompressions- oder Scherkraft auf ihn einwirkt. Eine Zugkraft verlängert ihn, eine Kompressionskraft verkürzt ihn, eine Scherkraft verbiegt ihn. Wenn man die Kraft entfernt, nimmt ein elastischer Probekörper wieder seine ursprüngliche Form an; ist das nicht der Fall, ist er teilweise oder vollständig plastisch. Oft zeigen Probekörper bei kleinen Kräften elastische Verformung; mit steigender Kraft steigt der Anteil der plastischen Verformung.

Bei einer *elastischen Verformung* werden die kovalenten und nichtkovalenten Bindungen zwischen den Atomen in der Probe nicht gespalten, sondern nur aus ihrem Gleichgewichtsabstand ausgelenkt, d. h. die äußere Kraft verformt die Bindungen nur, sie kehren aber nach dem Entfernen der Kraft wieder in ihre Gleichgewichtslage zurück, sodass die Probe wieder ihre ursprüngliche Form annimmt. Die Proportionalitätskonstante im Zusammenhang zwischen Spannung und Dehnung bei einer elastischen Verformung ist der *Elastizitätsmodul* (engl. *Young's modulus*). Eine allgemeine Einführung in die Mechanik realer Körper gibt Timoshenko in [1] oder ausführlicher in [2]. Eine kurze Abhandlung zur Theorie der Mechanik findet man in [3]. Diese Quelle eignet sich besonders, um zu verstehen, wann die linearisierte Beschreibung von elastischen Materialien gültig ist.

Wenn die Bindungen, die einen Körper in Form halten, schwach sind bzw. die einwirkende Kraft groß ist, also bei starker Verformung, brechen einige der nichtkovalenten Bindungen und können daher nicht in ihre ursprüngliche Gleichgewichtslage zurückkehren. Das Ergebnis ist, dass der Körper dauerhaft verformt bleibt; man spricht von einer *plastischen Verformung*. Solange nicht alle Bindungen zerstört werden, nimmt der Körper zumindest teilweise wieder seine alte Form an. Die Verformung einer gewöhnlichen Probe folgt dem Spannungs–Dehnungs-Diagramm aus Abbildung 2.2, auf das wir später noch kommen werden. Der Bereich der elastischen Verformung ist für Materialien wie Stahl oder Silicium klein, für Gummi oder Kunststoffe hingegen recht groß.

Einführung in die Nanobiomechanik. Atsushi Ikai.

ISBN: 978-3-527-40954-9

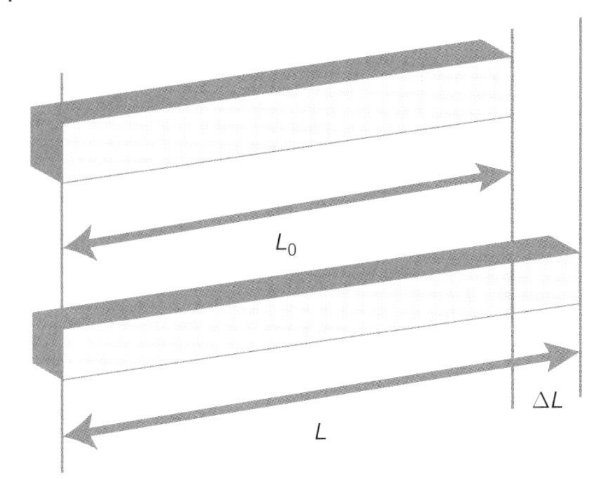

Abbildung 2.1 Verlängerung eines Bauteils mit rechteckigem Querschnitt unter einer axialen Zugkraft. Die relative Längenzunahme $\Delta L / L_0$ wird als Dehnung ε definiert; das Verhältnis F/A von Kraft zu Querschnittsfläche heißt (mechanische) Spannung σ. In der linearen Mechanik hängen die beiden Größen über $\sigma = Y\epsilon$ linear zusammen; dabei ist Y eine Materialkonstante, der Elastizitätsmodul.

2.2
Der Zusammenhang zwischen Spannung und Dehnung

Um die Materialeigenschaften verschiedener Probekörper vergleichen zu können, muss man die einwirkende Kraft und die resultierende Verformung normieren. Beispielsweise ruft dieselbe Zugkraft auf zwei Probekörper mit unterschiedlichem Querschnitt aus demselben Material eine Längenänderung hervor, die umgekehrt proportional zu ihrer Querschnittsfläche senkrecht zur Richtung der Kraft ist. Wenn wir also an der Materialkonstante interessiert sind und nicht am absoluten Betrag der Längenänderung, müssen wir das Verhältnis der Kraft F zur Querschnittsfläche A betrachten; diese normierte Größe heißt *(mechanische) Spannung* (engl. *stress*) $\sigma = F/A$. Weiter erzeugt dieselbe Spannung in zwei Proben aus demselben Material, von denen die eine doppelt so lang ist wie die andere, in der längeren Probe eine doppelt so große Dehnung wie in der kürzeren. Die Längenänderung ΔL muss daher auf die Gesamtlänge L_0 der Probe normiert werden; man definiert die *Dehnung* (engl. *strain*) ε als das Verhältnis von Längenänderung zur Gesamtlänge: $\varepsilon = \Delta L / L_0$ (siehe Abbildung 2.1). Für kleine Dehnungen folgt die Spannung dem hookeschen Gesetz, ist also proportional zur Dehnung; die Proportionalitätskonstante ist der *Elastizitätsmodul* Y:

$$\sigma = Y\varepsilon\,. \tag{2.1}$$

In Anhang A sind die wichtigsten Sätze der linearen Mechanik kompakt zusammengestellt (der Anhang ist ein Auszug aus [3]).

Tabelle 2.1 Elastizitätsmoduln von biologischen Materialien.

Material	Elastizitätsmodul in GPa
Proteine	Aktin 2, Tubulin 2, Coiled coil 2, Intermediärfilamente 2, Flagellin 1, Seide 5, Lysozym 5, Carboanhydrase 0.08, denaturiertes Protein 0.002, Abduktin 0.004, Resilin 0.002, Elastin 0.002
Zucker	Cellulose 20–40, Chitin 45
Nukleinsäuren	DNA 1
Verbundmaterialien	Zähne 75, Muschelschale 68, Knochen 19, Holz 16, Muskel 0.040, Knorpel 0.015
Sonstige	Gummi 0.001, Kunststoff 2, Beton 24, Glas 71, Stahl 215

Anmerkung: Die Elastizitätsmoduln wurden mit dem Verfahren nach [6] (mit einigen Modifikationen) bestimmt.

Wenn die Dehnung klein ist, gilt dieser Zusammenhang sowohl für positive als auch für negative Dehnung; Verlängerung ($\varepsilon > 0$) und Verkürzung ($\varepsilon < 0$) sind symmetrisch. Die Spannung hat die Einheit Newton pro Quadratmeter (N/m^2), die Dehnung ist dimensionslos. Daher hat Y die Einheit N/m^2, die als Pascal (abgekürzt Pa) bezeichnet wird. Offensichtlich ist Y für ein festes Material wie Stahl groß [$Y = (1\text{–}3) \times 10^{11}$ Pa $=$ 100–300 GPa]; für weichere Materialien wie Holz oder Kunststoffe liegt Y in der Größenordnung von 10^9 Pa = 1 GPa und für Gummi nur bei etwa 10^6 Pa = 1 MPa. Grob gesagt haben künstliche Werkstoffe einen Elastizitätsmodul zwischen 1 und 1 000 GPa und die Gewebe von lebenden Organismen etwa ein Tausendstel dieser Werte, also zwischen 1 und 1 000 MPa (siehe Tabelle 2.1).

Das plastische Verhalten dieser Materialien entspringt ihren flüssigkeitsähnlichen Eigenschaften. Wenn ein Material vollständig plastisch ist, kommt die Verformung der Probe nie zu einem Ende – das Material verhält sich wie eine Flüssigkeit. Es gibt dann nur einen temporären Widerstand gegen die einwirkende Spannung durch die Viskosität der Flüssigkeit.

2.3 Mechanisches Versagen von Materialien

Wenn eine Zugkraft dauerhaft auf einen Probekörper einwirkt, verlängert er sich zunächst proportional zum Betrag dieser Kraft (*hookescher Bereich*). Nach Erreichen eines Spitzenwertes geht die Kraft zurück, der Körper verlängert sich jedoch trotzdem weiterhin. In diesem *plastischen Bereich* tritt eine Querschnittsverringerung auf; man beobachtet eine plötzliche Einschnürung. Der Spitzenwert der Kraft vor Einsetzen der Einschnürung heißt *Fließgrenze* oder (speziell bei Zugbelastungen) *Streckgrenze*. Nach Beginn der plastischen Verformung verlängert sich der Probekörper schon bei einem kleinen Anstieg

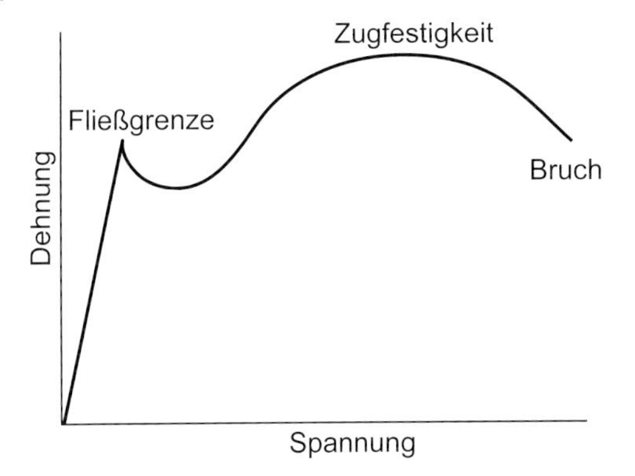

Abbildung 2.2 Zerstörung eines Probekörpers durch eine Zugspannung σ (Ordinate) und die zugehörige Dehnung ε (Abszisse).

Anmerkung: Die Verformung und das Versagen von mechanischen Bauteilen verläuft im Allgemeinen entsprechend der gezeigten Kurve. Der lineare Abschnitt zu Beginn ist der hookesche Bereich, in dem die Verformung reversibel ist; es folgt ein plötzliches Versagen des linearen Zusammenhangs mit einer relativ großen Verformung bei nur geringer Zunahme der Zugspannung. Der Punkt maximaler Zugspannung heißt Zugfestigkeit; kurz darauf bricht die Probe. Im Bereich der nichtlinearen Verlängerung findet ein Materialtransport in die sich verlängernden Gebiete statt; dies wird durch die so genannte „Einschnürung" ermöglicht.

der Kraft weiter. Bei Erreichen einer maximalen Kraft, der *Zugfestigkeit*, zerbricht der Körper in kleinere Teile. Die Abfolge der Ereignisse beim so genannten *Zugversuch* zeigt Abbildung 2.2. Die Zugkraft und die zugehörige Verlängerung sind hier als Spannung und Dehnung normiert dargestellt.

Der hookesche Bereich liegt für harte Materialien dicht an der Abszisse. Hier führt eine steigende Zugspannung zu einer starken, linearen Zunahme der Dehnung; die große Steigung entspricht einem großen Elastizitätsmodul. Weiche und elastische Materialien wie z. B. Gummi besitzen einen breiten hookeschen Bereich. Die Einschnürung tritt besonders bei Kunststoffen und Metallen auf. Das Bruchverhalten von biologischen Materialien auf molekularer Ebene ist noch nicht vollständig verstanden; dies wird in der näheren Zukunft ein wichtiger Gegenstand der Nanobiomechanik sein.

2.4 Viskoelastizität

Materialien, die neben ihrer Elastizität eine ausgeprägte flüssigkeitsähnliche Viskosität zeigen, heißen *viskoelastisch*. Ihre mechanischen Eigenschaften hängen vom zeitlichen Verlauf der einwirkenden Kraft ab. Wenn die Kraft nur über einen kurzen Zeitraum wirkt, verhalten sie sich annähernd wie feste Stof-

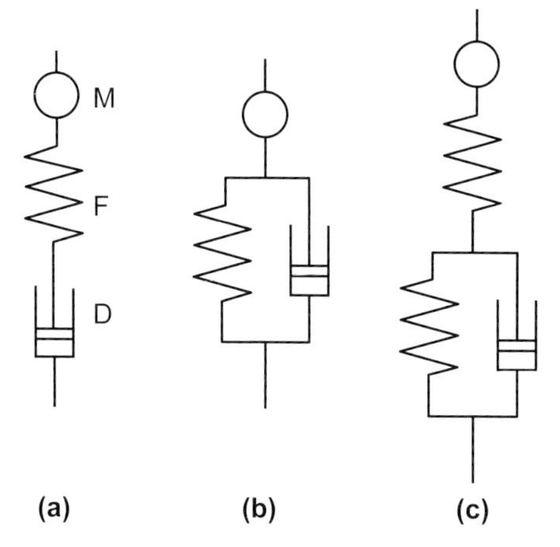

Abbildung 2.3 Modelle für viskoelastische Materialien. (a) Maxwellmodell: Eine Masse M, eine Feder F und ein Dämpfungselement D werden in Reihe verbunden, um flüssigkeitsähnliche Materialien zu beschreiben. (b) Im Voigtmodell sind die beiden Elemente F und D parallel geschaltet, um Festkörper zu beschreiben. (c) Komplexes Modell. Für $m = 0$ ist die vertikale Auslenkung $z(t)$ bei kurzer Einwirkung einer Kraft F für $t = 0$ nach dem Maxwellmodell (a) durch $z(t) = (F/\eta)t + (F/k)$ gegeben, nach dem Voigtmodell (b) durch $z(t) = (F/k)[1 - \exp(-kt/\eta)]$ und nach dem komplexen Modell (c) durch $z(t) = (F/k_1) + (F/k_2)[1 - \exp(-k_2 t/\eta)]$; dabei sind k und η die Feder- bzw. Dämpfungskonstante und die Viskosität. Die entsprechenden Differenzialgleichungen für (a) und (b) sind $dz/dt = (F/\eta) + (dF/dt)/k$ und $dz/dt = -(k/\eta)(z - F/k)$.

fe; wenn die Kraft hingegen langsam und stetig wirkt, verhalten sie sich wie Flüssigkeiten. Obwohl die molekularen Ursachen der Viskoelastizität komplex sind und sich von Material zu Material unterscheiden können, gibt es doch Gemeinsamkeiten. Viskoelastisches Verhalten lässt sich mithilfe von drei mechanischen Elementen beschreiben: (1) eine Masse für die Trägheit, (2) eine Feder für die elastischen Eigenschaften und (3) ein Dämpfungselement zur Beschreibung der flüssigkeitsähnlichen Eigenschaften. Die verschiedenen Modelle unterscheiden sich darin, wie die mechanischen Elemente verbunden sind (siehe Abbildung 2.3):

- *Maxwellmodell*: Eine Feder in Reihe mit einem Dämpfungselement beschreibt viskoelastische Flüssigkeiten.

- *Voigtmodell*: Eine Feder parallel zu einem Dämpfungselement beschreibt viskoelastische Festkörper.

- *Komplexes Modell*: Enthält Merkmale sowohl des Maxwell- als auch des Voigtmodells.

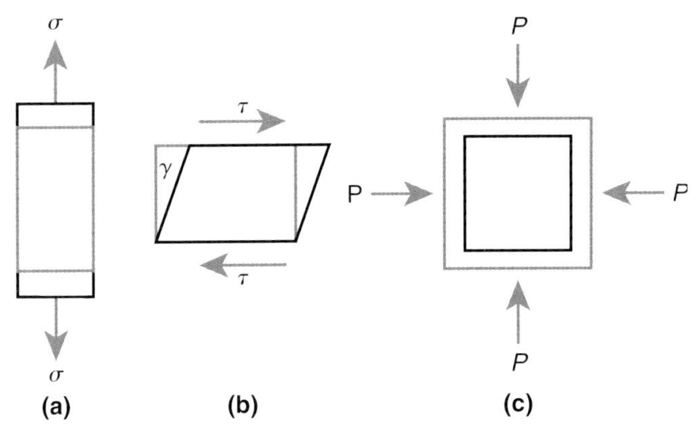

Abbildung 2.4 Drei grundlegende Arten der Verformung von Materialien: (a) Zugverformung, (b) Scherung und (c) dreiachsige (isobare) Verformung.

2.5 Mechanische Moduln von biologischen Materialien

2.5.1 Mechanische Verformungen

Wie stabil sind biologische Materialien wie Proteine, DNA, Viren oder Zellen, und wie können wir ihre Elastizitätsmoduln und damit ihre Festigkeit messen? Diese Frage ist das zentrale Thema dieses Buches. Im Allgemeinen sind biologische Proben ebenso weich wie oder noch weicher als Kunststoffe. In der Literatur werden mehrere unterschiedliche Methoden beschrieben, die Elastizitätsmoduln von Proteinen abzuschätzen.

Zu Beginn wollen wir uns drei unterschiedliche Arten von Verformungen anschauen, die in Abbildung 2.4 dargestellt sind. Den Elastizitätsmodul für die Zugspannung haben wir bereits definiert; die beiden anderen Arten der Verformung und die zugehörigen Moduln werden im Folgenden erläutert.

2.5.2 Scherung und Schubmodul

Eine *Scherung* wird durch ein Kräftepaar verursacht, das an gegenüber liegenden Flächen eines Körpers mit rechteckigem Querschnitt angreift und den Winkel γ (Abbildung 2.4b) ändert. In der Näherung der linearen Mechanik ist der Betrag von γ proportional zur angelegten Kraft pro Einheitsfläche; die Größe F/A nennt man *Scherspannung* τ. Die Proportionalitätskonstante G heißt *Schub-*, *Scher-* oder *Torsionsmodul* (manchmal verwendet man auch das Zeichen μ):

$$\frac{F}{A} = G\gamma\,. \tag{2.2}$$

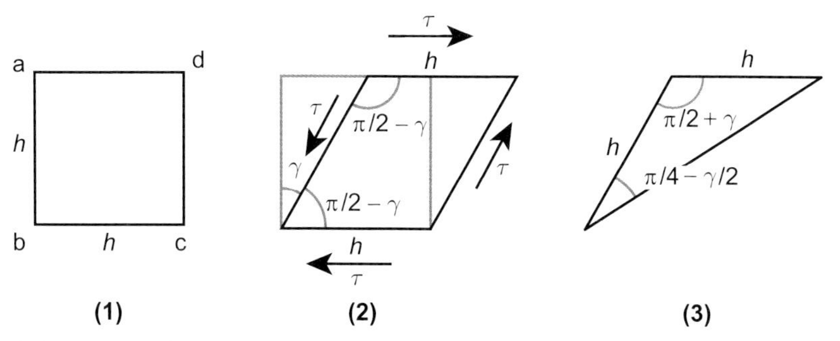

Abbildung 2.5 Zusammenhang zwischen dem Elastizitätsmodul Y und dem Schubmodul G. Die im Text auftauchenden Parameter sind in der Abbildung erläutert.

2.5.3 Dreiachsige Verformung und Kompressibilität

Wenn auf die Oberfläche eines rechteckigen Körpers mit dem Volumen V_0 allseitig (d. h. aus drei zueinander senkrechten Richtungen) Spannungen wirken, ist die Verformung durch die Volumenänderung ΔV gegeben. Wenn alle drei Spannungen (bzw. Drücke) gleich groß sind, spricht man von einer *sphärischen Spannung*. In diesem Fall ist $\Delta V / V_0$ proportional zur Druckänderung $\mathrm{d}P = \mathrm{d}F/A$ und zur *Kompressibilität* κ sowie umgekehrt proportional zum *Kompressionsmodul* K. Bei gegebener Druckänderung ist die Volumenänderung für große κ groß:

$$\mathrm{d}P = -K\frac{\Delta V}{V_0} = -\frac{1}{\kappa}\frac{\Delta V}{V_0} . \tag{2.3}$$

2.5.4 *Y*, *G* und *K* hängen über die Poissonzahl zusammen

Wir betrachten zunächst den Zusammenhang zwischen dem Elastizitätsmodul Y, dem Schubmodul G und der Kompressibilität κ. Es gilt

$$Y = 2G(1+\nu) = 3(1-2\nu)/\kappa . \tag{2.4}$$

Dabei ist ν die so genannte *Poissonzahl* ν (auch *Querkontraktionszahl*, *Querdehnzahl*); wir werden diese Größe später (in Abschnitt 2.5.5) genauer erläutern.

Der Zusammenhang zwischen Y und G lässt sich anhand der in Abbildung 2.5 dargestellten Situation herleiten.

Der rechteckige Körper (1) wird zu einem Rhombus (2) verformt. Der Abstand L_{bd} zwischen b und d verlängert sich dabei auf

$$L_{\mathrm{bd}} = \sqrt{2}h(1+\varepsilon_{\max}) . \tag{2.5}$$

Dabei ist ε_{max} die Dehnung entlang der Linie bd aufgrund der Spannung senkrecht auf der Oberfläche ac. Da γ klein ist, gilt auch nach der Verformung $\overline{\text{ab}} = \overline{\text{da}} = h$. L_{bd} können wir mithilfe einer trigonometrischen Beziehung auch durch

$$L_{\text{bd}}^2 = h^2 + h^2 - 2h^2 \cos\left(\frac{\pi}{2} + \gamma\right) \tag{2.6}$$

ausdrücken. Wenn wir die beiden Ausdrücke für L_{bd} gleichsetzen, ergibt sich

$$(1 + \varepsilon_{\text{max}})^2 = 1 - \cos\left(\frac{\pi}{2} + \gamma\right) . \tag{2.7}$$

Daher gilt

$$1 + 2\varepsilon_{\text{max}} + \varepsilon_{\text{max}}^2 = 1 + \sin\gamma . \tag{2.8}$$

Wir nehmen an, dass $\varepsilon_{\text{max}}^2$ und γ klein sind, und setzen $\varepsilon_{\text{max}}^2 \approx 0$ und $\sin\gamma \approx \gamma$. Damit bekommen wir

$$\varepsilon_{\text{max}} = \frac{\gamma}{2} . \tag{2.9}$$

Nach Definition gilt $\gamma = \tau/G$ und $\varepsilon_{\text{max}} = \tau(1+\nu)/Y$, wenn τ die Tangentialkraft ist, die auf die Seiten des Rechtecks wirkt. In Kapitel 3 von Gere und Timoshenko [1] wird beschrieben, dass man diese Gleichung daraus herleiten kann, dass jedes Paar von tangentialen Kräften τ eine Normalspannung $\sigma_{\text{max}} = (2\tau/\sqrt{2})/\sqrt{2} = \tau$ auf der Fläche ac (45° gegen cd geneigt) erzeugt. Der Flächeninhalt von ac ist $\sqrt{2}$ mal dem der Flächen ab oder cd. Die Spannung σ_{max} $(= \tau)$ verlängert L_{bd} um $Y\varepsilon_{\text{max}}$, und eine kompressive Normalspannung $-\tau$ auf der Fläche ac verlängert L_{bd} um $\tau/\nu Y$. Die Wirkung einer Scherkraft τ auf L_{bd} ist $\varepsilon_{\text{max}} = \tau/Y + \tau\nu/Y = \tau(1+\nu)/Y$. Damit erhalten wir

$$G = \frac{Y}{2(1+\nu)} . \tag{2.10}$$

Nun wollen wir uns den Fall einer dreiachsigen Spannung anschauen. Hier müssen wir die einzelnen Dehnungen aufgrund der unabhängigen Spannungen σ_x, σ_y und σ_z aufsummieren, um die resultierende Dehnung zu erhalten:

$$\varepsilon_x = \frac{\sigma_x}{Y} - \frac{\nu}{Y}(\sigma_y + \sigma_z) , \tag{2.11}$$

$$\varepsilon_y = \frac{\sigma_y}{Y} - \frac{\nu}{Y}(\sigma_z + \sigma_x) , \tag{2.12}$$

$$\varepsilon_z = \frac{\sigma_z}{Y} - \frac{\nu}{Y}(\sigma_x + \sigma_y) . \tag{2.13}$$

Diese Gleichungen lassen sich nach den Spannungen auflösen. Wir bekommen so

$$\sigma_x = \frac{Y}{(1+\nu)(1-2\nu)}[(1-\nu)\varepsilon_x + \nu(\varepsilon_y + \varepsilon_z)]\,, \tag{2.14}$$

$$\sigma_y = \frac{Y}{(1+\nu)(1-2\nu)}[(1-\nu)\varepsilon_y + \nu(\varepsilon_z + \varepsilon_x)]\,, \tag{2.15}$$

$$\sigma_z = \frac{Y}{(1+\nu)(1-2\nu)}[(1-\nu)\varepsilon_z + \nu(\varepsilon_x + \varepsilon_y)]\,. \tag{2.16}$$

Wenn die drei Spannungen alle denselben Wert σ_0 haben und sie auf einen homogenen, isotropen Körper einwirken, sind auch alle Dehnungen gleich ε_0,

$$\varepsilon_0 = \frac{\sigma_0}{Y}(1-2\nu)\,. \tag{2.17}$$

In diesem Fall ist die relative Volumenänderung $e = \Delta V / V_0$ gleich

$$e = 3\varepsilon_0 = \frac{3\sigma_0(1-2\nu)}{Y} = \frac{\sigma_0}{K} \qquad \text{mit} \qquad K = \frac{Y}{3(1-2\nu)} = \frac{1}{\kappa}\,. \tag{2.18}$$

Insgesamt ergibt sich

$$Y = 2G(1+\nu) = 3(1-2\nu)K = \frac{3(1-2\nu)}{\kappa}\,. \tag{2.19}$$

Materialien mit kleiner Kompressibilität κ sind fest; ihr Elastizitäts- und Schubmodul sind groß, sodass sie schwierig zu dehnen bzw. verformen sind. Um die Festigkeit eines Proteinmoleküls verstehen zu können, muss man Y bzw. G für ein einzelnes Molekül messen. Die Messung der Kompressibilität κ ist dagegen nur an einer Lösung des Proteins möglich, indem man die Geschwindigkeit c einer Schallwelle misst, die sich in der Lösung ausbreitet. Die Schallgeschwindigkeit und die adiabatische Kompressibilität hängen gemäß folgender Gleichung zusammen, in der ρ die Dichte der Flüssigkeit angibt:

$$c = \sqrt{\frac{1}{\kappa\rho}}\,. \tag{2.20}$$

In einem flüssigen Medium sind die adiabatische und die isotherme Kompressibilität nahezu gleich, sodass man die eine durch die andere ersetzen kann. Von den Messwerten für die Kompressibilität muss man die Beiträge des gelösten Proteins und des Lösungsmittels voneinander trennen. Sobald die Kompressibilität des Proteins bestimmt ist, lässt sich Y aus Gleichung (2.19) bestimmen; allerdings ist der Wert für die Poissonzahl für Proteine nicht bekannt. Man nimmt meist an, dass der Wert für ν bei dem entsprechenden Wert für synthetische Polymere liegt, also $\nu \approx 0.35$. Da die Bestimmung von Y über den Faktor $(1 - 2\nu)$ empfindlich von ν abhängt (insbesondere wenn ν in der Nähe von 0.5 liegt), sollte man Gleichung (2.19) für die Bestimmung von Y nur dann anwenden, wenn der Wert für ν ziemlich genau bekannt ist.

2.5.5 Was ist die Poissonzahl?

Wenn man einen Stab auf die x-Achse legt und in x-Richtung um ein Stück Δx dehnt, vermindert sich seine Dicke in y- und z-Richtung um Δy bzw. Δz. Die Volumenänderung der Probe ist dann

$$\Delta V = (x_0 + \Delta x)(y_0 + \Delta y)(z_0 + \Delta z) - x_0 y_0 z_0 \,, \tag{2.21}$$

$$= x_0 y_0 \Delta z + y_0 z_0 \Delta x + z_0 x_0 \Delta y \,, \tag{2.22}$$

$$\frac{\Delta V}{V_0} = \frac{\Delta x}{x_0} + \frac{\Delta y}{y_0} + \frac{\Delta z}{z_0} = \varepsilon_x + \varepsilon_y + \varepsilon_z \,,$$

$$= \varepsilon_x (1 - \nu_{xy} - \nu_{xz}) \,. \tag{2.23}$$

ν_{xy} und ν_{xz} sind Poissonzahlen (Querkontraktionszahlen), die als $\nu_{xy} = -\varepsilon_y / \varepsilon_x$ bzw. $\nu_{xz} = -\varepsilon_z / \varepsilon_x$ definiert sind.

Wenn keine Volumenänderung eintritt und wir von einem Balken mit quadratischem Querschnitt mit $y_0 = z_0$ und $\Delta y = \Delta z$ ausgehen, ist $\varepsilon_y = \varepsilon_z$ und somit $\nu_{xy} = \nu_{xz} = \nu$. Da sich das Volumen vor und nach der Zugbelastung nicht ändern soll (also $\Delta V = 0$), gilt

$$1 - 2\nu = 0 \quad \text{und damit} \quad \nu = 0.5 \,. \tag{2.24}$$

Damit die Größen Y, G und κ alle positiv sind $[(1 + \nu) > 0$ und $(1 - 2\nu) > 0]$, muss $-1 \leq \nu \leq 0.5$ gelten. Meist liegt ν zwischen 0.2 und 0.5. Ein Material mit $\nu = 0.5$ heißt *inkompressibel*. Vulkanisiertes Gummi hat eine Poissonzahl nahe bei 0.5. Für Materialien mit einer negativen Querkontraktionszahl ν ist eine Volumenzunahme unter Zugbelastung zu erwarten; das scheint der Intuition zu widersprechen, ist aber zumindest theoretisch denkbar und vielleicht auch praktisch möglich.

2.6 Flüssigkeiten und Viskosität

Der Unterschied zwischen elastischen Materialien und Flüssigkeiten liegt darin, dass die Wechselwirkungen zwischen den Molekülen in Flüssigkeiten so schwach sind, dass sich die intermolekularen Bindungen ständig bilden und wieder zerbrechen, und das sehr schnell im Vergleich zu der Zeit, für die eine äußere Kraft einwirkt. Wenn die äußere Kraft ihren Betrag oder ihre Richtung ändert, bleibt (außer für eine sehr kurze Zeitspanne) keine Erinnerung an die alten Werte in der Flüssigkeit zurück. Die intermolekularen Bindungen in Flüssigkeiten sind im Allgemeinen schwach; dennoch unterscheiden sich die durchschnittliche Stärke dieser Bindungen in verschiedenen Flüssigkeiten. Sie bestimmen zusammen mit der Größe der Moleküle die viskosen Eigenschaften des Mediums: Je stärker die Bindungen und je größer die Moleküle sind, desto viskoser ist die Flüssigkeit.

Die für Lebewesen wichtigste Flüssigkeit auf der Erde ist Wasser. Es ist deutlich viskoser als andere Flüssigkeiten aus Molekülen vergleichbarer Größe. Der Grund dafür sind die intermolekularen Bindungen zwischen den Wassermolekülen, die so genannten *Wasserstoffbrückenbindungen*. Sie sind stärker als vergleichbare Kräfte in anderen Flüssigkeiten. Die Wasserstoffbrückenbindungen im Wasser bringen eine Reihe von Besonderheiten mit sich, die das Leben auf der Erde erleichtern. Wasser gefriert und verdampft bei deutlich höheren Temperaturen als andere Flüssigkeiten mit ähnlicher Molekülgröße. Beispielsweise liegen die Siedetemperaturen von H_2S und H_2Se bei 212 bzw. 232 K; normales Wasser siedet dagegen bei 373 K. Festes Wasser hat eine geringere Dichte als flüssiges Wasser bei derselben Temperatur, daher schwimmt Eis auf Wasser.

Ohne diese physikalischen und chemischen Eigenschaften des Wassers wäre die Entstehung und die Entwicklung des Lebens auf diesem Planeten wohl unmöglich gewesen. Unser Körper besteht zu rund 70 Gewichtsprozent aus Wasser, daher haben auch die meisten unserer Zellen einen ähnlich hohen Wassergehalt. Sowohl als Lösungsmittel als auch durch seine Beteiligung an den chemischen Reaktionen, die unaufhörlich in unserem Körper ablaufen, ist Wasser für uns lebensnotwendig. Wenn wir in diesem Buch also über Flüssigkeiten und ihre Viskositäten sprechen, ist in der Regel die Viskosität von Wasser gemeint. Der Viskositätskoeffizient von Wasser beträgt bei 20 °C rund 0.0012 Pa · s; bei 0 °C ist er etwa doppelt so groß.

2.7 Adhäsion und Reibung

Wenn wir die Moleküle in einer Zelle erkennen könnten, würden wir sie dicht gedrängt schweben sehen, denn jede Zelle enthält Tausende unterschiedliche Arten von Proteinen und eine ebenso unübersichtliche Ansammlung von kleinen Molekülen, die zusammen rund 30 % des Gewichts einer Zelle ausmachen. Da jedes von ihnen darauf angewiesen ist, passende Partner zu finden, um dann mit Kräften in der Größenordnung weniger Pikonewton mit ihnen zu wechselwirken, ist es sehr wichtig, die Wahrscheinlichkeit von unspezifischen Wechselwirkungen weitestgehend auszuschließen. Unspezifische Wechselwirkungen zwischen den Oberflächen biologischer Komponenten wurden daher in der langen Geschichte der molekularen Evolution weitgehend ausgemerzt. Wenn die Moleküle aus ihrer biologischen Umgebung entnommen und in Kontakt mit einer künstlich präparierten Oberfläche aus Materialien wie Glas, Silicium, Glimmer oder Gold gebracht werden, kommt es in erheblichem Umfang zu unerwünschter Adhäsion. Dies ist ein bekanntes Hindernis für die Anwendung biologischer Materialien zu industriellen oder medizinischen Zwecken. Biosensoren nutzen beispielsweise Elektronentransferreaktionen mit spezifischen Enzymmolekülen auf der Oberfläche einer festen Elektrode; ein Glukosesensor reagiert z. B. auf Glukoseoxidase. In vielen Fällen müssen wichtige Enzyme durch inerte Proteine wie Rinder-Serumalbumin vor starker Adhäsion an der Elektrode geschützt werden. Wegen ihrer industriellen und biologischen Bedeutung haben Untersuchungen zur Proteinadhäsion auf molekularer Ebene das Interesse vieler Wissenschaftler aus verschiedenen Gebieten erregt. Auf diesem wichtigen Gebiet dürften auch Computersimulationen wesentliche Fortschritte ermöglichen, da die Details von molekularen und submolekularen Ereignissen bei der Adhäsion nicht direkt visuell untersucht werden können.

Wenn die Adhäsion möglichst gering gehalten wird, spielt Reibung keine große Rolle, außer wenn eine starke Scherkraft auf eine biologische Grenzfläche wirkt. Das ist z. B. dann der Fall, wenn sich rote Blutkörperchen durch Kapillaren zwängen. Die Zellen sind dann gezwungen, ihre diskusähnliche bikonkave Form zu ändern und nehmen eine längliche, projektilähnliche Form an. Sowohl die Oberfläche des Kapillarepithels als auch die des roten Blutkörperchens sind mit Polysacchariden belegt, die eine so genannte Schleimhülle (*Glykokalyx*) mit einer Dicke von einigen hundert Nanometern bilden. Aufgrund ihres Gehalts an Sialinsäuren sind beide Oberflächen negativ geladen und stoßen einander ab. Kohlehydratschichten sind im Allgemeinen sehr hydrophil und maximal hydratisiert, sodass sie keine feste Konformation einnehmen wie Proteinmoleküle; folglich sind sie zwar viskos, aber nicht adhäsiv. Die Reibung zwischen den roten Blutkörperchen und dem Kapillarepithel wird folglich durch die Glykokalyx auf beiden Seiten minimiert.

Reibung ist seit der Frühphase der menschlichen Zivilisation ein wichtiges Thema in der Technik. Eine *Reibungskraft* ist die Kraft, die nötig ist, um einen Gegenstand auf einer ebenen Fläche mit konstanter Geschwindigkeit zu bewegen. Um einen Körper mit dem Gewicht W auf einer festen Oberfläche zu bewegen, muss man zuerst eine tangentiale Kraft F – die Reibungskraft – an der Seite des Objekts angreifen lassen. Das Verhältnis von F und W ist der *Haftreibungskoeffizient* μ_S:

$$\mu_S = \frac{F}{W} . \tag{2.25}$$

Wenn der Körper erst einmal in Bewegung ist, reicht eine kleinere Kraft, um ihn in Bewegung zu halten. Der Reibungskoeffizient μ wird also kleiner und heißt nun *Gleitreibungskoeffizient* μ_k; dabei gilt stets $\mu_s > \mu_k$. Das Gesetz von Amontons (manchmal auch Gesetz von da Vinci–Amontons, in der angelsächsischen Literatur auch Gesetz von Coulomb–Amontons) besagt, dass die Reibungskoeffizienten μ_s und μ_k nicht von der Größe der Kontaktfläche zwischen dem Gegenstand und der Reibfläche abhängen. Es besagt außerdem, dass μ_k unabhängig von der Geschwindigkeit der Bewegung ist; diese Aussage ist in der Praxis jedoch nur begrenzt anwendbar. Interessanterweise ist die Reibung zwischen zwei polierten Platten oft höher als zwischen zwei nicht polierten Platten.

Auf molekularer und atomarer Ebene erklärt man Reibung durch die Bildung und Zerstörung von interatomaren und intermolekularen Bindungen. Auf atomarer Ebene sind die beiden Flächen im Kontakt nicht völlig glatt, sondern haben aufgrund der Anordnung der Atome im Kristall Verwerfungen. Bei der Untersuchung der Reibung zwischen einer AFM-Sonde und einer glatten Glimmeroberfläche beobachtete man verschiedene Phänomene, die sich auf interatomare Wechselwirkungen zwischen einer kleinen Anzahl von Atomen zurückführen ließen. Eine dieser Erscheinungen ist die *Haftgleitreibung* (der so genannte *Slip-stick-Effekt*), bei dem Atome am äußersten Ende der AFM-Sonde wiederholt an den Atomen der Substratoberfläche haften bleiben und sich dann wieder ruckartig lösen.

Die bisherige Diskussion gilt im Wesentlichen für trockene Reibung. Bei biologischen Messungen sind die Proben aber in Wasser eingebettet, sodass wir es hier stattdessen mit „nasser" Reibung zwischen polymeren Substanzen zu tun haben, so wie sie im Zusammenhang mit den roten Blutkörperchen in den Kapillaren beschrieben wurde. Auf molekularem Maßstab kann man die intermolekulare Wechselwirkung zwischen Polymerketten als Reibungsereignisse beschreiben, die man beispielsweise beobachten kann, wenn man eine Polymerkette aus einem Wirrwarr von anderen Polymerketten, einem Gel oder einem polymeren Festkörper herauszieht. Ein weiteres interessantes Gebiet, das näherer Untersuchung bedarf, ist die *intra*molekulare Reibung, die erst seit Neuestem bei Dehnungs- und Kompressionsexperimenten an Proteinen oder DNA berücksichtigt wird.

2.8
Mechanisch geregelte Systeme

Enzyme sind äußerst effiziente Katalysatoren, daher muss ihre Aktivität sorgfältig entsprechend den physiologischen Anforderungen des Körpers geregelt werden. Wenn der Körper ein bestimmtes Stoffwechselprodukt benö-

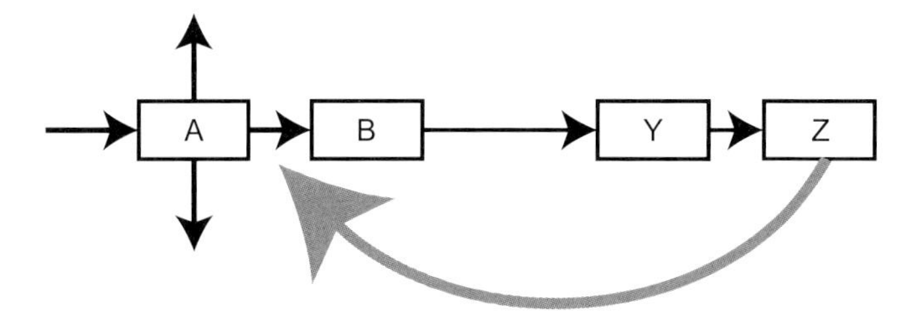

Endprodukt- oder Rückkopplungshemmung

A: Vorstufe am Verzweigungspunkt

B–Y: Zwischenprodukte

Z: Endprodukt

Abbildung 2.6 Ein Beispiel für ein biologisches Rückkopplungssystem, dargestellt in Form einer idealisierten Stoffwechselkaskade, bei der das Endprodukt der letzten enzymatischen Reaktion das erste Enzym nach dem Verzweigungspunkt hemmt.

tigt, werden alle an dessen Herstellung beteiligten Enzyme aktiviert; wenn der Körper die betreffende Substanz nicht mehr benötigt, muss dieser Stoffwechselweg wieder gesperrt werden. Um den Anforderungen des Körpers rasch folgen zu können, kommt ein biochemisches Rückkopplungssystem zum Einsatz. Wenn die Konzentration der geforderten Substanz groß wird, bindet sie sich an das für ihre Produktion verantwortliche Enzym und hemmt so dessen Aktivität. Die wirkungsvollste Methode, um die Entstehung eines bestimmten Produkts auf einem bestimmten Stoffwechselweg zu unterbinden, besteht darin, die Aktivität eines Schlüsselenzyms zu stoppen, das die Reaktionen an einem Verzweigungspunkt des Stoffwechselwegs katalysiert (Abbildung 2.6). Diese Art der Hemmung wird als *Endprodukthemmung* oder *Rückkopplungshemmung* bezeichnet. Da ein Überschuss des Endprodukts die Beendigung der Enzymaktivität am Verzweigungspunkt zur Folge hat, geht auch der Nachschub aller Zwischenprodukte für die nachgeschalteten Enzyme zurück. Diese Art der Hemmung ist gleichzeitig ökonomisch und überlebenswichtig, weil sich keines der Zwischenprodukte zwischen dem Verzweigungspunkt und dem Ende des Stoffwechselwegs in der Zelle anreichern kann – einige von ihnen könnten toxisch wirken.

Werfen wir nun einen Blick auf die molekularen Details der Rückkopplungshemmung. Zunächst stellen wir fest, dass sich die chemische Struktur des Endprodukts erheblich von der des natürlichen Substrats für das Enzym am Verzweigungspunkt unterscheidet. Das Endprodukt kann daher nicht gut an das aktive Zentrum des Enzyms binden und effizient als kompetitiver Inhibitor wirken. Stattdessen findet das Endprodukt eine passendere Bindungsstelle an einer anderen Stelle des Enzyms und beeinflusst nach dem Andocken indirekt seine Aktivität. Man nimmt an, dass die Bindung eines *Effektors* an die Enzymoberfläche bewirkt, dass sich die Konformation des aktiven Zentrums verändert, wodurch wiederum die Enzymaktivität beeinflusst wird. Thermodynamisch ausgedrückt besitzt das Enzym zwei Zustände mit unterschiedlicher Konformation: eine aktive ohne Effektor und eine inaktive mit einem gebundenen Effektor. Bei geringer Effektorkonzentration ist die Konzentration der zweiten Konformation sehr klein, aber bei größeren Effektorkonzentrationen verschiebt sich das Gleichgewicht zur inaktiven Form.

Wenn wir die Aktivität eines Enzyms ohne den Einsatz von Effektoren steuern wollen, können wir seine Konformation z. B. durch eine äußere Kraft verändern. Die Zugabe und vor allem Entfernung eines Effektors kostet Zeit; das kann der entscheidende Faktor sein, der den Aufwand für die Steuerung der Enzymaktivität zu groß für eine industrielle Anwendung macht. Für einen solchen Zweck bräuchte man einen Festkörper-Enzymschalter, der sich in sehr kurzer Zeit (z. B. Millisekunden) durch eine Zug- oder Kompressionskraft an- und ausschalten lässt. Derartige Möglichkeiten zur Modulation der Proteinaktivität wurden sowohl experimentell als auch theoretisch untersucht [4, 5]. Durch Komprimierung von grün fluoreszierendem Protein (GFP), das durch eine kolloidale AFM-Sonde an eine feste Oberfläche gebunden war, konnte gezeigt werden, dass sich die Fluoreszenz des GFP durch mechanische Deformation zumindest teilweise unterdrücken ließ. Eine molekulardynamische Simulation dieses Prozesses zeigte, dass das Chromophor von GFP durch die Kompression um eine bestimmte Einfachbindung gedreht wird, sodass ein Diederwinkel in Richtung auf schwächere Fluoreszenz verändert wird.

Literaturverzeichnis

1 Timoshenko, S. P. und Gere, J. M. (2002) *Mechanics of Materials*, PWS Publishing Co., Boston.

2 Timoshenko, S. P. und Goodier, J. N. (1970) *Theory of Elasticity* (3. Auflage), McGraw Hill, Auckland.

3 Landau, L. D. und Lifschitz, E. M. (1989) *Elastizitätstheorie* (6. Auflage), Akademie-Verlag, Berlin.

4 Kodama, T., Ohtani, H., Arakawa, H., Ikai, A. (2005) Mechanical perturbation-induced fluorescence change of green fluorescent protein, *Applied Physics Letters*, **86**, 043901-1–043901-3.

5 Gao, Q., Tagami, K., Fujihira, M., Tsukada, M. (2006) Quenching mechanism of mechanically compressed green fluorescent protein studied by CASSCF/AM1, *Japanese Journal of Applied Physics*, **45**, L929–L931.

6 Howard, J. (2001) *Mechanics of Motor Proteins and the Cytoskeleton*, Sinaur Associates, Sunderland.

3
Kräfte und Kraftmessung

3.1
Mechanische, thermische und chemische Kräfte

Kräfte verformen Gegenstände. Sie können auf verschiedene Weise einwirken, und es ist völlig egal, welchen Ursprungs sie sind – Kraft ist Kraft, so wie Energie immer Energie bleibt, egal wie sie erzeugt wurde. In der Praxis unterscheiden wir jedoch verschiedene Formen der Energie, z. B. Wärme (thermische Energie), Licht (elektromagnetische Energie) oder elektrostatische Energie. Ähnlich könnten wir auch Kräfte klassifizieren.

Eine Kraft ist die negative Ableitung eines Potenzials V nach dem Abstand:

$$F(r) = -\frac{\mathrm{d}V}{\mathrm{d}r}\,. \tag{3.1}$$

Wenn x, y und z die drei Komponenten des Abstands sind, folgt

$$F(x,y,z) = -\left(\frac{\partial V(x,y,z)}{\partial x}, \frac{\partial V(x,y,z)}{\partial y}, \frac{\partial V(x,y,z)}{\partial z}\right) \tag{3.2}$$

$$= -\left(\frac{\partial}{\partial x}, \frac{\partial}{\partial y}, \frac{\partial}{\partial z}\right) V(x,y,z) \tag{3.3}$$

$$= -\mathrm{grad}\, V = -\nabla V\,. \tag{3.4}$$

Dabei ist ∇ der *Gradient* oder *Nabla-Operator*.

Die Kraft ist ein Vektor, besitzt also einen Betrag und eine Richtung, die von einer skalaren Funktion V abgeleitet ist. Die Kraft war die zentrale Größe in der newtonschen Mechanik, im Laufe der Zeit übernahm in der Physik jedoch die Energie diese Rolle, insbesondere in der Quantenmechanik.

In diesem Kapitel geht es vor allem darum, wie man im Experiment den Betrag einer Kraft auf eine Probe misst und wie die Probe darauf mechanisch reagiert. Wenn wir den Betrag und die Richtung von Kräften auf Atome und Moleküle messen können, dann können wir sie auch steuern und so die Lebensprozesse beeinflussen, die wir unter dem Mikroskop beobachten. Die Messung einer kleinen Kraft auf molekularer bzw. atomarer Ebene stellt sich allerdings als anspruchsvolle Aufgabe heraus, weil ihr Betrag um einen

Einführung in die Nanobiomechanik. Atsushi Ikai.

ISBN: 978-3-527-40954-9

Faktor 10^9 kleiner ist als die Kräfte von einigen Newton, die wir in unserem Alltag erleben. In letzter Zeit gab es aber eine fast explosionsartige Entwicklung in der Messtechnik selbst für noch kleinere Kräfte (bis unter 10^{-12} N). Heute diskutieren wir die Messung von Kräften im Femtonewtonbereich, also 10^{-15} N. Wir wollen uns einige dieser neu entwickelten Instrumente ansehen, mit denen wir derart kleine Kräfte in der unsichtbaren Welt der Atome und Moleküle messen können.

3.2 Die optische Pinzette

Eines der empfindlichsten Geräte zur Messung von Kräften ist die *optische Pinzette* (engl. *laser tweezers*), die aus einem fokussierten Laserstrahl und einem Mikroskop besteht. Die optische Pinzette wurde von Ashkin [1] entwickelt und seither erheblich verbessert und häufig eingesetzt. Sie nutzt die Kraft, die Licht auf die Grenzfläche zwischen zwei Materialien mit unterschiedlichen Brechungsindexen ausübt.

Ein Teilchen aus Metall oder Kunststoff, dessen Durchmesser kleiner ist als die Wellenlänge von Licht, lässt sich durch einen fokussierten Laserstrahl einfangen. Wenn ein konvergenter Laserstrahl auf das Teilchen trifft, wirken die Streukraft F_S und die Gradientenkraft F_G auf das Teilchen. F_S schiebt das Teilchen in die Ausbreitungsrichtung des Lichts; ein Teilchen zwischen der Lichtquelle und dem Brennpunkt wird in Richtung des Brennpunkts geschoben, ein Teilchen auf der anderen Seite des Brennpunkts wird von ihm weg geschoben. Die Gradientenkraft F_G drückt das Teilchen in die Richtung des ansteigenden elektromagnetischen Felds – deshalb heißt sie auch Gradientenkraft; sie zieht folglich alle Teilchen in den Brennpunkt. Die Gradientenkraft auf ein Teilchen der Polarisierbarkeit α in einem Medium mit dem Brechungsindex n_1 ist nach [2]

$$\boldsymbol{F}_{\mathrm{G}} = \frac{1}{4} n_1 \alpha \nabla \left(|\boldsymbol{E}|^2 \right) , \tag{3.5}$$

wenn $\boldsymbol{E}$ das elektrische Feld in dem Laserstrahl ist. Für ein kugelförmiges Teilchen hat die Polarisation α die Form

$$\alpha = 4\pi \varepsilon_{\mathrm{r}} \varepsilon_0 \frac{n_{\mathrm{r}}^2 - 1}{n_{\mathrm{r}}^2 + 2} r^3 . \tag{3.6}$$

Dabei ist n_r der Brechungsindex des Teilchens relativ zu dem des umgebenden Mediums und r sein Radius. Die Gradientenkraft hängt demnach durch den r^3-Term vom Volumen des Probenteilchens ab. Im Allgemeinen ist α eine komplexe Zahl, aber wenn ihr Realteil positiv ist, dann wird das Teilchen entsprechend dem Gradienten der Kraft zum stärkeren Feld hin gezogen. Bei-

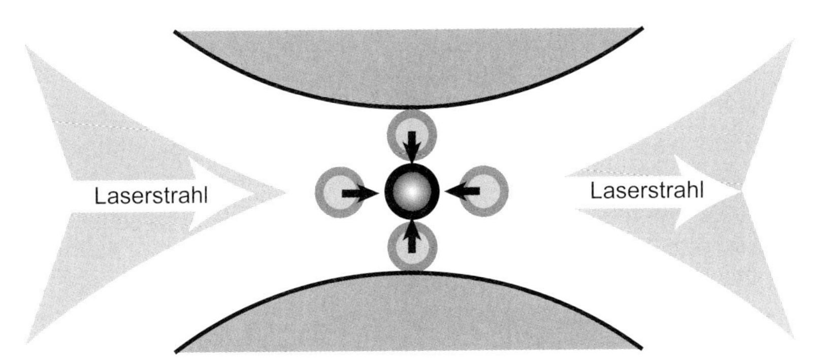

Abbildung 3.1 Einfangen von dielektrischen Kügelchen im Brennpunkt eines Laserstrahls. Der Strahl verläuft von links nach rechts; der Brennpunkt liegt in der Mitte. Die Brechung eines normalen Laserstrahls führt zu Streu- und Gradientenkräften, deren Vektorsumme jede axiale und transversale Verschiebung des Kügelchens aus dem Brennpunkt korrigiert.

spielsweise wird ein kleines Goldteilchen mit $r \ll \lambda$ in den Fokus des Laserstrahls hineingezogen, weil der Realteil von α für Gold positiv ist. Der Verlauf der Gradienten- und der Streukraft in der Umgebung des Brennpunkts ist in [1] zusammengestellt.

In Abbildung 3.1 fällt der Laserstrahl von links nach nach rechts ein; der Brennpunkt liegt in der Mitte. Wenn die Latexperle sich links vom Brennpunkt befindet, schiebt die auf die Perle wirkende Kraft sie gemäß Gleichung (3.6) nach rechts auf den Brennpunkt zu; liegt die Perle rechts vom Brennpunkt, zieht die Kraft sie nach links zum Brennpunkt hin. In beiden Fällen bewegt sich die Perle auf den Brennpunkt zu. Darüber hinaus wirkt noch eine Querkraft: Befindet sich die Perle zwar in der Brennebene, aber außerhalb der Strahlmitte, wird sie von beiden Seiten des Strahls ebenfalls zum Brennpunkt hin geschoben, weil das elektrische Feld in dieser Richtung zunimmt.

Da es stets eine rücktreibende Kraft gibt, die die Perle in den Brennpunkt bewegt, ist die Perle dort „gefangen". Man spricht daher auch von einer *optischen Falle* oder *Laserfalle* (engl. *optical trap/laser trap*). Da das Querschnittsprofil des Laserstrahls im Wesentlichen gaußsch ist, lassen sich die potenzielle Energie und die damit verbundene Kraft berechnen.

Es gibt zwei unterschiedliche Verfahren, um die Stärke der Gradientenkraft aus der Teilchengröße im Verhältnis zur Wellenlänge λ des Lichts zu berechnen. Der Grenzfall der Strahlenoptik liegt vor, wenn der Radius r des Teilchens viel größer ist als die Wellenlänge des Lasers (d. h. $r \gg \lambda$); im Rayleigh-Grenzfall ist umgekehrt $r \ll \lambda$. In der strahlenoptischen Näherung ist die Gradientenkraft unabhängig von den Abmessungen des Teilchens und proportional zum Gradienten von nP/c (wenn n der Brechungsindex des Mediums ist, P die Leistung des Lasers und c die Lichtgeschwindigkeit). Im Rayleigh-Fall ändert sich die Kraft mit r^3, weil – wie wir gesehen haben – die Polarisier-

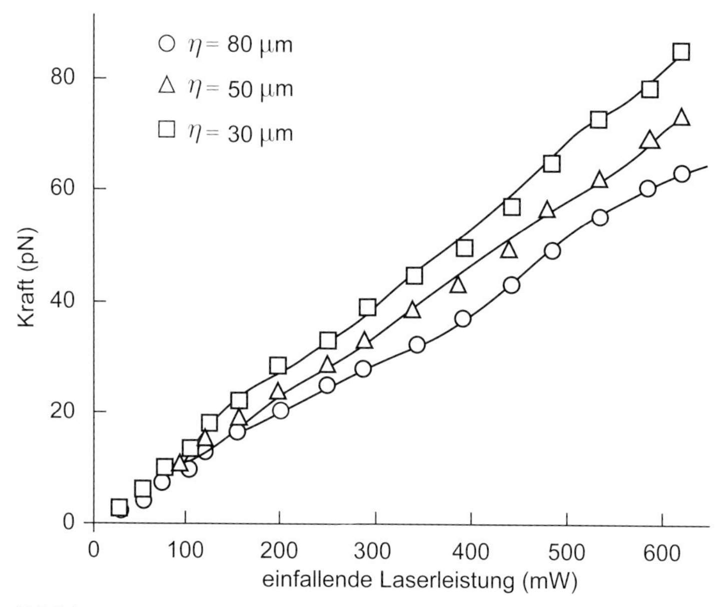

Abbildung 3.2 Zusammenhang zwischen der eintreffenden Laserleistung und der auf das Teilchen im Brennpunkt wirkenden Kraft für drei verschiedene Abstände vom Deckglas. Wiedergabe mit freundlicher Genehmigung aus [4].

barkeit proportional zum Volumen des Teilchens ist. In den für die Biologie typischen Experimenten gilt $r \approx \lambda$, und die Größenabhängigkeit der Gradientenkraft ist nicht genau bekannt. Die Kraft der Falle wird dann experimentell kalibriert, indem man ein kugelförmiges Teilchen mit der Laserpinzette bewegt und dabei den Widerstand wie eine hydrodynamische Reibungskraft auf Grundlage des stokesschen Gesetzes für kugelförmige Teilchen berechnet, d. h. $F = 6\pi\eta r v$, wenn η der Viskositätskoeffizient des Mediums ist und v die konstante Teilchengeschwindigkeit [3]. Abbildung 3.2 zeigt das Ergebnis, das Hénon et al. erhielten, als sie die Kraft der Falle auf eine Latexperle mit einem Durchmesser von 1.05 µm gegen die einfallende Laserleistung auftrugen, wobei sie die Werte anhand des hydrodynamischen Widerstands bestimmt hatten [4]. Es zeigt, dass die Kraft der Falle nahezu proportional zur Laserleistung ist und nur wenig vom Abstand zum Deckglas abhängt. Die höchste auftretende Kraft lag in diesem Fall bei etwa 80 pN.

Die Beträge der Gradienten- und der Streukraft hängen von der Laserleistung ab. Wenn die Laserleistung hoch ist und der Brechungsindex des Teilchens viel größer als der des Mediums, wird die Streukraft größer als die Gradientenkraft; in diesem Fall funktioniert die Laserfalle nicht.

Wenn der Brechungsindex des Teilchens nur wenig größer ist als der des Mediums, wird die Gradientenkraft zu klein und die Falle funktioniert ebenfalls nicht. In dieser Situation können zwei entgegengesetzt strahlende Laser, die auf denselben Punkt fokussiert sind, eine Kompensation der Streukräfte und eine Addition der Gradientenkräfte bewirken.

Mit diesem Verfahren kann man die Kraft auf eine Latexperle messen, die im Brennpunkt gefangen ist, indem man die Perle mit einem System verbindet, das die Position der Perle mechanisch stört. Man kann sich beispielsweise eine Perle vorstellen, die an eine andere, durch eine Polymerkette fixierte Perle gebunden ist. Wenn man nun den Laserstrahl horizontal nach links und rechts bewegt, bewegt sich auch die im Brennpunkt gefangene Perle; ihre Position verschiebt sich ein wenig aus dem Brennpunkt, weil eine Kraft nötig ist, um die Polymerkette zu verlängern oder zu komprimieren.

3.3 Das Rasterkraftmikroskop

3.3.1 Geschichte und Funktionsweise

Als 1982 die Erfindung des Rastertunnelmikroskops (engl. *scanning tunneling microscope*, STM) publiziert wurde, waren Wissenschaftler aus der Oberflächenforschung und verwandten Gebieten begeistert, denn das Gerät konnte die Anordnung einzelner Atome auf den Oberflächen von Metallen und Halbleitern sehr detailliert zeigen [5, 6]. Durch eine Messung des Tunnelstroms zwischen einer elektrisch leitenden Sonde und der Probe, der exponentiell von dem Abstand zwischen beiden abhängt, kann das STM anhand der lokalen Zustandsdichte (LDOS) eine Konturkarte der Probenoberfläche erstellen [7,8]. Besondere Aufmerksamkeit erhielt die Anordnung von Atomen auf der rekonstruierten (111)-Siliciumoberfläche, bei der das STM ein klares Bild lieferte, das dem von Takayanagi et al. [9,10] entwickelten Modell sehr ähnlich war. Etwas später, im Jahr 1986, entwickelte Binnig mit seinen Mitarbeitern das *Rasterkraftmikroskop* (engl. *atomic force microscope*, AFM) [11]. Auch dieses Gerät konnte Atome und Moleküle auf einer festen Oberfläche abbilden. Ein Vorteil des AFM ist jedoch, dass es sowohl mit leitenden als auch mit halb- oder nichtleitenden Proben funktioniert, während die Probe bei einem STM aus einem elektrisch leitfähigen Material bestehen muss.

Einen umfassenden Überblick zu Untersuchungen mit AFM im Kraftmodus und den auf diesem Gebiet gewonnenen Ergebnissen findet man bei Butt et al. [12].

Das AFM nutzt eher die mechanischen als die elektronischen Wechselwirkungen zwischen Sonden- und Probenoberfläche aus. Wir wollen annehmen, dass sowohl Sonde als auch Probe aus elektrisch neutralen, dielektrischen Materialien bestehen. Wenn sich die Sonde der Probenoberfläche bis auf einige zehn Nanometer nähert, gerät sie in den Einflussbereich der anziehenden Van-der-Waals-Kräfte (dazu gehören alle Wechselwirkungen zwischen Dipolen und Dipolen bzw. induzierten Dipolen sowie die londonschen Dispersionswechselwirkungen) und wird schwach zur Oberfläche hin gezogen. Bei weiterer Annäherung an die Probe gerät sie in den Bereich des Lennard-Jones-Potenzials [13], in dem die Sonde von der Probenoberfläche stark abgestoßen wird. Wenn man über einen Mechanismus, der ein Abbild der Wechselwirkung zwischen Sonde und Probenoberfläche liefert, entweder die anziehende oder die abstoßende Kraft misst, kann man die Höhe der Probenoberfläche bestimmen und so eine Konturkarte der Oberfläche erstellen.

Sowohl beim ursprünglichen AFM als auch bei den heute kommerziell erhältlichen Modellen ist der Kraftsensor eine dünne Blattfeder (ein Federausleger, der so genannte *Cantilever*) mit einer Länge L von rund 100 µm, einer Breite b von 20–30 µm und einer Dicke d von weniger als 1 µm. Wenn die Blattfeder aus Silicium oder Siliciumnitrid besteht (Elastizitätsmodul zwischen 100 und 150 GPa), kann die Federkonstante k im Bereich zwischen 0.01–10 nN/nm liegen. Sie kann wie folgt abgeschätzt werden [14].

Der Zusammenhang zwischen der Last F und der Auslenkung $y_{\max}$ am freien Ende der Blattfeder ist

$$y_{\max} = \frac{L^3}{3YI} F = \frac{4L^3}{Ybd^3} F , \tag{3.7}$$

wobei I das Flächenträgheitsmoment der Blattfeder ist (bei einer Blattfeder mit rechteckigem Querschnitt der Breite b und der Dicke d ist $I = bd^3/12$). Damit ist ihre Federkonstante

$$k = \frac{Ybd^3}{4L^3} = \frac{100 \times 10^9 \times 30 \times 10^{-6} \times (1 \times 10^{-6})^3}{4 \times (1 \times 10^{-4})^3} \tag{3.8}$$

$$= 0.75\ \text{N/m} = 0.75\ \text{nN/nm} . \tag{3.9}$$

Diese Gleichungen werden aus mechanischen Überlegungen zur Durchbiegung von Balken hergeleitet; Einzelheiten finden sich in Anhang B.1.2.

3.3.2
Kraftmessung mit dem Rasterkraftmikroskop

Da Rasterkraftmikroskope von vielen Wissenschaftlern für die Messung von Wechselwirkungskräften im Bereich von einigen Piko- bis Nanonewton zwischen biologischen Makromolekülen genutzt werden, befasst sich dieser Abschnitt mit der Verwendung von AFM im *Kraftmodus* (man spricht hier auch von *Kraftspektroskopie*).

Im Betrieb eines AFM ist es sehr wichtig, die Auslenkung des Federauslegers genau zu bestimmen, da die Genauigkeit dieser Bestimmung sich direkt auf den Messwert für die Wechselwirkung zwischen Sonde und Probe auswirkt. Es wurde eine Vielzahl von Verfahren getestet.

- Das wohl am häufigsten eingesetzte *Lichtzeigerverfahren* beruht auf einem fokussierten Laserstrahl, der auf die Rückseite der Blattfeder gelenkt und von dort auf einen zwei- oder viergeteilten Fotodetektor reflektiert wird. Eine kleine Änderung der Durchbiegung der Blattfeder ändert den Einfallswinkel des Laserstrahls auf der Rückseite und damit die Reflexionsrichtung. Der Intensitätsunterschied zwischen dem Licht auf der oberen bzw. unteren Hälfte des zweigeteilten Detektors ist dann ein Maß für die Auslenkung der Blattfeder.
- Die Interferenz zwischen dem von der Rückseite der Blattfeder reflektierten Laserstrahl und dem Referenzstrahl kann ebenfalls zur Bestimmung der Auslenkung verwendet werden.
- Die Kapazitätsänderung durch die Änderung des Abstands zwischen der Blattfeder und der Substratoberfläche kann durch eine auf der Rückseite der Feder montierte Elektrode gemessen werden; auch hieraus lässt sich die Auslenkung bestimmen.
- Der Tunnelstrom zwischen der Rückseite einer leitenden Blattfeder und einer spitzen metallischen Sonde, die in sehr geringer Entfernung über ihr angebracht wird, gibt ein genaues Maß für die Auslenkung. Dieses Detektionssystem verwendete der Prototyp des AFM.
- In der so genannten Nichtkontakt-AFM wird die Änderung des Piezowiderstands der Blattfeder ausgenutzt.

Abbildung 3.3 illustriert das Lichtzeigerverfahren zur Bestimmung der Auslenkung.

Durch den Lichtzeiger wird nicht die Auslenkung selbst, sondern die Neigung der Feder an der Stelle gemessen, auf die der Laserstrahl trifft. Der Zusammenhang zwischen der Auslenkung y und der Entfernung x vom freien Ende der Feder ist

$$y = \frac{FL^3}{YI}\frac{1}{6}\left[2 - 3\left(\frac{x}{L}\right) + \left(\frac{x}{L}\right)^3\right] . \qquad (3.10)$$

Die Neigung ist demzufolge

$$\frac{\mathrm{d}y}{\mathrm{d}x} = \frac{FL^3}{YI}\frac{1}{6}\left[-\left(\frac{3}{L}\right) + 3\left(\frac{x^2}{L^3}\right)\right] \qquad (3.11)$$

oder für $x = 0$

$$\frac{-FL^2}{2YI} = \frac{-3}{2L}\,y_{\max} . \qquad (3.12)$$

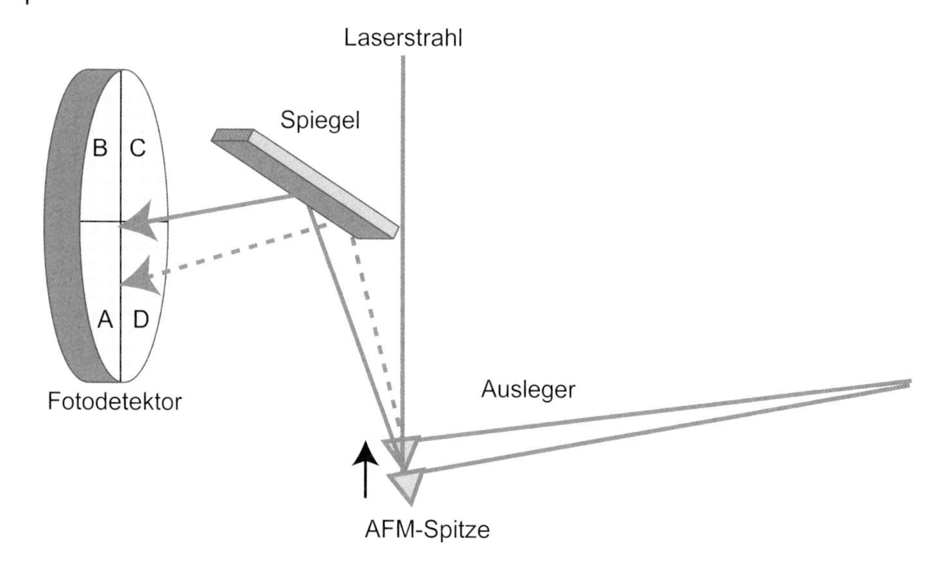

Abbildung 3.3 Kraftmessung in einem AFM durch einen Lichtzeiger. Der Laserstrahl wird von der Rückseite der goldbeschichteten Blattfeder reflektiert und trifft auf die vier Sektoren A, B, C und D einer Fotodiode. Die differenzielle Ausgangsleistung $(A + D) - (B + C)$ ist proportional zur vertikalen Auslenkung der Feder aus der Gleichgewichtslage; $A + B + C + D$ gibt den Summenwert an.

Da die Tangente an die Feder bei $x = 0$ proportional zu $y_{\max}$ ist, solange L konstant bleibt, d. h. solange der Laserstrahl auf dieselbe Feder und dieselbe Stelle trifft, ist die Tangente an die Blattfeder ein genaues Maß für die Auslenkung.

Die auf die Feder wirkende Kraft lässt sich auch bestimmen, indem man sie konstant schwingen lässt; dazu führt man ihr Schwingungsenergie bei ihrer Resonanzfrequenz zu und hält die Amplitude konstant bei ca. 1 nm. Wenn die Blattfeder mit der Federkonstante k in den Bereich der anziehenden Wechselwirkung mit der Probenoberfläche gerät, verringert sich die Schwingungsfrequenz ein wenig, da die effektive Federkonstante k' nun mit dem Gradienten des Kraftfelds F' moduliert wird, der in diesem Fall negativ ist:

$$k' = k + F' . \tag{3.13}$$

Da die Schwingungsfrequenz ν der Blattfeder gemäß

$$\nu = \sqrt{\frac{k'}{m}} \tag{3.14}$$

mit ihrer Federkonstante zusammenhängt, verringert die Abnahme von k auf k' die Ausgangsfrequenz $\nu_0 = \sqrt{k/m}$ um $\Delta\nu$. Die Frequenzen können mit einer relativen Genauigkeit von mindestens 10^{-5} gemessen werden. Insgesamt

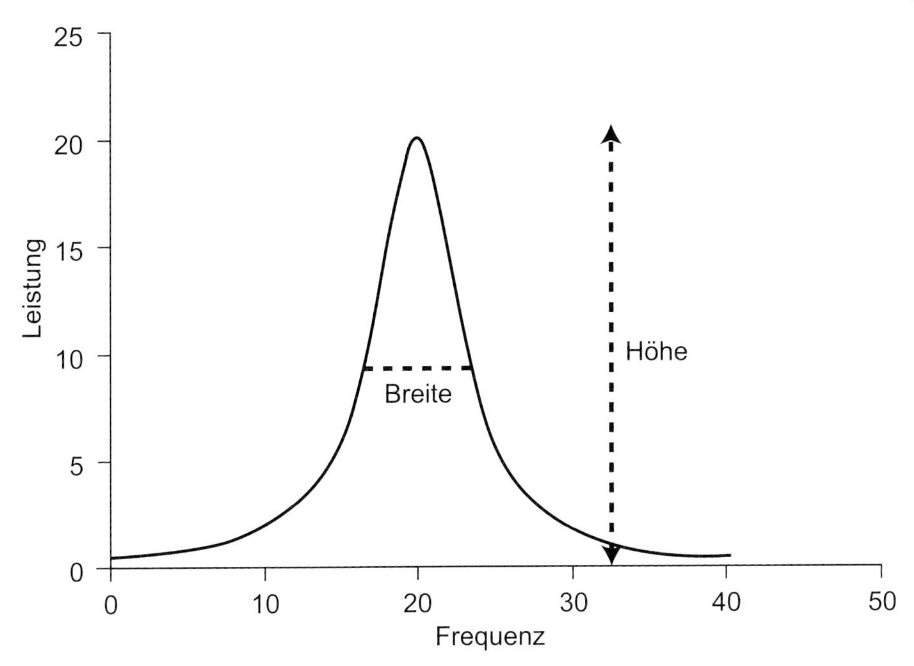

Abbildung 3.4 Der Gütefaktor beschreibt die Schärfe des Resonanzpeaks; sein Kehrwert ist damit ein Maß für die Energiedissipation; er ist als Verhältnis von Höhe und Halbwertsbreite des Peaks definiert.

gilt für den Zusammenhang zwischen der Frequenzänderung $\Delta\nu$ und dem Gradienten der Kraft (nicht der Kraft selbst) die Beziehung

$$\Delta\nu = \frac{\nu_0}{2k}\frac{\partial F}{\partial z}\,, \tag{3.15}$$

die unter der Annahme hergeleitet wurde, dass der Gradient der Kraft konstant ist [15].

Dieses Detektionsverfahren wird im *Nichtkontaktmodus* des AFM (ncAFM) angewendet, der eine echte atomare Auflösung bietet und es außerdem erlaubt, Atome auf metallischen oder Halbleiteroberflächen zu manipulieren [16]. Anfangs mussten ncAFM-Experimente im Hochvakuum durchgeführt werden, weil die Schwingung der Blattfeder in Luft oder einer Flüssigkeit zu stark gedämpft wurde (d. h. die Schwingung ist dann im Vergleich zum Vakuum energetisch weit weniger effizient) und das Signal/Rausch-Verhältnis sehr klein war. Die Effizienz, mit der sich Energie in die Federschwingung einkoppeln lässt, wird als *Q-Faktor* oder *Gütefaktor* bezeichnet; er ist im Leistungsspektrum der Schwingung als das Verhältnis zwischen der Höhe und der Halbwertsbreite des Peaks definiert (vgl. Abbildung 3.4). Der Gütefaktor lässt sich physikalisch nur schwer erhöhen, er kann jedoch durch eine geeignete elektronische Regelung vergrößert werden.

3.4
Biomembranen als Kraftsonden

Die Kraftmessung mit Biomembranen als Sonden wurde von Evans eingeführt, um die mechanische Reaktion von lebenden Zellen in einem Kulturmedium unter ständiger Beobachtung im Mikroskop zu messen [17]. Dabei wird eine lebende Zelle auf der Spitze einer Glaskapillare immobilisiert, indem man durch einen Unterdruck einen Teil der Zelle in die Kapillare zieht; die Manipulation wird an der gegenüberliegenden Seite der Zelle vorgenommen, die dem Kulturmedium frei ausgesetzt ist. Bei einem Beispiel zur Messung der Wechselwirkung zwischen einem intrinsischen Membranprotein der Zelloberfläche und einem ausgewählten Liganden oder einem spezifischen Antikörper wurden die Liganden- bzw. Antikörpermoleküle auf einer Latexperle immobilisiert. Die Perle wurde dann an ein rotes Blutkörperchen in der Öffnung einer weiteren Glaskapillare gebunden; die beiden Kapillaren lagen sich gegenüber [Abbildung 3.5(a)].

Die Blutzelle wird dabei durch den Unterdruck, der sie an der Öffnung der Kapillare festhält, zu einer Kugel deformiert. Die Latexperle wird kurz mit der untersuchten Zelle links in Kontakt gebracht; nach einer definierten Kontaktzeit zieht man dann die rechte Kapillare von der linken weg. Dabei werden sowohl die untersuchte Zelle als auch das rote Blutkörperchen durch die zwischen den beiden Kapillaren (also zwischen Ligand und Rezeptormolekül) wirkende Zugkraft deformiert. Der Betrag der Zugkraft wird aus der Deformation des sphärischen roten Blutkörperchens abgeschätzt. Die Saugkraft an der Spitze der Pipette kann unter 1 pN liegen.

3.4.1
Kraftübertragung

Wenn eine Kraft auf einen einzelnen Punkt an der Oberfläche einer Zelle wirkt, die auf der gegenüberliegenden Seite immobilisiert ist, wird die Kugelform der Zelle leicht verlängert oder komprimiert. Wie sich zeigen lässt, ist die axiale Längenänderung für kleine Deformationen direkt proportional zur axialen Kraft, die als hookesche Feder wirkt [18]. Die axiale Änderung δ des Durchmessers ist gemäß

$$F = k_f \delta \,, \tag{3.16}$$

$$k_f \approx 2\pi \frac{\sigma}{\ln[4R_0^2/(R_P R_K)]} \,, \qquad \sigma = \frac{1}{2}\frac{R_P}{(1 - R_P/R_0)} \Delta p \tag{3.17}$$

proportional zur wirkenden Kraft F. Dabei sind R_0, R_P und R_K die Radien des kugelförmig angeschwollenen roten Blutkörperchens, der Pipette bzw.

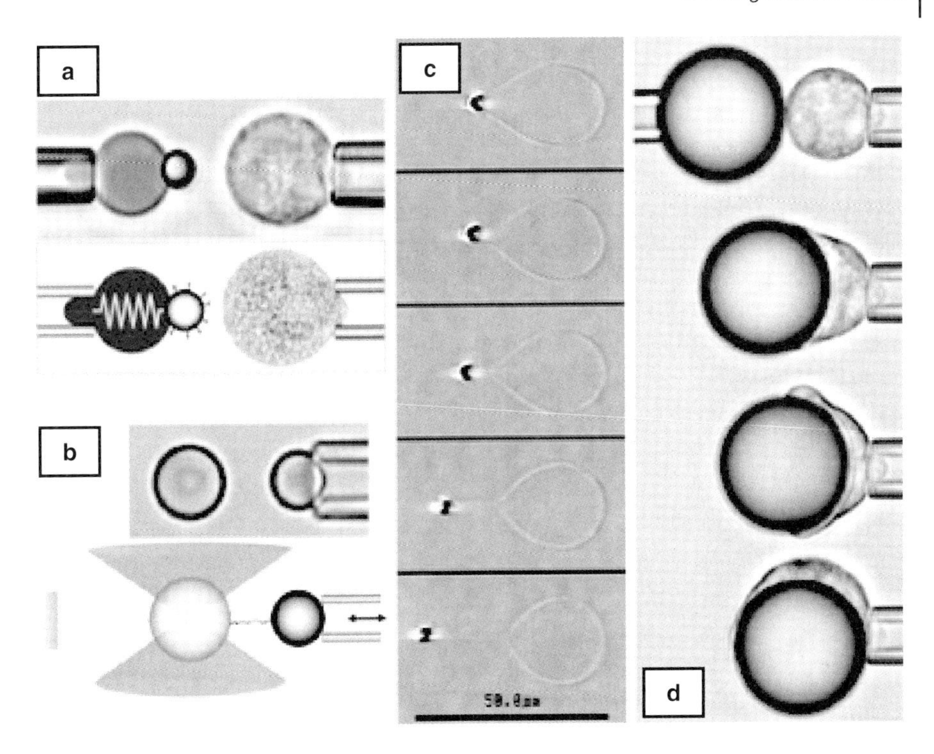

Abbildung 3.5 Beispiele mikro- und nanomechanischer Experimente. (a) Messung der Adhäsionskraft zwischen P-Selektin und einem Neutrophil mithilfe einer Biomembran-Kraftsonde. (b) Messung der Elastizität von DNA mithilfe einer Kombination von optischer Pinzette und einer Mikropipette. (c) Eine paramagnetische Kugel wird mithilfe eines Magnetfeldes durch ein Lipidvesikel gezogen, aus dem sie einen Membranfaden herauszieht. (d) Ein menschliches Neutrophil (eine Fresszelle) versucht eine große, mit Antikörpern belegte Perle zu „verschlucken" („frustrierte Phagozytose"). – Wiedergabe mit freundlicher Genehmigung von Prof. V. Heinrich.

der Kontaktfläche zwischen Glasperle und Zelle und Δp ist der Druck in der Pipette.

3.5 Magnetische Perlen

Zur Messung der lokalen viskoelastischen Eigenschaften der intrazellulären Flüssigkeit können kleine magnetische Perlen in das Innere einer lebenden Zelle gebracht werden, indem man ein äußeres Magnetfeld anlegt [19]. Wenn man eine magnetische Perle dann mithilfe eines Magnetfeldes in der Zelle dreht, kann man den Reibungskoeffizienten der Perle bei der Rotation messen und daraus die Viskosität oder Viskoelastizität der umgebenden Flüssigkeit bestimmen.

3.6
Gelsäulen

Eine interessante neuere Entwicklung zur Messung der Kraft, die von lebenden Zellen ausgeübt wird, während sie sich langsam über die Oberfläche eines Substrats bewegen, sind flexible Gelsäulen [20]. Auf einer festen Oberfläche wird durch mikromechanische Verfahren eine Anordnung von vertikalen Gelsäulen erzeugt; die Zellen werden auf diese Säulen aufgebracht. Wenn die Zelle sich bewegt, wirkt eine Zugkraft zwischen der adhäsiven Struktur der Zelle und den oberen Enden der Säulen; die Säulen biegen sich. Das Ausmaß der Biegung wird mithilfe eines optischen Mikroskops gemessen und daraus die Kraft unter der Annahme bestimmt, dass die Säulen sich linear wie Blattfedern verhalten. Abbildung 3.6 zeigt eine schematische Ansicht des experimentellen Aufbau dieser Versuche.

3.7
Blattfedern als Kraftsensoren

Die Blattfedern, die in der Rasterkraftmikroskopie eingesetzt werden, haben sich auch in anderer Hinsicht nützlich erwiesen [21]. Dazu wurde eine Anordnung von Blattfedern (ohne AFM-Spitzen) auf den Rückseiten chemisch aktiviert und einstrangige DNA mit einer speziellen Nukleotidsequenz auf sie aufgepfropft. Dann wurden die so vorbereiteten Federn in eine Lösung getaucht, die einstrangige DNA mit der komplementären Nukleotidsequenz enthielt. Nach der Hybridisierung zwischen der immobilisierten DNA und

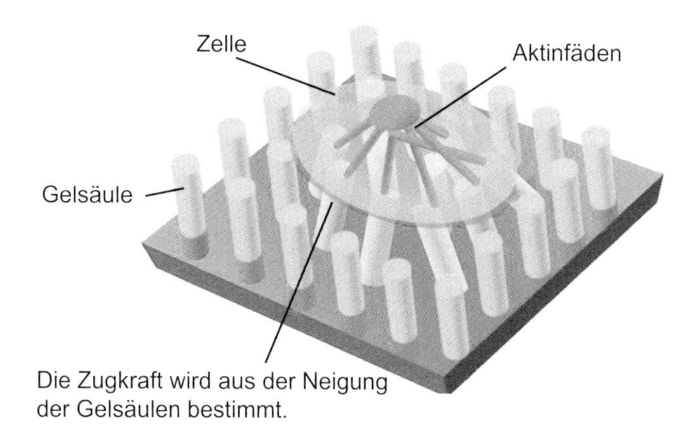

Abbildung 3.6 Schema der Gelsäulenmethode zur Kraftmessung zwischen einer sich bewegenden Zelle und den Oberseiten der Säulen (Abbildung Dr. Ichido Harada). Für eine farbige Version der Abbildung siehe Anhang E.

der DNA in der Lösung beanspruchte die nun doppelstrangige DNA mehr Platz auf den Federn und übte dadurch einen lateralen Druck aus. Dieser Druck verursachte eine Auslenkung (Biegung) der Blattfedern, die sich mit einem optischen System ähnlich dem in einem kommerziellen AFM leicht nachweisen ließ. Dasselbe Prinzip kann auch auf Antigen/Antikörper-Systeme übertragen werden. Die Methode wird bereits bei handelsüblichen Sensoren zur Messung der biologischen Affinität angewendet.

3.8 Die Geschwindigkeit der Belastung

Wenn man die Kraft gemessen hat, die zum Zerbrechen oder Verformen eines Gegenstand nötig ist, kann man auch die Abhängigkeit dieser Kraft von der Geschwindigkeit bestimmen, mit der die Kraft einwirkt. Im Alltag erleben wir das beispielsweise beim Abreißen eines Klebestreifens: Wenn man schnell reißt, braucht man eine größere Kraft, als wenn man langsam reißt. Genauer gesagt geht es nicht um die Geschwindigkeit des Abreißens, sondern um das Anwenden einer Kraft innerhalb einer bestimmten Zeit, also um das Verhältnis Kraft pro Zeit. Wenn die einwirkende Kraft linear mit der Zeit zunimmt, ist dieses Verhältnis konstant.

Die für eine bestimmte experimentelle Anordnung gemessene mittlere Bruchkraft hängt nach [22] vom Logarithmus der Belastungsgeschwindigkeit r ab:

$$F^* = \frac{k_B T}{\Delta x} \ln r + \frac{k_B T}{\Delta x} (\ln t_0 - \ln F_0) \,. \tag{3.18}$$

Dieser Zusammenhang wurde auch experimentell bestätigt; in Abbildung 3.7 ist er schematisch dargestellt.

Der Parameter Δx in Gleichung (3.18) wird als *Aktivierungsentfernung* bezeichnet (Abbildung 3.8). Sie ist definiert als die Dehnung der aufzubrechenden Bindung im aktivierten Zustand aus ihrer Gleichgewichtslänge. Wenn die zu brechende Bindung wirklich eine Bindung zwischen zwei Atomen ist, ist die Bedeutung von Δx anschaulich einleuchtend. In vielen Reaktionen, an denen Makromoleküle beteiligt sind, hat diese „Bindung" aber eher eine abstrakte Bedeutung. Wenn außerdem die zu brechende Bindung nicht parallel zur Richtung der angelegten Kraft liegt, sondern um einen Winkel θ dagegen geneigt ist, dann ist die gemessene Aktivierungsentfernung Δx in Wirklichkeit gleich $\Delta x^0 \cos\theta$, wobei Δx^0 die wahre Aktivierungsentfernung angibt.

Ein kleinerer Wert von Δx bedeutet, dass die Kurve der Kraft gegen die Belastungsgeschwindigkeit eine größere Steigung besitzt und umgekehrt. Für das Brechen einer kovalenten Bindung ist Δx beispielsweise nie größer als 0.1 nm, für das Lösen von Bindungen zwischen Makromolekülen wie der zwi-

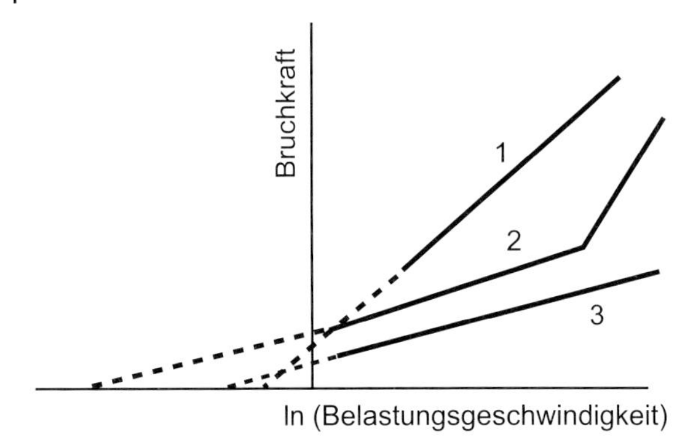

Abbildung 3.7 Abhängigkeit der mittleren gemessenen Bruchkraft vom Logarithmus der Belastungsgeschwindigkeit. Die Steigung des linearen Teils der Kurve ist umgekehrt proportional zur Aktivierungsentfernung für das Lösen der betrachteten Bindungen. Der Schnittpunkt mit der x-Achse gibt die Ablösungsgeschwindigkeit in Abwesenheit einer äußeren Kraft an. Wenn die Kurve zwei lineare Abschnitte mit zwei unterschiedlichen Steigungen besitzt, kann man daraus entnehmen, dass zwei unterschiedliche Energiebarrieren vorliegen.

schen Biotin und Avidin werden für Δx hingegen Werte von bis zu 0.5 nm berichtet. Wenn die Kurve der Kraft gegen die Belastungsgeschwindigkeit zwei Abschnitte mit unterschiedlichen Steigungen besitzt, deutet dies auf zwei verschiedene relevante Aktivierungsbarrieren in dem System hin (Abbildung 3.8). Die Anwendung einer Zugkraft auf ein solches System verringert zunächst die äußere Energiebarriere mit der größeren Aktivierungsentfernung Δx_2; nachdem diese Barriere genügend abgesenkt ist, wird die Existenz der inneren Barriere mit einer kürzeren Aktivierungsentfernung Δx_1 deutlich. Auf diese Weise eröffnen Versuche zum mechanischen Trennen eines wechselwirkenden Molekülpaars einen schematischen Blick auf das Energiediagramm des Reaktionsweges. Δx spielt in dieser Hinsicht eine ähnliche Rolle wie die Arrhenius-Aktivierungsenergie, die man aus der Abhängigkeit der Reaktionsgeschwindigkeit von der Temperatur erhält. Bei einer geringen Geschwindigkeit der Belastung wirkt die äußere, bei hoher Geschwindigkeit der Belastung die innere Barriere als geschwindigkeitsbestimmender Schritt.

Die Bruchkraft ist keine Systemkonstante, da Kraft kein thermodynamischer Parameter ist wie Entropie, Enthalpie oder Freie Enthalpie. Das macht den Vergleich zwischen verschiedenen Systemen im Hinblick auf mechanische Eigenschaften schwierig und in gewissem Sinne sogar bedeutungslos; die größere Bruchkraft eines Systems im Vergleich zu einem anderen kann bei einer anderen Belastungsgeschwindigkeit je nach der Steigung der Kurven plötzlich auch kleiner sein.

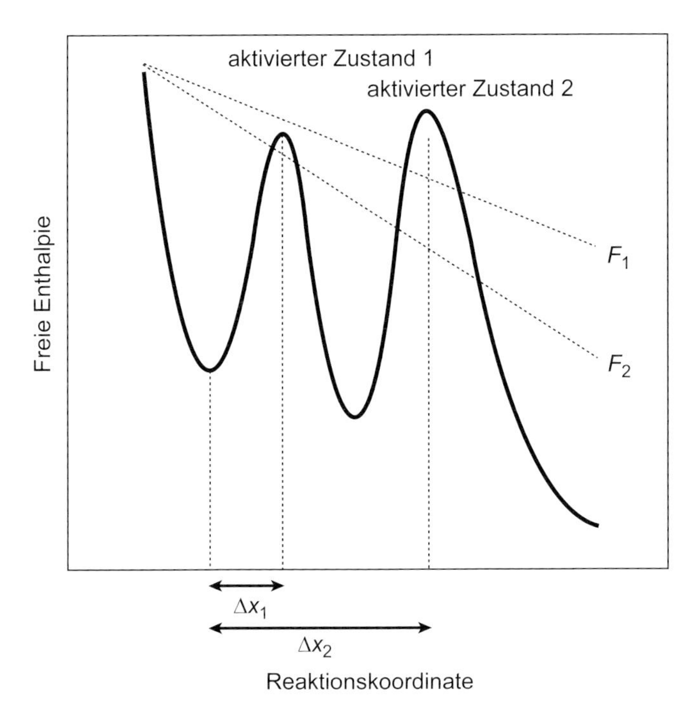

Abbildung 3.8 Schematische Darstellung der Energie entlang der Reaktionskoordinate beim Brechen von Bindungen. Man erkennt die Aktivierungsenergie und die Aktivierungsentfernung. In diesem Diagramm tauchen zwei Aktivierungsbarrieren auf, die aktivierten Zustände 1 und 2. Es ist angenommen, dass die aufgewendete Kraft die Aktivierungsbarriere proportional zum Produkt aus Aktivierungsentfernung und dem Betrag der Kraft (hier als gestrichelte Linien dargestellt) reduziert.

3.8.1
Die Abhängigkeit der mittleren Bruchkraft von der Geschwindigkeit der Belastung

Die Belastungsgeschwindigkeit bezeichnet die Geschwindigkeit, mit der die Kraft auf eine zu brechende Bindung zunimmt. Sie hat die Dimension einer Kraft pro Zeit (also die Einheit N/s, nN/s oder pN/s). Der Betrag der Bruchkraft, die bei Einwirken einer Zugkraft gemessen wird, hängt vom Logarithmus der Belastungsgeschwindigkeit ab. Im Folgenden wird die Herleitung dieser Abhängigkeit nach Evans [22] kurz zusammengefasst.

Die Theorie geht von der Gleichung für die Geschwindigkeit des Bindungsbruchs bei einer Temperatur T aus. Die Geschwindigkeit k_0 des Bindungsbruchs ohne äußere Kraft ist

$$k_0 = A \exp\left(-\frac{E}{k_B T}\right) = \frac{1}{t_0} . \tag{3.19}$$

Darin ist E die Aktivierungsenergie der Reaktion, t_0 die natürliche Lebensdauer der Bindung, k_B die Boltzmannkonstante und A der präexponentielle Faktor. Durch Einwirkung einer Zugkraft F steigt die Wahrscheinlichkeit, dass die Aktivierungsbarriere überwunden wird, um einen Faktor $\exp[F\Delta x/k_B T]$, wenn Δx die Differenz zwischen der Gleichgewichtslänge der Bindung und ihrer Länge im aktivierten Zustand ist. $F\Delta x$ ist folglich die von der angelegten Kraft verrichtete Arbeit; um diesen Betrag wird die Aktivierungsbarriere reduziert. Das ist offensichtlich nicht die Energie, die nötig ist, um den Reaktanten bis auf den Gipfel der Energiebarriere zu heben (das wäre einfach E). Die Größe $F\Delta x$ ist kleiner als E, aber wenn die Bindungslänge gelegentlich die Aktivierungsentfernung Δx erreicht, genügt eine kleine Energie $F\Delta x$, um die Aktivierungsbarriere zu überschreiten und die Bindung brechen zu lassen, da der normale Boltzmannfaktor $\exp[-E/k_B T]$ auf $\exp[-(E - F\Delta x)/k_B T]$ reduziert ist. Die Wahrscheinlichkeit, die Schwelle zu überschreiten, ändert sich daher um einen Faktor $\exp[F\Delta x/k_B T]$.

Die Geschwindigkeitskonstante für den Bindungsbruch unter der Wirkung einer äußeren Kraft ist

$$k_d = \frac{1}{t_0} \exp\left(\frac{F}{F_\beta}\right) \qquad \text{mit} \qquad F_\beta = \frac{k_B T}{\Delta x} \,. \tag{3.20}$$

Wenn wir den Anteil der noch bestehenden Bindungen mit $S(t)$ bezeichnen, lässt sich die Geschwindigkeit für das Brechen der Bindungen wie folgt schreiben (die Neubildung von Bindungen ist dabei vernachlässigt):

$$\frac{dS(t)}{dt} = -k_d S(t) \qquad \text{und damit} \qquad S(t) = S(0)^{-k_d t} \,. \tag{3.21}$$

Experimentelle Daten werden meist in Histogrammform präsentiert, in denen die Höhe der Balken die Häufigkeit angibt, mit der die jeweilige Bruchkraft gemessen wurde. Ein solches Histogramm stellt also den Zusammenhang zwischen F und dS/dF dar. Den Mittelwert F^* erhält man aus der Bedingung $d^2S/dF^2 = 0$.

Wir führen nun die Belastungsgeschwindigkeit $= dF/dt$ als alternative Zeitvariable ein und schreiben die ursprüngliche Differenzialgleichung in der Form

$$\frac{dS}{dF}\left(\frac{dF}{dt}\right) = -k_d S \,. \tag{3.22}$$

Mit $dF/dt = r$ folgt daraus

$$\frac{dS}{dF} = \frac{-k_d}{r} S \,. \tag{3.23}$$

Nun ersetzen wir die Variablen in der Geschwindigkeitsgleichung und setzen $d^2S/dF^2 = 0$, um F^* zu berechnen; das ergibt

$$\frac{d^2S}{dF^2} = -\frac{1}{r}\left(\frac{dk_d}{dF}S + k_d\frac{dS}{dF}\right) = 0 \tag{3.24}$$

mit den folgenden Identitäten:

$$\frac{dk_d}{dF} = \frac{k_d}{F_\beta} \quad \text{und} \quad \frac{dS}{dF} = -\frac{1}{r}k_d S\,. \tag{3.25}$$

Damit erhalten wir aus Gleichung (3.24)

$$\frac{1}{F_\beta}k_d - k_d^2\frac{1}{r} = 0\,. \tag{3.26}$$

Nun dividieren wir beide Seiten durch k_d und erhalten so

$$\frac{1}{F_\beta} - \frac{k_d}{r} = 0 \quad \text{und somit} \quad k_d = \frac{r}{F_\beta} \tag{3.27}$$

oder

$$\frac{1}{t_0}\exp\left(\frac{F^*}{F_\beta}\right) = \frac{r}{F_\beta}\,. \tag{3.28}$$

Wenn wir beide Seiten logarithmieren, ergibt sich daraus

$$-\ln t_0 + \frac{F^*}{F_\beta} = \ln r - \ln F_\beta\,. \tag{3.29}$$

Durch Umordnen der Terme erhalten wir schließlich die Abhängigkeit der mittleren Kraft von der Belastungsgeschwindigkeit:

$$F^* = F_\beta \ln r + F_\beta(\ln t_0 - \ln F_\beta)\,. \tag{3.30}$$

Diese Gleichung ist äquivalent zu Gleichung (3.18).

Für den Fall, dass sich die Belastungsgeschwindigkeit in dem benutzten Rasterkraftmikroskop nicht ausreichend variieren lässt, kann man eine umfangreiche Messreihe für die Abhängigkeit von der Belastungsgeschwindigkeit umgehen, indem man eine genaue Messung der Kraftverteilung bei einer einzigen Belastungsgeschwindigkeit vornimmt. Das Histogramm der Bruchkraft hat eine nichtgaußsche Form, die näherungsweise durch die folgende Gleichung beschrieben wird: [23]

$$P\{f_{\text{Bruch}}\} = C\exp\left[\frac{f_{\text{Bruch}} - f^*}{f_\beta}\right]\exp\left\{1 - \exp\left[\frac{f_{\text{Bruch}} - f^*}{f_\beta}\right]\right\}\,. \tag{3.31}$$

Hiermit kann man Δx aus dem Histogramm der Bruchkraft bei einer einzigen Belastungsgeschwindigkeit bestimmen.

Die Abhängigkeit von der Belastungsgeschwindigkeit tritt nicht nur bei der Lösung von Bindungen auf, sondern in allen Fällen, wo eine Kraft ein mechanisches System verformt oder zerbricht.

3.9 Die Kraftklemmenmethode

Man kann Δx und k_0 auch mit der Kraftklemmenmethode bestimmen. Dabei lässt man eine konstante Kraft über einen längeren Zeitraum einwirken und misst die Zeit vom Anlegen der Kraft bis zum Zeitpunkt des Bindungsbruchs [24,25].

3.10 Spezifische und unspezifische Kräfte

Im Kraftmodus des Rasterkraftmikroskops kann man die Wechselwirkungskraft zwischen einer Probe A auf der Sonde und einer Probe B auf dem Substrat messen. Diese Kraft kann anziehend oder abstoßend sein und schon vor dem Kontakt von A und B einsetzen, es kann aber auch die Kraft sein, die man benötigt, um A und B nach der Bildung eines bimolekularen Komplexes wieder zu trennen. Eine Schwierigkeit bei der Messung von Kräften ist, dass Kräfte ungeachtet ihres Ursprungs wirken, d. h. dass die Sonde alle Kräfte registriert, die auf sie wirken, auch wenn der Experimentator nur die Wechselwirkung zwischen A und B untersuchen möchte. Wir nennen die Kraft, die wir messen wollen, die *spezifische Kraft*; alle anderen Wechselwirkungen sind *unspezifisch* oder *Rauschen*. Was „spezifisch" ist, unterliegt der subjektiven Auswahl des Experimentators. Die Frage ist nun, wie man eine spezifische von unspezifischen Kräften unterscheiden kann.

Im Idealfall sollten folgende Bedingungen erfüllt sein, damit man sicher sein kann, wirklich die spezifische Kraft zu messen:

- Es gibt keine Wechselwirkung zwischen der Probe auf dem Substrat und einer Sonde, die auf exakt dieselbe Art und Weise behandelt und vorbereitet wurde wie die mit Ligand B zu modifizierende Sonde.

- Es gibt keine Wechselwirkung zwischen der mit Ligand B modifizierten Sonde und dem Substrat selbst.

- Es gibt eine positive (anziehende) Wechselwirkung zwischen einer mit Ligand B modifizierten Sonde und der Probe A auf dem Substrat.

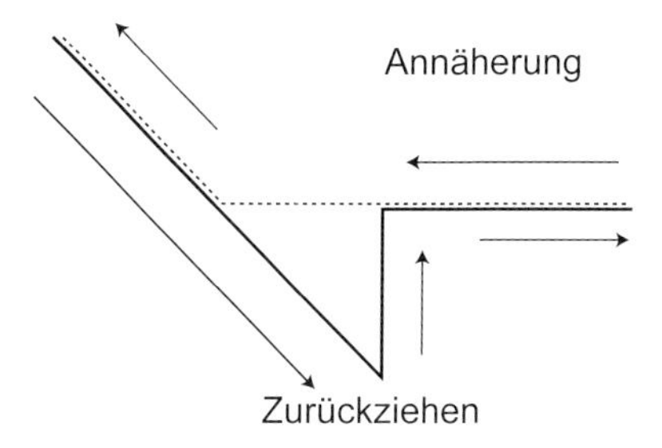

Abbildung 3.9 Typische Kraftkurve bei Vorliegen von unspezifischer Adhäsion. Beim Zurückziehen der Sondenspitze verläuft die Kraftkurve deutlich dreieckig.

- Die Zugabe eines Inhibitors für die Wechselwirkung zwischen A und B zur Probenlösung zeigt, dass der Inhibitor spezifisch die Wechselwirkung zwischen A und B verhindert.

- Man verwendet eine möglichst kleine Kraft für den Erstkontakt der Sonde mit der Probe oder einen langen Distanzhalter für die Immobilisierung von B auf der Sonde. Man versucht so zu vermeiden, dass A auf das Substrat oder B auf die Sonde gedrückt und dabei beschädigt werden; sie könnten sonst unspezifische Adhäsionskräfte hervorrufen. Im Allgemeinen haften denaturierte Proteine besser auf Oberflächen als die nativen Formen; eine Beanspruchung der Proteine über ihre elastische Grenze hinaus würde daher die Wahrscheinlichkeit von unerwünschter unspezifischer Adhäsion steigern.

Unspezifische Wechselwirkungen zwischen der AFM-Sonde und dem Substrat verraten sich – wenn sie sich überhaupt verraten – häufig durch eine Kraftkurve wie in Abbildung 3.9. Beim Zurückziehen der Spitze (durchgezogene Linie in Abbildung 3.9) bleibt die Sonde für längere Zeit mit dem Substrat in Kontakt und löst sich dann plötzlich mit einem Ruck. Diese Art von Kraftkurven deutet mit hoher Wahrscheinlichkeit auf unspezifische Adhäsion der Sonde am Substrat hin.

Die Verwendung von Distanzhaltern zwischen der Probe und dem Substrat bzw. der Sonde ist ratsam. In solch einem Fall sollte die Anfangsphase der Kraftkurve beim Zurückziehen der Spitze ähnlich aussehen wie in Abbildung 3.10; man erkennt hier deutlich die nichtlineare Dehnung des Distanzhalters, bevor die Sonde sich von der Probe löst.

Es ist wichtig, dass *vor* der Dehnung des Distanzhalters kein oder höchstens ein sehr kleiner dreieckiger Adhäsionsanteil auftritt. Wenn ganz am Anfang ein kleines Dreieck aufgrund von Adhäsion erscheint, das deutlich von der Dehnung des Distanzhalters zu unterscheiden ist, lässt sich die Wechselwirkungskraft häufig aus der Bruchkraft nach der Dehnung des Distanz-

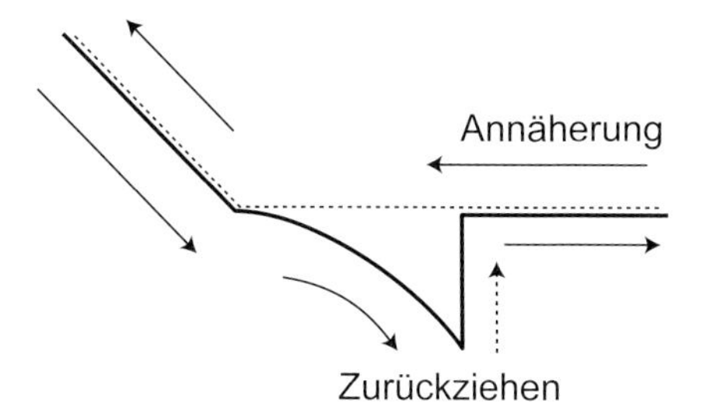

Abbildung 3.10 Bestimmung von Kraftkurven unter Verwendung eines Distanzhalters. Der Sprung in der Kurve nach der Dehnung des Distanzhalters mit bekannter Länge entspricht mit hoher Wahrscheinlichkeit dem Bruch der Bindung zwischen den untersuchten Molekülen. Der nichtlineare Anstieg der Kraft macht die Berechnung der Belastungsgeschwindigkeit jedoch schwieriger.

halters abschätzen; dabei ist es wichtig, die ersten ein oder zwei Kraftspitzen auszuschließen, die in der Regel auf unspezifische Wechselwirkungen zurückzuführen sind.

Literaturverzeichnis

1 Ashkin, A. (1992) Forces of a single-beam gradient laser trap on a dielectric sphere in the ray optics regime, *Biophysical Journal*, **61**, 569–582.

2 Kawata, S., Ohtsu, M. und Irie, M. (Hrsg.) (2002) *Nano-optics*, Kapitel 4, Springer, Berlin, S. 88–89.

3 Ashkin, A., Schütze, K., Dziedzic, J. M., Euteneuer, U., Schliwa, M. (1990) Force generation of organelle transport measured in vivo by an infrared laser trap, *Nature*, **348**, 346–352.

4 Hénon, S., Lenormand, G., Richert, A., Gallet, F. (1999) A new determination of the shear modulus of the human erythrocyte membrane using optical tweezers, *Biophysical Journal*, **76**, 1145–1151.

5 Binnig, G., Rohrer, H., Gerber, Ch., Weibel, E. (1982) Tunneling through a controllable vacuum gap, *Applied Physics Letters*, **40**, 178–180.

6 Binnig, G., Rohrer, H., Gerber, Ch., Weibel, E. (1982) Surface Studies by Scanning Tunneling Microscopy, *Physical Review Letters*, **49**, 57–61.

7 Bonnell, D. (2000) *Scanning Probe Microscopy and Spectroscopy: Theory, Techniques, and Applications*, Wiley-VCH, Weinheim.

8 Wiesendanger, R. (1994) *Scanning Probe Microscopy and Spectroscopy*, Cambridge University Press, Cambridge.

9 Binnig, G., Rohrer, H., Gerber, Ch., Weibel, E. (1983) 7×7 Reconstruction on Si(111) resolved in real space, *Physical Review Letters*, **50**, 120–123.

10 Takayanagi, K., Tashiro, Y., Takahashi, M., Takahashi, S. (1985) *Journal of Vacuum Science and Technology*, **A3**, 1502.

11 Binnig, G., Quate, C. F., Gerber, Ch. (1986) Atomic force microscope, *Physical Review Letters*, **56**, 930–933.

12 Butt, H. J., Cappella, B., Kappl, M. (2005) Force measurements with the atomic force microscope: technique, interpretation and applications, *Surface Science Reports*, **59**, 1–152.

13 Dill, K. A. und Bromberg, S. (2002) *Molecular Driving Forces: Statistical Thermodynamics in Chemistry and Biology*, Garland Science, New York.

14 Timoshenko, S. P. und Gere, J. M. (1972) *Mechanics of Materials* (1. Auflage), PWS Publishing, Boston.

15 Giessble, F. J. (2002) Kapitel 2 in *Noncontact Atomic Force Microscopy*, Morita, S., Wiesendanger, R. und Meyer, E. (Hrsg.), Springer, Berlin.

16 Morita, S. (2002) Kapitel 1 in *Noncontact Atomic Force Microscopy* Morita, S., Wiesendanger, R. und Meyer, E. (Hrsg.), Springer, Berlin.

17 Evans, E., Berk, D., Leung, A. (1991) Detachment of agglutinin-bonded red blood cells. I. Forces to rupture molecular-point attachments, *Biophysical Journal*, **59**, 838–848.

18 Evans, E., Ritchie, K., Merkel, R. (1995) Sensitive force technique to probe molecular adhesion and structural linkages at biological interfaces, *Biophysical Journal*, **68**, 2580–2587.

19 Walter, N., Selhuber, C., Kessler, H., Spatz, J. P. (2006) Celluar unbinding forces of initial adhesion processes on nanopatterned surfaces probed with magnetic tweezers, *Nano Letters*, **6**, 398–402.

20 Tan, J. L., Pirone, D. M., Gray, D. S., Bhadriraju, K., Chen, C. S. (2003) Cells lying on a bed of microneedles: an approach to isolate mechanical force, *Proceedings of the National Acadademy of Sciences USA*, **100**, 1484–1489.

21 Fritz, J., Baller, M. K., Lang, H. P., Rothuizen, H., Vettiger, P., Meyer, E., Guntherodt, H.-J., Gerber, Ch., Gimzewski, J. K. (2000) Translating Biomolecular Recognition into Nanomechanics, *Science*, **288**, 316–318.

22 Evans, E., Ritchie, K. (1997) Dynamic strength of molecular adhesion bonds, *Biophysical Journal*, **72**, 1541–1555.

23 Takeuchi, O., Miyakoshi, T., Taninaka, A., Tanaka, K., Cho, D., Fujita, M. et al. (2006) Dynamic-force spectroscopy measurement with precise force control using atomic-force microscopy probe, *Journal of Applied Physics*, **100**, 074315–074320.

24 Shao, J. Y., Hochmuth, R. M. (1999) Mechanical anchoring strength of L-selectin, beta2 integrins, and CD45 to neutrophil cytoskeleton and membrane, *Biophysical Journal*, **77**, 587–596.

25 Oberhauser, A. F., Hansma, P. K., Carrion-Vazquez, M., Fernandez, J. M. (2001) Stepwise unfolding of titin under force-clamp atomic force microscopy, *Proceedings of the National Acadademy of Sciences USA*, **98**, 468–472.

4
Die Mechanik von Polymerketten

4.1
Polymere in der Biologie

Biologische Strukturen bestehen aus polymeren Substanzen wie z. B. Proteinen, Polysacchariden und Nukleinsäuren. Die folgende Übersicht zeigt einige Beispiele von natürlichen Polymeren:

Proteine

- *Strukturproteine*: Kollagen, Elastin, Keratin, kristalline Proteine, adhäsive Proteine
- *Enzyme*: Proteasen, Nukleasen, Glykosidasen, Lipasen, Esterasen, Dehydrogenasen, Oxygenasen, Carboxylasen, Synthetasen
- *Antikörper*: IgA, IgD, IgE, IgG, IgM
- *Hormone*: Wachstumshormone, Insulin, Glukagon
- *Transport- und Speicherproteine*: Albumin, Lipoproteine, Ferritin, Transferrin, Hämoglobin, Myoglobin
- *Rezeptoren und Kanäle*: Rhodopsin, Insulinrezeptor, Natriumkanäle, Kaliumkanäle, Anionenkanäle
- *Nukleoproteine*: Histone
- *Membranproteine*: Glykophorine, Cadherine, Integrine, Stomatin, Bande 3
- *Matrixproteine*: Laminin, Fibronektin, Vitronektin

Polysaccharide

- *Amylose und Amylopektin*: Zuckerpolymere
- *Cellulose*: Zuckerpolymere
- *Chitin*: Polymere von *N*-Acetylglukosamin
- *Mannan*: Mannosepolymere
- *Galaktan*: Galaktosepolymere

Nukleinsäuren

- DNA
- RNA

Einführung in die Nanobiomechanik. Atsushi Ikai.

ISBN: 978-3-527-40954-9

Viele Proteine enthalten durch die Wirkung von verschiedenen Enzymen nach der Biosynthese der Polypeptidkette Zuckerbestandteile; man nennt sie dann *Glykoproteine*. Die anhängenden Zuckerketten verschiedener Länge und Sequenzen sind jeweils für einen bestimmten Typ von Glykoprotein spezifisch. Sie erweitern die Oberflächenvariabilität der Glykoproteine erheblich. Viele Membranproteine sind eigentlich Glykoproteine, die der Zelloberfläche eine große chemische und physikalische Vielfalt verleihen, was für die Wirtszelle biochemisch natürlich von Nutzen ist. Vom Standpunkt der Mechanik aus ist es interessant, Parameter wie Steifheit, Elastizität, Fließgrenze und Zugfestigkeit der nativen Konformationen von Proteinen als den funktionellen und strukturellen Grundbausteinen des Lebens zu bestimmen.

4.2 Polymerketten

Proteine, Nukleinsäuren und Polysaccharide sind polymere Substanzen, die viele grundlegende Eigenschaften mit synthetischen Polymeren gemeinsam haben. In diesem Kapitel werden wir einige Grundkonzepte einführen, die für das Verständnis nanomechanischer Forschung an Polymeren notwendig sind.

Die Konturlänge ist der entlang der Hauptkette eines Polymers gemessene Abstand L_{ij} zwischen dem i-ten und dem j-ten Segment. Die gesamte Konturlänge ist der Abstand vom ersten bis zum letzten Segment (L_0).

Der End-zu-End-Abstand ist der Abstand in Luftlinie zwischen dem ersten und dem letzten Segment einer Polymerkette. Der statistische Mittelwert des quadratisch gemittelten Abstands der Enden ist $R = \langle h^2 \rangle^{1/2}$.

Ein statistisches Knäuel ist eine Konformation einer Polymerkette, deren Segmente frei beweglich verbunden sind und frei um ihre Verbindungspunkte rotieren können.

Die Persistenzlänge ist die Konturlänge vom i-ten zum k-ten Segment ohne Beachtung der Tatsache, dass die Richtung zwischen den beiden Segmentvektoren nicht beliebig ist.

Der Trägheitsradius ist der quadratisch gemittelte Abstand aller Segmente vom Schwerpunkt der Polymerkette, gewichtet mit der Masse der Segmente.

Die entropische Elastizität beschreibt das federnde Verhalten einer Polymerkette aufgrund ihrer entropischen Stabilität in der Gleichgewichtskonformation. Sie kommt zum Ausdruck, wenn die Konformation gestört wird.

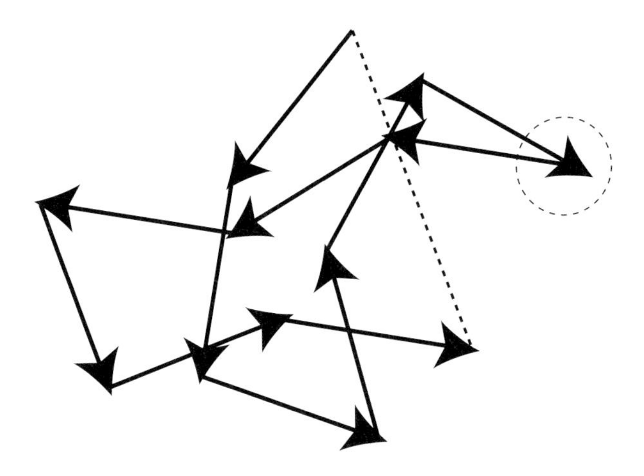

Abbildung 4.1 Eine gaußsche Kette als Modell für ein Polymer. Starre Segmente der Länge L sind an ihren Enden durch lineare Gelenke (Kreis) miteinander verbunden; es gibt keine Einschränkung der Rotationsfreiheit über den gesamten Raumwinkel von 4π. Die gestrichelte Linie zeigt den End-zu-End-Abstand.

Eine Polymerkette ist im Wesentlichen eine lineare Anordnung von n kleinen Segmenten derselben Länge L. Jedes Segment (außer den beiden Endsegmenten) hat zwei Nachbarsegmente. Ein einfaches mathematisches Modell einer solchen Polymerkette ist die so genannte *gaußsche Kette* oder *frei bewegliche Kette* (engl. *freely jointed chain*). Es geht davon aus, dass die Segmente durch frei bewegliche Gelenke verbunden sind und dass es keinerlei Beschränkungen für die Rotation benachbarter Segmente relativ zueinander gibt (Abbildung 4.1).

Diese Art von „Molekülen" besitzt interessante elastische Eigenschaften, nämlich eine gummiartige *entropische Elastizität*. Weil die beiden unabhängig veränderlichen Winkel θ und ϕ zwischen benachbarten Segmenten (Abbildung 4.2) an jedem Gelenk alle Werte zwischen 0 und π (für θ) bzw. 0 und 2π (für ϕ) annehmen können, besitzt das Polymer eine große Zahl von möglichen Konformationen, die durch verschiedene Werte von θ und ϕ festgelegt sind. Obwohl es keine Vorzugswerte für die beiden Winkel gibt, unterscheidet sich die Entartung für verschiedene Werte von θ. Sie ist proportional zu $2\pi \sin\theta \, d\theta$ und ist für $\theta = \pi/2$ maximal. Für größere oder kleinere Werte von θ ist die Entartung geringer, d. h. die Entropie der Konformation ist für Zustände mit $\langle\theta\rangle = \pi/2$ maximal. Die Entropie einer Konformation ist als $S = k_B \ln Z$ definiert, wenn Z die Anzahl verschiedener Zustände mit demselben Wert von $\langle\theta\rangle$ ist; für Konformationen mit größerem oder kleinerem $\langle\theta\rangle$ sind sowohl Z als auch S kleiner. Sie besitzen folglich eine höhere Freie Enthalpie $G = H + TS$, sind also weniger stabil (H ist die Enthalpie, T die absolute Temperatur).

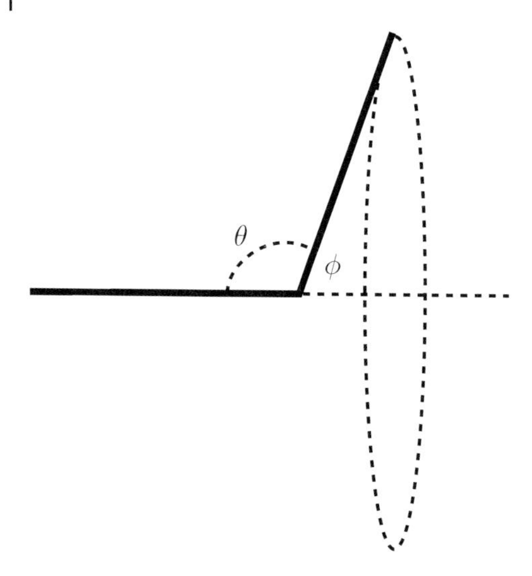

Abbildung 4.2 Die chemischen Bindungen in einer Polyethylenkette haben eine feste Länge L und einen Bindungswinkel θ. Eine Einfachbindung kann frei um ihre Achse rotieren; diese Rotation wird durch den Winkel ϕ beschrieben.

Wenn eine Polymerkette durch die Wirkung einer äußeren Kraft aus ihrem Gleichgewichtszustand mit maximaler Entropie gedehnt oder gestaucht wird, reagiert sie mit einer Gegenkraft; sobald die äußere Kraft nicht mehr wirkt, springt sie – im Prinzip wie eine Feder – in ihren alten Zustand zurück. Solange die Verformung des Polymers klein bleibt, folgt ihr Verhalten dem hookeschen Gesetz, bei größeren Verformungen wird die Polymer-Feder ausgesprochen nichtlinear („nichthookesch"). Die federähnliche Verformbarkeit einer statistisch verknäulten Polymerkette ist die Grundlage der Elastizität von Gummi (Abbildung 4.3).

Eine statistische Behandlung einer Polymerkette liefert die folgende gaußsche Verteilungsfunktion für die Segmente:

$$P(R) = \left(\frac{3}{2\pi n b^2}\right)^{3/2} \exp\left(-\frac{3R^2}{2nb^2}\right) . \tag{4.1}$$

Da die Kraft gleich $F = k_B T\, \partial \ln P(R)/\partial R = (3k_B T/nb^2)R$ sein muss, gilt für die Federkonstante einer Polymerkette, die aus ihrer Gleichgewichtskonformation ausgelenkt wird, folglich $3k_B T/nb^2$.

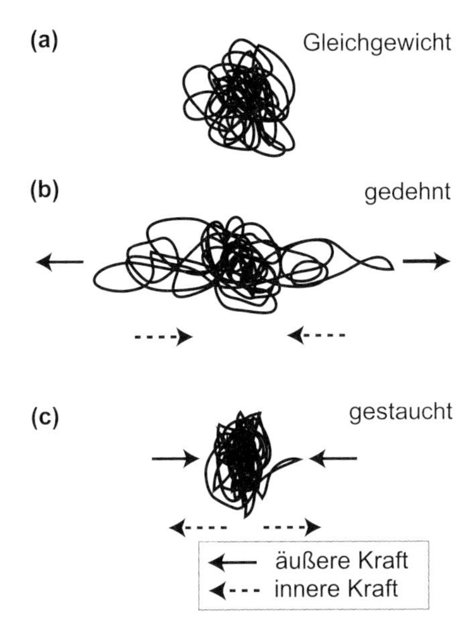

Abbildung 4.3 Eine Polymerkette hat Eigenschaften einer Feder. Wenn sie aus ihrem Gleichgewichtszustand (a) gedehnt (b) oder gestaucht (c) wird, übt sie eine Gegenkraft aus, um wieder in den Gleichgewichtszustand zurückzukehren. Gummi ist ein typisches elastisches Material, dessen Elastizität auf diesem federähnlichen Verhalten von Polymerketten beruht. Eine einfache Ansammlung von Polymerketten ergibt nicht unbedingt eine gute Feder, aber wenn sie (wie vulkanisiertes Gummi) quervernetzt werden, ergeben sie eine nahezu ideal elastische Feder.

4.3 Der End-zu-End-Abstand

4.3.1 Definition

Polymere bestehen aus einer großen Zahl von kovalent gebundenen monomeren Einheiten, die normalerweise in einer linearen Kette angeordnet sind; manchmal können sich durch Verzweigungen auch Seitenketten bilden. Die Monomereinheiten können vom Anfang bis zum Ende des Moleküls immer gleich sein, sie können sich aber auch (mit oder ohne Regelmäßigkeit) unterscheiden. Eines der einfachsten Beispiele ist Polyethylen, das nur aus einer linearen Abfolge von Methylengruppen ($-CH_2-CH_2-$) besteht, abgesehen von den Enden der Kette, die durch zwei Methylgruppen gebildet werden. Polyethylen ist nicht wasserlöslich, löst sich aber bei höheren Temperaturen in aromatischen Kohlenwasserstoffen (z. B. Toluol oder Xylol) oder chlorierten Lösungsmitteln wie Trichlorethan oder Trichlorbenzol. In Lösung hat Polyethylen keine feste Struktur; es bevorzugt eine mehr oder weniger kugelige

Konformation, wobei sich auch Lösungsmittelmoleküle im Inneren der Kugel aufhalten. Die kovalenten Bindungen zwischen den einzelnen CH_2-Einheiten können rotieren; bei niedrigeren Temperaturen gibt es drei bevorzugte Anordnungen, eine *trans*- und zwei *gauche*-Formen; schon bei mäßig erhöhten Temperaturen können sie praktisch frei rotieren. Wenn jede Bindung drei stabile Lagen einnehmen kann, ergeben sich für drei Monomere, die durch Einfachbindungen verbunden sind, $3^2 = 9$ erlaubte Konfigurationen, für vier Monomere $3^3 = 27$, für 101 Einheiten $3^{100} \approx 5.14 \times 10^{47}$ usw. Wenn n groß ist, kann eine Polyethylenkette mit n Einfachbindungen eine unglaublich große Zahl von Konformationen einnehmen. Eine von ihnen ist insofern einzigartig, als sich in ihr alle Bindungen in der *trans*-Anordnung befinden. Dies ist die gestreckteste Konformation eines gegebenen Polyethylenmoleküls, d. h. sie besitzt den längsten möglichen End-zu-End-Abstand (Abstand zwischen den beiden Kettenenden).

Der maximale End-zu-End-Abstand ist gleich der Konturlänge, d. h. der Kettenlänge entlang der Kette. Alle anderen Konformationen mit einer Mischung von *trans*- und *gauche*-Anordnungen haben einen kleineren End-zu-End-Abstand, da jede Bindung in einer *gauche*-Anordnung die beiden an der Bindung beteiligten Methylengruppen näher zueinander bringt, als dies in einer *trans*-Anordnung der Fall wäre; die Kette biegt sich an dieser Stelle also auf sich selbst zurück. Wenn n die Gesamtzahl der Bindungen ist und n_t bzw. n_g die Zahl der *trans*- und *gauche*-Anordnungen, dann gibt es $N = n!/(n_t!\, n_s!)$ verschiedene Möglichkeiten, die *trans*- und *gauche*-Bindungen auf die Kette zu verteilen. Für große n_t und n_s wird diese Zahl schnell sehr groß, daher dominieren in der Mischung Moleküle, die etwa gleich viele *trans*- und *gauche*-Anordnungen enthalten; der mittlere End-zu-End-Abstand ist demzufolge wesentlich kleiner als die Konturlänge des Moleküls.

4.3.2
Statistische Knäuel

Eine Polymerkette, bei der alle chemischen Bindungen der Hauptkette ungehindert rotieren können, nennt man *statistisches Knäuel*. Wie im vorigen Abschnitt erläutert wurde, ist ihr End-zu-End-Abstand viel kleiner als die Konturlänge; sie bilden ein kugeliges Knäuel mit einem Durchmesser in der Größenordnung des End-zu-End-Abstands. Wenn diese Moleküle löslich sind, muss die Affinität zwischen den Monomereinheiten des Polymers und den Molekülen des Lösungsmittels recht groß sein, sodass die Lösungsmittelmoleküle die Monomereinheiten innerhalb und außerhalb der Polymerkugel nahezu ungehindert solvatisieren können. Innerhalb des Polymerknäuels gibt es eine erhebliche Anzahl von Solvensmolekülen, die sich mit den Polymermolekülen bewegen, wenn diese sich durch Diffusion oder wie bei der Elektrophorese unter dem Einfluss von äußeren Kräften durch das Lösungsmittel bewegen. Zur Beschreibung der charakteristischen Eigenschaften von statistisch geknäulten Polymeren gibt es eine Reihe von verschiedenen Modellen.

4.3.3 Die frei bewegliche Kette

Polymerketten lassen sich durch verschiedene Modelle beschreiben; jedes der Modelle betont einen bestimmten Aspekt der Polymerkonformation. Ein häufig verwendetes Modell ist die *gaußsche* oder *frei bewegliche Kette*. Dabei betrachtet man ein Polymermolekül als aus N starren geraden Stäben zusammengesetzt; jeder Stab kann mehrere physikalische Segment umfassen. Die Stäbe sind an den Enden durch völlig frei drehbare Gelenke miteinander verbunden. In diesem Fall ergibt sich der End-zu-End-Vektor $\boldsymbol{R}$ als Summe der einzelnen Segmentvektoren $\boldsymbol{r}_i$, also $\boldsymbol{R} = \sum_{i=1}^{i=N} \boldsymbol{r}_i$.

Die Polymerkette ändert permanent ihre Konformation, d. h. die Winkel zwischen den Segmenten variieren ständig und nehmen alle Werte von θ und ϕ mit gleicher Wahrscheinlichkeit an; daher muss man zur Berechnung des mittleren End-zu-End-Abstands die Segmentvektoren $\boldsymbol{r}_i$ über alle möglichen Winkel zwischen den Segmenten summieren (Abbildung 4.2):

$$\langle \boldsymbol{R} \rangle = \left\langle \sum_{i=1}^{i=N} \boldsymbol{r}_i \right\rangle = \sum_{i=1}^{i=N} \langle \boldsymbol{r}_i \rangle = 0 \,. \tag{4.2}$$

Die Größen in spitzen Klammern $\langle \ldots \rangle$ bedeuten dabei die zeitlichen Mittelwerte über alle möglichen Konformationen eines einzelnen Polymermoleküls; dies ist äquivalent zum Mittelwert über eine große Anzahl von Molekülen zu einem bestimmten Zeitpunkt. Da keine Korrelation zwischen den Richtungen zweier Segmentvektoren existiert, geht der Mittelwert der Summe über alle diese Vektoren für eine hinreichend große Zahl von Segmenten bzw. eine hinreichend lange Beobachtungszeit gegen null. Dann gilt für den quadratisch gemittelten End-zu-End-Abstand:

$$\boldsymbol{R}^2 = \left(\sum_{i=1}^{i=N} \boldsymbol{r}_i \right)^2 = \sum_i \boldsymbol{r}_i^2 + 2 \sum_{i \neq j} \sum \boldsymbol{r}_i \cdot \boldsymbol{r}_{i+j} \,. \tag{4.3}$$

Der erste Term auf der rechten Seite von Gleichung (5.3) ist die Summe der Quadrate aller Segmentvektoren, die gleich N-mal dem Quadrat der Segmentlänge ist. Der zweite Term ist für große N gegen den ersten vernachlässigbar; somit bekommen wir

$$\langle \boldsymbol{R}^2 \rangle = \sum \langle \boldsymbol{r}_i^2 \rangle + 2 \sum \sum \langle \boldsymbol{r}_i \cdot \boldsymbol{r}_{i+j} \rangle = N \langle \boldsymbol{r}_i^2 \rangle \tag{4.4}$$

und folglich

$$\langle \boldsymbol{R}^2 \rangle = Nb^2 \qquad \text{mit} \qquad b = |\boldsymbol{r}_i| \,. \tag{4.5}$$

Wie bereits angedeutet ist es möglich, auch reale Polymerketten mit dem gaußschen Modell zu beschreiben, wenn man die Segmentvektoren nicht unbedingt als die Monomereinheiten auffasst, sondern die Ketten durch frei bewegliche Segmente der Länge L_K beschreibt; sie kann der Länge einer Monomereinheit ähneln, aber auch – je nach der Steifheit der Polymerkette – viel größer sein:

$$L_K \equiv \lim_{L \to \infty} \frac{\langle R^2 \rangle}{L} \,. \tag{4.6}$$

Die so definierte Länge heißt *Kuhnlänge*. Sie ist im Allgemeinen *nicht* gleich der tatsächlichen Länge der Segmente, aus denen die Polymerkette besteht.

Es gibt viele verschiedene Konformationen eines gegebenen Polymers mit demselben End-zu-End-Abstand, aber nur verhältnismäßig wenige mit extremen Werten. Die Zahl der verschiedenen Konformationen, die denselben End-zu-End-Abstand besitzen, folgt einer Gaußverteilung

$$\Phi(R, N) = \left(\frac{3}{2\pi N L_K^2} \right)^{3/2} \exp\left(\frac{-3R^2}{2NL_K^2} \right) \,. \tag{4.7}$$

Aus diesem Grund wird eine solche Kette oft als *gaußsche Kette* bezeichnet. Da es so viele verschiedene Konformationen mit mittleren End-zu-End-Abständen gibt, liegt die Kette meist in einer dieser Konformationen vor. Wenn sie durch eine äußere Kraft gedehnt oder gestaucht wird, sodass sie ihre bevorzugte Konformation verlassen muss, versucht sie wie eine Feder wieder in diesen Ausgangszustand zurückzukehren. Um die Gegenkraft zu bestimmen, berechnen wir zunächst die Entropie S dieser Konformation, die proportional zum Logarithmus der Zahl verschiedener Konformationen ist, die dieselbe Observable (d. h. in diesem Fall denselben End-zu-End-Abstand) ergeben:

$$S(R, N) \propto k_B \ln \left[\Phi(R, N) \right] \,, \qquad \text{also} \qquad S = S_0 - \frac{3k_B R^2}{2NL_K^2} \,. \tag{4.8}$$

Mit dem so erhaltenen Wert für die Entropie erhalten wir für die Freie Energie Φ

$$\Phi = E - TS = F_0 + \frac{3k_B T R^2}{2NL_K^2} \,. \tag{4.9}$$

Die Kraft ist die negative erste Ableitung der Freien Energie,

$$F = -\frac{d\Phi}{dR} = \frac{3k_B T R}{NL_K^2} \,. \tag{4.10}$$

Aus diesem Ergebnis können wir ablesen, dass die Kraft zur Wiederherstellung des ursprünglichen End-zu-End-Abstands proportional zur Dehnung oder Stauchung R ist. Eine Polymerkette verhält sich also wie eine hookesche Feder mit der Federkonstante $3k_\mathrm{B}T/NL_\mathrm{K}^2$. Dieses Verhalten lässt sich experimentell beim Dehnen oder Stauchen einer einzelnen statistisch geknäulten Kette beobachten.

4.4 Die Persistenzlänge

Die Persistenzlänge einer Polymerkette ist ein Maß ihrer Steifheit. Sie ist als die Länge definiert, über die die Richtungskorrelation der Segmente in der Polymerkette verloren geht. Der Wert des Winkels θ_{ml} zwischen zwei nahe beieinander liegenden Segmenten m und l liegt näher an π als für zwei weiter voneinander entfernte Segmente. Mit steigender Entfernung zwischen den Segmenten fällt θ_{ml} von π (vollständige Korrelation) auf $\pi/2$ (keine Korrelation) ab. Die Richtungskorrelation zweier Segmente hängt demzufolge mit einer charakteristischen Konstante p exponentiell von ihrer Konturentfernung L_{ml} ab. Die Konstante p ist dabei die *Persistenzlänge*:

$$\langle\cos(\theta_{ml})\rangle = \exp\left(-\frac{L_{ml}}{p}\right) . \tag{4.11}$$

Man kann zeigen, dass die Persistenzlänge für eine frei bewegliche Kette gleich der halben Kuhnlänge ist.

Eine Polymerkette mit einer kleinen Persistenzlänge p ist flexibler als eine mit größerem p; das bedeutet, dass Erstere als statistisches Knäuel viel mehr Raum einnimmt als Letztere, sofern beide dieselbe Konturlänge $L = np$ haben, wobei n die Zahl der Segmente mit einer Länge gleich der Persistenzlänge ist. Deshalb hat das erste Polymer als Knäuel eine größere Entropie und man muss stärker ziehen, um es zu dehnen.

Die Beziehung zwischen der Zugkraft F und der Kettenverlängerung L können wir durch Betrachtung der potenziellen Energie jedes Segments unter einer einachsigen Zugkraft erhalten. Dazu untersuchen wir ein Segment bei einem Winkel θ in einem Kraftfeld F in x- und $-x$-Richtung. Die potenzielle Energie des Segments ist dann gleich $-Fb\cos\theta$, und der zugehörige Boltzmannfaktor ist $\exp[Fb\cos\theta/k_\mathrm{B}T]$. Die mittlere Länge des Segments in Richtung des Kraftfelds ist

$$b\langle\cos\theta\rangle = \frac{\displaystyle\int_{\theta=0}^{\theta=\pi} b\cos\theta\ \mathrm{e}^{Fb\cos\theta/k_\mathrm{B}T}\,\mathrm{d}\tau}{\displaystyle\int_{\theta=0}^{\theta=\pi} \mathrm{e}^{Fb\cos\theta/k_\mathrm{B}T}\,\mathrm{d}\tau} \tag{4.12}$$

mit $d\tau = 2\pi b \sin\theta \, d\theta$. Wenn wir nun $Fb\cos\theta/k_B T = y$ setzen, erhalten wir $d\tau = -2\pi\,(k_B T/F)dy$. Der Nenner von Gleichung (4.12) ist dann

$$(-2\pi)\left(\frac{k_B T}{F}\right)\int_A^{-A} e^y \, dy = (-2\pi)\frac{k_B T}{F}(e^{-A} - e^A) \tag{4.13}$$

mit $A = Fb/k_B T$.

Der Zähler ist

$$(-2\pi)\left(\frac{k_B T}{F}\right)^2 \int_A^{-A} y\, e^y \, dy = (-2\pi)\left(\frac{k_B T}{F}\right)^2 \left[-A(e^{-A} + e^A) - (e^{-A} - e^A)\right] . \tag{4.14}$$

Somit ist das Integral

$$\left(\frac{k_B T}{F}\right)\left[\frac{-A(e^{-A} + e^A) - (e^{-A} - e^A)}{e^{-A} - e^A}\right] = b\left(\frac{e^A + e^{-A}}{e^A - e^{-A}}\right) - \frac{k_B T}{F} \tag{4.15}$$

$$= b\left(\coth A - \frac{1}{A}\right) . \tag{4.16}$$

Indem wir beide Seiten dieser Gleichung durch b dividieren, erhalten wir einen Ausdruck für $\langle b\cos\theta/b\rangle$, der multipliziert mit der Zahl N der Segmente die Verlängerung der Kette relativ zu ihrer Gesamtkonturlänge $L_0 = Nb$ angibt. Es gilt also

$$\frac{L}{L_0} = \coth\left(\frac{Fb}{k_B T}\right) - \frac{1}{\frac{Fb}{k_B T}} \tag{4.17}$$

$$= \mathcal{L}\left(\frac{Fb}{k_B T}\right) , \tag{4.18}$$

wobei $\mathcal{L}(x) = \coth(x) - 1/x$ die Langevinfunktion ist. Mithilfe der inversen Langevinfunktion erhalten wir die Kraft als Funktion der relativen Verlängerung:

$$\frac{Fb}{k_B T} = \mathcal{L}^{-1}\left(\frac{L}{L_0}\right) . \tag{4.19}$$

Für die Kraft als Funktion der Verlängerung wurde die folgende Gleichung vorgeschlagen [1], in der die Segmentlänge b durch die Persistenzlänge p ersetzt, aber die Gesamtkonturlänge L_0 beibehalten wurde:

$$F = \frac{k_B T}{p}\left[\frac{1}{4}\left(1 - \frac{L}{L_0}\right)^{-2} - \frac{1}{4} + \frac{L}{L_0}\right] . \tag{4.20}$$

Zur Berücksichtigung von Änderungen der kovalenten Bindungslängen bei größeren Dehnungen wurde die folgende Anpassung vorgeschlagen [1]:

$$F = \frac{k_B T}{p}\left[\frac{1}{4}(1 - Z)^{-2} - \frac{1}{4} + Z\right] \qquad \text{mit} \qquad Z = \frac{L}{L_0} - \frac{F}{K_0} . \tag{4.21}$$

Im Allgemeinen muss man die Öffnung der Bindungswinkel weg von ihrem Gleichgewichtswert berücksichtigen, wenn die Zugkraft 1 nN überschreitet, und ab einer Kraft von etwa 2 nN spielt auch die Verlängerung der Bindungen eine Rolle.

4.4.1
Auswirkung von Vernetzungen

Viele Proteinmoleküle sind durch Disulfidbrücken intramolekular vernetzt. Die Auswirkungen einer solchen Vernetzung auf die mechanischen Eigenschaften der Kette wurden theoretisch untersucht [2]. Es ist zu erwarten, dass die Vernetzung innerhalb eines Proteins oder eines anderen Polymers die Kette starrer macht; der Schubmodul ist in diesem Fall $G = \rho RT/M$, wobei ρ und M die Dichte des Materials bzw. die mittlere Molmasse zwischen aufeinander folgenden Verbrückungen sind. Dieser Effekt muss noch durch Kompressionsexperimente mit einem Rasterkraftmikroskop experimentell verifiziert werden.

4.5
Polymere in Lösung

4.5.1
Allgemeines

Wenn Polymermoleküle in einem guten Lösungsmittel gelöst werden, in dem die Affinität zwischen den Polymersegmenten und dem Lösungsmittel größer ist als die Affinität Lösungsmittel/Lösungsmittel bzw. Segment/Segment, treten räumlich ausgedehnte Konformationen mit größeren End-zu-End-Abständen häufiger auf. Mit abnehmender Affinität zwischen Segment und Lösungsmittel schrumpfen die Polymermoleküle wieder, wobei der End-zu-End-Abstand auch wieder kleiner wird. Da Moleküle mit einem großen End-zu-End-Abstand ein größeres Volumen einnehmen, besitzt eine solche Lösung eine höhere Viskosität. Daher kann der räumliche Zustand von Polymermolekülen aus Messungen der intrinsischen Viskosität $[\eta]$ nach der von Flory [3] vorgeschlagenen Beziehung abgeschätzt werden. In der folgenden Gleichung ist Φ eine charakteristische Konstante (die *Florykonstante*, $\Phi = 2.8 \times 10^{23}\ \text{mol}^{-1}$) und $\langle h^2 \rangle$ ist der statistische Mittelwert des quadratischen End-zu-End-Abstands:

$$[\eta] = \Phi \frac{\langle h^2 \rangle^{3/2}}{M} . \tag{4.22}$$

Da die intrinsische Viskosität die Dimension m^3/kg hat (effektives Volumen pro Masseneinheit), ist sie ein Maß für die molekulare Ausdehnung einer Polymerkette. Für denaturierte Proteine wurde der End-zu-End-Abstand auch nach der von Tanford [4] vorgeschlagenen Beziehung abgeschätzt,

$$M_0[\eta] = 77.3n^{0.666} , \tag{4.23}$$

wobei n und M_0 die Zahl und die mittlere Molmasse der Aminosäurereste bedeuten.

Die Bestimmung des End-zu-End-Abstands von Polymermolekülen ist wichtig, um eine Abschätzung für die Persistenzlänge zu erhalten, die als die Konturlänge der Polymerkette definiert ist, über die die Richtungskorrelation der Bindungen verschwindet.

Der Trägheitsradius R_g ist ebenfalls ein gutes Maß für die Ausdehnung eines Polymers in Lösung; er kann aus Lichtstreuungsexperimenten [5] bestimmt werden.

4.5.2 Denaturierte Proteine und DNA

Die native Konformation von Proteinen und Nukleinsäuren kann zerstört werden, ohne ihre kovalente Struktur zu stören. In vielen Fällen ähneln die dabei entstehenden Konformationen statistischen Knäueln. Sobald die zur Denaturierung führenden Bedingungen beseitigt werden, kann oft die ursprüngliche native Konformation wieder hergestellt werden. Bei der Denaturierung werden die meisten oder sogar alle nichtkovalenten Wechselwirkungen zwischen den Segmenten auf das Niveau der thermischen Energie reduziert, sodass sich die Polypeptidkette wie ein thermisch fluktuierendes statistisches Knäuel verhält. Alle Aminosäurereste richten ihre Seitenketten in das Lösungsmittel, unabhängig von ihrer Hydrophobie oder Fähigkeit, Wasserstoffbrücken einzugehen. Es ist erstaunlich, dass die native Konformation innerhalb einer kurzen Zeit nach der Umkehrung der äußeren Parameter wiederhergestellt werden kann; dabei muss genau diese eine aus 10^{20} oder noch mehr möglichen anderen Konformationen ausgewählt werden.

Untersuchungen der Denaturierung von Proteinen in Lösung liefern detaillierte Informationen über die Thermodynamik und das kooperative Verhalten von Wechselwirkungen zwischen Polymersegmenten, aber nur wenig über die Starrheit eines Proteinmolekülen als Ganzes oder über seine lokale Variation innerhalb des Moleküls.

4.6 Polymere auf Oberflächen

Die Untersuchung von Polymermolekülen, die auf einer festen Oberfläche adsorbiert sind, ist schon seit längerem ein sehr aktives Forschungsgebiet. Dank der Rasterkraftmikroskopie wurden schon viele interessante Arbeiten auf der Ebene einzelner Moleküle publiziert. Synthetische Polymere liegen gewöhnlich als statistische Knäuel vor, und ihre chemische Natur ist entlang ihrer Konturlänge ziemlich einheitlich. Eine spezifische Adhäsion an einer Oberfläche mit einem bestimmten Teil des Moleküls wird in der Regel nicht beobachtet (außer bei Block-Copolymeren). Die Mechanik der Ablösung einer Polymerkette von einer festen Oberfläche ist häufig durch das Auftreten eines Kraftplateaus gekennzeichnet, das als kontinuierliche De-Adhäsion einer gestreckten Kette vom Substrat interpretiert wird.

Wenn Polymermoleküle mit einem Ende chemisch auf der Oberfläche verankert werden, nehmen sie eine *Pilzform* an, so lange die Zahlendichte auf der Oberfläche klein ist und es daher ausreichend Bewegungsfreiheit für jedes Polymermolekül gibt. Die Höhe der Pilze entspricht ungefähr dem halben End-zu-End-Abstand des freien Polymers unter denselben Bedingungen, weil die Moleküle an einem Ende immobilisiert sind. Wenn die Zahlendichte auf dem Substrat zunimmt, wird der für jedes Polymermolekül verfügbare Platz kleiner und die Moleküle werden lateral komprimiert, bis sie schließlich vertikal verlängerte statistische Knäuel bilden, weil die Polymerketten ihre Segmente nicht ohne weiteres vermischen. Eine solche Anordnung eines gedehnten Polymers wird als *Polymerbürste* (engl. *polymer brush*) bezeichnet.

Haupt und Mitarbeiter publizierten die Untersuchung und Kraftmessung sowohl der Pilz- als auch der Bürstenform eines auf einer festen Oberfläche verankerten Polymers [6]. Die Untersuchung des Pilzzustands ist besonders interessant, da der weiche Pilz dazu neigt, der sich nähernden AFM-Sonde auszuweichen. Das Verhalten der Pilze ist auch als Modell eines denaturierten Proteins auf einer festen Oberfläche von Interesse, siehe Afrin et al. [7]. Für den Elastizitätsmodul von statistischen Knäueln wurden Werte im Bereich 1–5 MPa publiziert, ein ähnlicher Wert wie für Gummi oder denaturierte Proteine.

4.7 Polymere als biomimetische Materialien

Der Ersatz von Geweben und Organen in Patienten wird in der Medizin und Medizintechnik allmählich Realität. Um künstliche Gewebe und Organe herzustellen, wurden viele Anstrengungen unternommen, polymere, keramische und metallische Materialien mit einer guten Biokompatibilität zu entwickeln. Das Hauptaugenmerk von der medizinischen Seite liegt dabei auf der Biokompatibilität einschließlich Bioabbaubarkeit. Proteine haben die Tendenz, an synthetischen Oberflächen adsorbiert zu werden, dort irreversibel zu haften und sich anzusammeln. Sie beschleunigen so häufig die Blutkoagulation, die eine ernsthafte Bedrohung für die Gesundheit der Patienten ist.

(a) ausgedehnter Kontakt

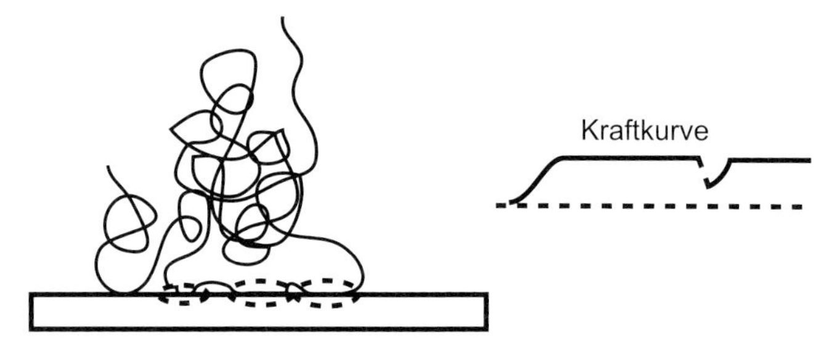

(b) Punktkontakt

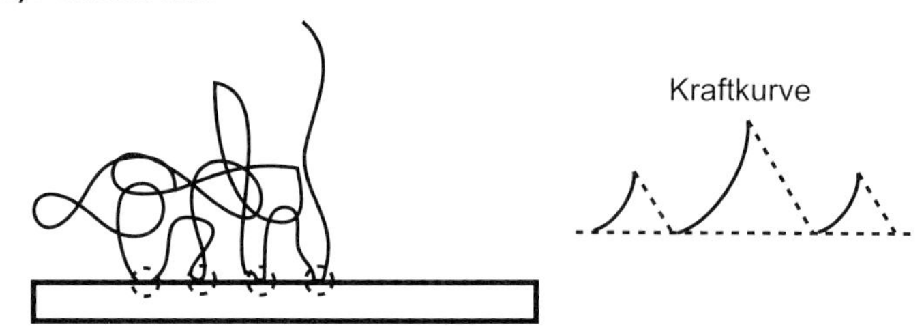

Abbildung 4.4 Eine Polymerkette wird aus einer Monoschicht auf einer festen Oberfläche herausgezogen. In (a) haftet die Polymerkette bis zu einer bestimmten Dehnung an der Oberfläche; die Kraftkurve besitzt ein Plateau mit einer konstanten Kraft, die der Desorptionskraft entspricht. In (b) haftet die Polymerkette nur an einer Reihe von diskreten Punkten an der Oberfläche; zwischen diesen Punkten liegen flexible Kettensegmente. Die Kraftkurve hat in diesem Fall die rechts gezeigte Sägezahnform.

4.8 Ziehen von Polymeren

Das Ablösen einer Polymerkette von einer festen Oberfläche wurde sowohl experimentell als auch theoretisch untersucht, weil es eine wichtige Rolle bei Schmier- und Reibungsproblemen spielt, an denen eine Polymergrenzfläche beteiligt ist. In dem in Abbildung 4.4 gezeigten Experiment wurde eine Polymerkette {Trimethyl-terminiertes Poly(dimethylsiloxan) [PDMS, $(CH_3)_3$–Si–O(–Si–$(CH_3)_2$–O$)_n$–Si–$(CH_3)_3$]} aus einer Polymer-Monoschicht auf einer Siliciumoberfläche an Luft bzw. in Wasser herausgezogen, die beide schlechte Lösungsbedingungen für das Polymer bieten.

Die resultierenden Kraftkurven zeigten ausgedehnte Kraftplateaus, die wahrscheinlich die sich entfaltenden Kügelchen in schlechten Lösungsmitteln charakterisieren. In schlechten Lösungsmitteln sollten die Polymerketten als kugelförmige Knäuel vorliegen, und die Ausdehnung von einem verknäulten in einen gestreckten Zustand sollte von einem solchen Kraftplateau begleitet werden. Ein derartiges Verhalten wurde theoretisch vorhergesagt [8] und durch Experimente mit einer Polyelektrolytkette bestätigt [6]. Es gibt einen

Übergang zwischen den kollabierten Knäueln und den gestreckten Bürsten, der experimentell beobachtet werden konnte [9, 10]. Dieses Verhalten bei einer erzwungenen Streckung in schlechten Lösungsmitteln unterscheidet sich grundlegend von der Dehnung statistischer Knäuel in guten Lösungsmitteln. Das Auftreten eines Kraftplateaus in Zugexperimenten mit kollabierten Ketten bedeutet, dass annähernd gleiche Wechselwirkungen zwischen den Segmenten (von etwa 25 pN in Luft und 50 pN in Wasser bei einer Zuggeschwindigkeit von 1 μm/s) während des Ziehens sukzessive gelöst werden. Man erklärt dies mit dem Unterschied zwischen den Oberflächenenergien des Polymers und des Lösungsmittels.

Literaturverzeichnis

1 Smith, S. B., Cui, Y., Bustamante, C. (1996) Overstretching B-DNA: the elastic response of individual double-stranded and single-stranded DNA molecules, *Science*, **271**, 795–799.

2 Makarov, D. E., Rodin, G. J. (2002) Configurational entropy and mechanical properties of cross-linked polymer chains: implications for protein and RNA folding, *Physical Review E*, **66**, 011908.

3 Flory, P. J. (1953) *Principles of Polymer Chemistry*, Cornell University Press, Ithaca.

4 Tanford, C., Kawahara, K., Lapanje, S. (1967) *Journal of the American Chemical Society*, **89**, 729–735.

5 Cantor, C. R. und Schimmel, P. R. (1980) *Biophysical Chemistry Techniques for the Study of Biological Structure and Function*, W. H. Freeman, San Francisco.

6 Haupt, B. J., Senden, T. J., Sevick, E. M. (2002) AFM evidence of Rayleigh instability in single polymer chains, *Langmuir*, **18**, 2174–2182.

7 Afrin, R., Alam, M. T., Ikai, A. (2005) Pretransition and progressive softening of bovine carbonic anhydrase II as probed by single molecule atomic force microscopy, *Protein Science*, **14**, 1447–1457.

8 Halperin, A. E., Zhulina, B. (1991) On the deformation behaviour of collapsed polymers, *Europhysics Letters*, **15**, 417–421.

9 Farhan, T., Azzaroni, O., Huck, W. T. S. (2005) AFM study of cationically charged polymer brushes: switching between soft and hard matter, *Soft Matter*, **1**, 66-68.

10 Koutsos, V., Haschke, H., Miles, M. J., Madani, F. (2003) Pulling single chains out of a collapsed polymer monolayer in bad-solvent conditions, *Materials Research Society Symposium Proceedings*, **734**, B1.6.1–B1.6.5.

5 Wechselwirkungen

5.1 Kovalente und nichtkovalente Wechselwirkungen

In einem Molekül sind Atome durch kovalente Bindungen verbunden, die im Allgemeinen ziemlich stark sind und die Grundlage der Existenz der meisten Objekte in unserer Welt bilden. Wenn zwei Atome mit teilweise besetzten Valenzorbitalen sich einander nähern, stoßen sie einander entweder ab oder sie gehen eine Bindung ein, je nach den Spinzuständen ihrer Valenzelektronen. Bei der Annäherung wechselwirken ihre äußersten Orbitale und bilden zwei neue Orbitale mit Energieniveaus, von denen eines tiefer und das andere höher liegt als die ursprünglichen Atomorbitale. Wenn die Elektronen in den ursprünglichen Orbitalen entgegengesetzte Spins haben, besetzen sie gemeinsam das tiefere der beiden neuen Orbitale und bilden eine stabile kovalente Bindung zwischen den beiden Atomen. Die Abhängigkeit der potenziellen Energie vom Abstand der Atome wird häufig durch die Morsefunktion beschrieben,

$$V(r) = D\left[1 - \exp\{-a(r - r_{\mathrm{eq}})\}\right]^2 , \tag{5.1}$$

wobei D und r_{eq} die Dissoziationsenergie bzw. der Gleichgewichtsabstand der Atome sind. D beträgt meist einige hundert kJ/mol; die Kraft, die erforderlich ist, um eine solche Bindung zu brechen, liegt unter den üblichen experimentellen Bedingungen in einem AFM in der Größenordnung von einigen Nanonewton. Unter normalen biochemischen Bedingungen können kovalente Bindungen als praktisch unzerstörbar betrachtet werden, es sei denn, dass Katalysatoren zum Einsatz kommen. In mechanischen Experimenten an einzelnen Molekülen können sie jedoch relativ leicht gebrochen werden; die dafür erforderliche Kraft beträgt ungefähr das Zehnfache der Kraft, die zum Lösen nichtkovalenter Wechselwirkungen benötigt wird. Unter einer mechanischen Spannung kann daher ein Cluster von zehn oder mehr nichtkovalenten Wechselwirkungen ebenso stark oder stärker sein als eine einzelne kovalente Bindung.

Einführung in die Nanobiomechanik. Atsushi Ikai.

ISBN: 978-3-527-40954-9

5.2
Die Grundlagen der elektrostatischen Wechselwirkung

Atome und Moleküle üben abstoßende oder anziehende Kräfte aufeinander aus. Ein einfaches Beispiel ist ein Paar von Ionen. Wenn die Ionen gleichnamige Ladungen tragen, stoßen sie einander ab; tragen sie ungleichnamige Ladungen, ziehen sie einander an. Diese elektrostatische Wechselwirkung wird *Coulombwechselwirkung* genannt. Sowohl anziehende als auch abstoßende Kräfte folgen hier demselben Gesetz, das die Abhängigkeit der Kraft von der Entfernung zwischen den Ionen beschreibt. In der folgenden Gleichung ist V das Potenzial, q_1 und q_2 sind die beiden Ladungen, ε_0 ist die elektrische Permittivität des Vakuums (8.85×10^{-12} F/m), ε_r die relative Dielektrizitätskonstante des Mediums und r die Entfernung zwischen den Ionen [1]:

$$V = \frac{q_1 q_2}{4\pi\varepsilon_0\varepsilon_r r}, \qquad F = \frac{q_1 q_2}{4\pi\varepsilon_0\varepsilon_r r^2}. \tag{5.2}$$

Wenn das Vorzeichen der Kraft F zwischen zwei Ladungen negativ ist, handelt es sich um eine anziehende Kraft und umgekehrt.

In einer wässrigen Lösung wird die Coulombwechselwirkung durch die große Dielektrizitätskonstante von Wasser ($\varepsilon_r \approx 80$) abgeschwächt. Eine weitere Reduktion der Wechselwirkung bewirkt die Anwesenheit von Gegenionen, der so genannte *Debye–Hückel-Effekt*. In verdünnten Salzlösungen kann die effektive Wechselwirkung näherungsweise durch die folgende Gleichung beschrieben werden, die den Abschirmungseffekt durch den Exponentialfaktor $\exp[-\kappa r]$ berücksichtigt:

$$V = \frac{ze}{4\pi\varepsilon_0\varepsilon_r}\left[\frac{\exp(\kappa a)}{1+\kappa a}\frac{\exp(-\kappa r)}{r}\right], \tag{5.3}$$

wobei e, z und a die Elementarladung (1.6×10^{-19} C) sowie die Ladungszahl und der Radius der Ionen sind. Die Debye–Hückel-Abschirmkonstante κ ist

$$\kappa^2 = \frac{e^2 \sum n_i^0 z_i^2}{\varepsilon_0\varepsilon_r \kappa_B T}, \tag{5.4}$$

wobei z_i und n_i^0 die Ladungszahl und die Konzentration des i-ten Ions sind. Dieser Faktor heißt *Abschirmfaktor*, weil in einer Entfernung $r = 1/\kappa$ die ursprüngliche Coulombwechselwirkung auf $1/e$ reduziert ist. Die Konstante κ taucht in vielen Theorien der Wechselwirkungen in ionischen Lösungen auf.

Ungeladene Moleküle sind elektrisch neutral. Atome und Moleküle bestehen aus positiv geladenen Protonen, ungeladenen Neutronen und negativ geladenen Elektronen. Neutrale Moleküle enthalten genau dieselbe Zahl von

Protonen und Elektronen. Atome sind im Wesentlichen kugelförmig und elektrisch neutral, und das Zentrum der positiven fällt mit dem der negativen Ladung zusammen, zumindest im zeitlichen Mittel. In einigen neutralen Molekülen fallen die Zentren von positiven und negativen Ladungen ebenfalls zusammen, in anderen jedoch nicht. Die erste Sorte von Molekülen wird *unpolar* genannt, die zweite Sorte *polar*. Beispiele von unpolaren Molekülen sind H_2, N_2, O_2, CH_4, C_2H_6, C_3H_8, Benzol und andere Kohlenwasserstoffe, wohingegen H_2O, CO, CH_3COOH und CH_3CH_2OH Beispiele von polaren Molekülen sind. Polare Moleküle enthalten Atome mit unterschiedlicher *Elektronegativität*, womit man die Tendenz von Atomen in einem Molekül beschreibt, Valenzelektronen zu sich zu ziehen. Valenzelektronen halten sich im Mittel länger um Atome mit einer höheren Elektronegativität auf als in der Umgebung von Atomen mit niedriger Elektronegativität.

In polaren Molekülen können wir ein Dipolmoment definieren, indem wir eine positive Ladung $+q_1$ und eine negative Ladung $-q_1$ in einer geringen Entfernung d voneinander platzieren; der Betrag μ des Dipols ist als $\mu = qd$ definiert. Ein polares Molekül hat ein (mehr oder weniger großes) permanentes Dipolmoment.

5.3 Verschiedene Arten von nichtkovalenten Kräften

Nichtkovalente Wechselwirkungen werden zweckmäßig in die folgenden Kategorien eingeteilt. Bis auf die letzte (die hydrophobe Wechselwirkung) sind alle im Prinzip elektrostatische Wechselwirkungen.

5.3.1 Wechselwirkungen zwischen Ladungen

Die elektrostatische Wechselwirkung wirkt auch in Lösungen, obwohl sie wegen des von Debye und Hückel beschriebenen Abschirmungseffekts beträchtlich reduziert ist. Ähnlich wie bei einem freien Ion in einer Salzlösung sammeln sich um eine elektrisch geladene oder polarisierte Oberfläche Gegenionen der entgegengesetzten Ladung, während Ionen mit derselben Ladung diese Gegend meiden. Viele in eine wässrige Salzlösung eintauchende Oberflächen sind geladen oder polarisiert und wechselwirken daher anziehend oder abstoßend mit anderen Oberflächen, Ionen oder Molekülen in der Lösung. Diesem Thema widmet sich die so genannte DLVO-Theorie, die von Derjaguin et al. [2] ausführlich behandelt wird. Das Potenzial zwischen zwei Ionen mit den Ladungen Z ist demnach

$$V_{\text{L-L}} = Z^2 \lambda_{\text{B}} \left(\frac{\exp(\kappa a)}{1 + \kappa a} \right)^2 \frac{\exp(-\kappa r)}{r} , \tag{5.5}$$

wobei $\lambda_B = e^2/4\pi\varepsilon_0\varepsilon_r k_B T$ die *Bjerrumlänge* ist und κ der Debye–Hückel-Abschirmfaktor; sein Kehrwert κ^{-1} wird auch *Abschirmungslänge* genannt. Die Bjerrumlänge ist der Abstand, in dem die elektrostatische Wechselwirkung zwischen zwei Elementarladungen etwa gleich der thermischen Energie $k_B T$ ist.

5.3.2
Wechselwirkungen zwischen Ladungen und Dipolen

Wenn wir die Situation betrachten, dass sich ein positiv geladenes Ion einem polaren Molekül nähert, stellen wir fest, dass dieses eher den negativ geladenen Teil seiner Oberfläche in Richtung des Ions wendet, wodurch sich insgesamt eine anziehende Wechselwirkung ergibt:

$$V_{\text{L-D}} = -\frac{(ze)\mu\cos\theta}{4\pi\varepsilon_0\varepsilon_r}, \tag{5.6}$$

wobei $\mu = |\boldsymbol{\mu}|$ der Betrag des Dipolmomentvektors ist. Diese Wechselwirkung ist stark genug, um die wechselwirkenden Teilchen in einem festen Winkel θ zueinander zu halten; sie ist für die Solvatation eines Ions in polaren Lösungsmitteln verantwortlich.

5.3.3
Wechselwirkungen zwischen permanenten Dipolen

Wie bereits angedeutet, richten sich zwei polare Moleküle bei der Annäherung so zueinander aus, dass ihre entgegengesetzt geladenen Oberflächenbereiche enger und öfter wechselwirken als gleich geladene, sodass insgesamt wieder eine anziehende Wechselwirkung resultiert. Die Wechselwirkung zwischen zwei Dipolen wird berechnet, indem man zwei Dipole μ_1 und μ_2 in einer Entfernung r aufbaut, die groß gegen d ist ($d \ll r$); Abbildung 5.1 illustriert die Situation.

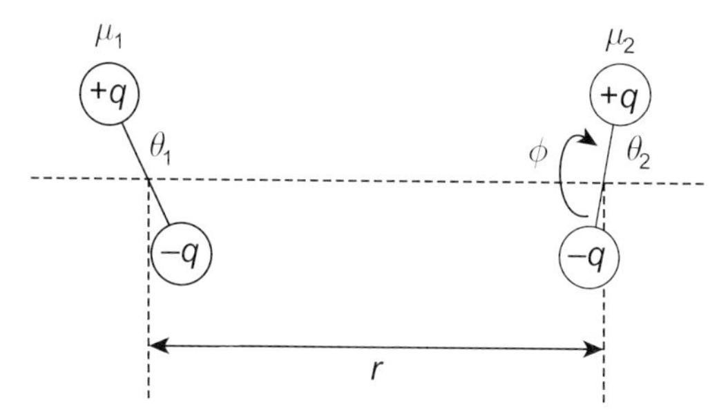

Abbildung 5.1 Zwei Dipole in einer beliebigen Orientierung mit einem Abstand r von Zentrum zu Zentrum.

Das Ergebnis für die Wechselwirkung ist

$$\langle V_{\text{D–D}} \rangle = -\frac{\mu_1 \mu_2}{4\pi\,\varepsilon_0 \varepsilon_r r^3} [2 \cos\theta_1 \cos\theta_2 - \sin\theta_1 \sin\theta_2 \cos\phi] \,, \tag{5.7}$$

wobei θ_1, θ_2 und ϕ in Abbildung 5.1 definiert sind. In einer Lösung bei Zimmertemperatur ist die Wechselwirkung schwach im Vergleich zur thermischen Energie, sodass die Moleküle umeinander taumeln und die Winkel θ_1, θ_2 und ϕ sich andauernd ändern. Wir müssen daher eine mittlere Energie der Wechselwirkung für alle möglichen Orientierungen bei einem festgehaltenen Abstand r berechnen, wobei wir die verschiedenen Orientierungen mit einem Boltzmannfaktor gewichten; so erhalten wir

$$\langle V(r) \rangle = -\frac{\mu_1^2 \mu_2^2}{3(4\pi\,\varepsilon_0 \varepsilon_r)^2\, k_B T r^6} \qquad \text{für} \qquad k_B T > \frac{\mu_1 \mu_2}{4\pi\,\varepsilon_0 \varepsilon_r r^3} \,. \tag{5.8}$$

5.3.4 Wechselwirkungen zwischen permanenten und induzierten Dipolen

Wenn sich ein Molekül mit einem Dipolmoment und ein unpolares Molekül einander nähern, verschiebt sich die Ladungsverteilung innerhalb des unpolaren Moleküls, sodass eine insgesamt anziehende Wechselwirkung zwischen den beiden Molekülen resultiert. Die Wechselwirkungsenergie hängt vom Betrag μ des Dipolmoments des polaren Moleküls ab sowie davon, wie einfach die Ladung innerhalb des unpolaren Moleküls umverteilt werden kann; ein Maß dafür ist die Polarisierbarkeit α_0. Wir müssen wieder den Mittelwert über alle bei einer endlichen Temperatur möglichen Orientierungen bilden und erhalten so das Wechselwirkungspotenzial

$$\langle V_{\text{D–iD}} \rangle = \frac{-\mu^2 \alpha_0}{(4\pi\,\varepsilon_0 \varepsilon_r)^2\, r^6} \,. \tag{5.9}$$

5.3.5 Die Dispersionswechselwirkung

Was geschieht, wenn sich zwei unpolare Atome oder Moleküle begegnen? Obwohl zunächst kaum etwas für anziehende oder abstoßende Wechselwirkungen zwischen zwei neutralen Atomen oder Molekülen zu sprechen scheint, beobachtet man experimentell eindeutig eine anziehende Wechselwirkung. Dieser Effekt wurde von London auf der Grundlage der Quantenmechanik theoretisch erklärt. Nach der Theorie fluktuiert die Entfernung d zwischen den Schwerpunkten der positiven und negativen Ladung in einem unpolaren Molekül oder einem Atom aufgrund der Bahnbewegung der Elektronen um den Kern sehr schnell um den Mittelwert null. Der schwere Kern kann der schnellen Bewegung der Elektronen nicht folgen. Der zeitliche Mittelwert muss offensichtlich null sein, da das Molekül ja unpolar sein soll. Die Fluktuation von d in einem Molekül kann jedoch durch ein Photon (eine elektromagnetische Welle) an das zweite Molekül übermittelt werden und dort eine Umverteilung der Ladungsdichte bewirken. Auf diese Weise resultiert wieder eine anziehende Wechselwirkung, deren Betrag von den Polarisierbarkeiten α_{01} und α_{02} der beiden unpolaren Moleküle abhängt:

$$V_{\mathrm{u-u}} = -\frac{3}{2}\frac{\alpha_{01}\alpha_{02}}{(4\pi\,\varepsilon_0\varepsilon_{\mathrm{r}})^2\,r^6}\frac{h\nu_1\nu_2}{(\nu_1+\nu_2)} = -\frac{3}{2}\frac{\alpha_{01}\alpha_{02}}{(4\pi\,\varepsilon_0\varepsilon_{\mathrm{r}})^2\,r^6}\frac{I_1 I_2}{I_1+I_2}\,. \tag{5.10}$$

Hier ist h die plancksche Konstante, ν_1 und ν_2 sind die Kreisfrequenzen der beiden Elektronen und I_1 und I_2 die ersten Ionisierungsenergien von Molekül 1 und 2.

Alle Wechselwirkungen, die umgekehrt proportional zur sechsten Potenz der Entfernung sind, werden zu einer einzigen anziehenden Wechselwirkung zusammengefasst, der so genannten *Van-der-Waals-Wechselwirkung*. Da die Kraft die erste Ableitung des Potenzials ist, ist sie umgekehrt proportional zur siebten Potenz der Entfernung. Die beschriebene Herleitung beruht auf der Annahme, dass die wechselwirkenden Teilchen viel kleiner sind als die Entfernung zwischen ihnen, d. h. sie gilt im Wesentlichen für die Wechselwirkungen zwischen Atomen und kleinen Molekülen. Unter realen experimentellen Bedingungen in der Nanomechanik, wo beispielsweise ein Rasterkraftmikroskop zum Einsatz kommt und sowohl die Sonde als auch die Probe endliche Abmessungen haben, müssen alle Wechselwirkungspotenziale über alle möglichen Paarwechselwirkungen summiert werden, wie in [1] beschrieben wird. Außerdem ist zu beachten, dass Van-der-Waals-Wechselwirkungen durch die Gegenwart von Lösungsmitteln beeinflusst werden, weil die Wechselwirkung zwischen Dipolen letztlich eine elektrostatische ist und durch die Dielektrizitätskonstante von Wasser verändert wird.

Ein Beispiel, das eine solche Integration erfordert, ist in Abbildung 5.2 dargestellt. In vielen Fällen kann man davon ausgehen, dass die Wechselwirkungen zwischen Sonde und Probe in AFM-Experimenten umgekehrt proportional zur zweiten Potenz der Entfernung zwischen ihnen sind [3].

5.3.6 Wasserstoffbrückenbindungen

Hierbei handelt es sich um eine anziehende Wechselwirkung zwischen elektronegativen Atomen in Molekülen, in denen ein Wasserstoffatom als Brücke fungiert [4]. Man findet dies beispielsweise zwischen Stickstoff- und Sauerstoffatomen in –NH_2 oder –CO-Gruppen, zwischen zwei Sauerstoffatomen in –OH und –CO oder zwischen zwei Stickstoffatomen in ≡N und –NH_2-

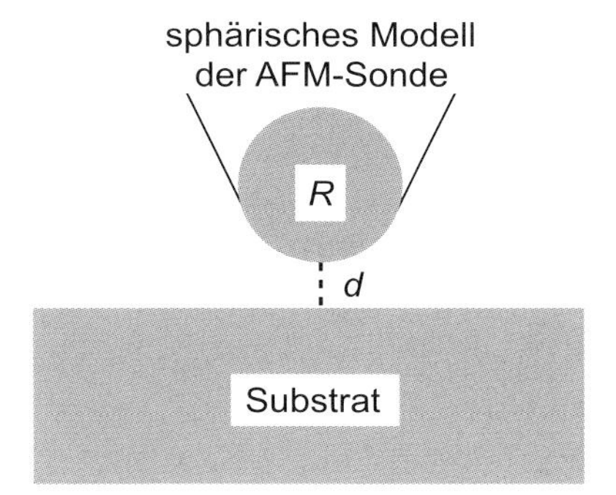

Abbildung 5.2 Eine makroskopische Interpretation der Wechselwirkungen zwischen Probe und Sonde erfordert eine Integration des Lennard-Jones-Potenzials zwischen allen Paarwechselwirkungen zwischen der Sonde und der Probenoberfläche.

Gruppen unterschiedlicher Moleküle (*intermolekulare Wasserstoffbrücken*) oder manchmal auch innerhalb desselben Moleküls (*intramolekulare Wasserstoffbrücken*). Die Abstandsabhängigkeit der Wasserstoffbindung kann nicht allgemein angegeben werden.

5.3.7
Die hydrophobe Wechselwirkung

Man hat beobachtet, dass Alkyl- oder aromatische Gruppen in wässrigen Lösungen dazu neigen, sich aus den Lösungen zu trennen und untereinander Cluster zu bilden [5,6]. Dieser Effekt wird als *hydrophobe Wechselwirkung* bezeichnet; die physikalische Erklärung des Phänomens war lange umstritten und ist es teilweise noch heute. Es gilt als gesichert, dass es für zwei hydrophobe Gruppen entropisch günstig ist, sich zusammenzulagern und so die Grenzfläche mit dem Wasser zu reduzieren. Das hängt mit der experimentell und theoretisch gesicherten Tatsache zusammen, dass Wassermoleküle um Alkane und Aromaten stärker geordnet sind als im Wasser selbst, wodurch die Entropie im Vergleich zu gewöhnlichem Wasser verringert wird. Die Verkleinerung der Grenzflächen durch Segregation der Alkane und Aromaten vergrößert insgesamt die Entropie und senkt so die Freie Enthalpie der Lösung. Zwei Moleküle, die sich aufgrund von hydrophoben Wechselwirkungen zusammenlagern, müssen einander sehr nahe kommen, auf weniger als ungefähr 1 nm; es gibt jedoch noch immer keine Gleichung für die Abhängigkeit des Effekts vom Abstand.

Der so genannte *langreichweitige hydrophobe Effekt* ist noch umstritten. Einige Forscher fanden in Wasser eine anziehende Wechselwirkung zwischen zwei hydrophoben Oberflächen in einer Entfernung von 10 nm oder mehr [7,8]. Bis jetzt hat man langreichweitige hydrophobe Wechselwirkungen zwischen zwei Oberflächen beobachtet, die mit amphiphilen Tensidmolekülen modifiziert waren; die Relevanz für biologische Systeme ist noch unklar.

Man geht davon aus, dass die intramolekularen Wechselwirkungen zwischen den Segmenten in der dreidimensionalen Struktur von Proteinmolekülen hauptsächlich durch hydrophobe Wechselwirkungen und Wasserstoffbindungen zustande kommen. Es wurden viele Experimente mit Rasterkraftmikroskopen publiziert, in denen die zum Bruch von Wasserstoffbindungen erforderliche Kraft an einzelnen Molekülen gemessen wurde. Demgegenüber scheint die Messung der Kraft zum Lösen von hydrophoben Wechselwirkungen schwieriger zu sein; jedenfalls existieren hierzu kaum Veröffentlichungen.

Im Vergleich zu kovalenten Bindungen sind nichtkovalente Bindungen schwach, d. h. sie werden leicht gebildet und bei Zimmertemperatur aufgrund von Fluktuation der lokalen thermischen Energie wieder gelöst. Kovalente Bindungen können dagegen nicht so einfach gebrochen werden, wenn sie erst einmal gebildet sind. Die elementaren Bausteine biologischer Strukturen sind kovalent gebundene Moleküle wie DNA, Proteine, RNA, Kohlenhydrate, Lipide und ATP, aber was den Ansammlungen dieser Moleküle Leben einhaucht, sind die nichtkovalenten Wechselwirkungen zwischen kovalent aufgebauten Molekülen.

Das Leben basiert somit auf nichtkovalenten Wechselwirkungen zwischen einer großen Zahl großer und kleiner Moleküle. Da die nichtkovalenten Wechselwirkungen relativ schwach sind und ständig gebildet und zerstört werden, muss man das Leben als „dynamisch" charakterisieren. Zum Beispiel liegt DNA nicht immer in ihrer bekannten Doppelhelixstruktur vor, sondern wird für die Replikation und Transkription immer wieder in eine einstrangige Form entfaltet und danach wieder zur Doppelhelix gefaltet. Liganden docken kontinuierlich an Proteine im Zytoplasma sowie in der Zellmembran und lösen sich wieder. Die Zellmembran besteht aus einer großen Zahl von Phospholipiden, die sich aufgrund von hydrophoben Wechselwirkungen zwischen ihren Kohlenwasserstoffketten zu zweidimensionalen Blattstrukturen zusammenlagern. Die Phospholipide bilden solche zweidimensionalen Membranen jedoch nur in wässriger Umgebung. In organischen Lösungsmitteln wie Chloroform gehen die hydrophoben Wechselwirkungen vollständig verloren; daher können sich dort keine Doppelschichtstrukturen bilden. Auch Kunststoffe beruhen auf nichtkovalenten Wechselwirkungen zwischen kovalent aufgebauten Makromolekülen. Verglichen mit biologischen Materialien sind sie hart, wenn auch nicht so hart wie Stahl oder Diamant. Das liegt daran, dass sie getrocknet oder vernetzt werden und nicht in ein Lösungsmittel eingebettet sind. Wenn man sie in ein geeignetes Lösungsmittel bringt, werden sie ebenfalls weich, im Gegensatz zu Stahl oder Diamant, die auch in Lösungsmitteln niemals weich werden.

In der Nanobiomechanik befassen wir uns hauptsächlich mit der mechanischen Manipulation nichtkovalent gebundener Strukturen, wobei wir beispielsweise wasserstoffgebundene DNA-Doppelhelixstrukturen oder Ligand/Rezeptor-Komplexe auf der Zellmembran erschaffen oder zerbrechen oder ein Loch in der Zellmembran erzeugen, um Bestandteile des Zytoplasmas herauszuziehen oder Plasmid-DNA in die Zelle einzufügen.

5.4 Anwendung einer äußeren Kraft

Um nichtkovalent verknüpfte biologische Strukturen zu manipulieren, wenden wir eine kontrollierte Kraft auf eine Zielposition des Probenmoleküls oder der Zelle an. Wir können mit der Blattfeder eines AFM oder einem anderen Gerät eine Zug- oder Druckkraft auf unsere Probe ausüben. Mit einer Laserpinzette können wir eine kontrollierte Kraft von einigen Pikonewton ausüben, müssen dazu aber die nanometergroße Probe zu einer Latexkugel von etwa 1 μm Durchmesser bewegen. Bei der Manipulation eines langen DNA-Stranges, faserartiger Strukturen wie Mikrotubuli oder großer Proben wie lebenden Zellen ist das ziemlich problemlos, aber für die Manipulation eines einzelnen Proteinmoleküls ist es nicht zweckmäßig. Eine optische Falle kann eine Kraft von höchstens etwa 100 pN erzeugen; dank des Rasterkraftmikroskops haben wir heute aber Kräfte von mehr als 500 pN zur Verfügung, was den Bereich der untersuchbaren biologischen Systeme deutlich erweitert hat.

Ein AFM kann eine Kraft in einem sehr großen Bereich von Werten erzeugen, wenn man eine Blattfeder mit einer geeigneten Kraftkonstante auswählt. Es ist damit für die Manipulation kleiner Objekte wie z. B. einzelner Proteinmoleküle ideal geeignet. Wie erwähnt liegen die in der Nanobiomechanik vorkommenden Kräfte im Bereich von 1 pN bis 1 nN, und das AFM lässt sich so anpassen, dass es diesen Bereich abdeckt. Meist wird die Kraft in Form von Zug oder Druck senkrecht zur Substratoberfläche ausgeübt. Sie kann aber auch in anderen Richtungen angewendet werden, dies ist jedoch außer bei der Messung von Scherkräften nicht üblich.

5.5 Wechselwirkungen zwischen Makromolekülen

Zwischen makromolekularen Proben existiert eine Reihe von verschiedenen Wechselwirkungen, die wir im Folgenden nacheinander betrachten wollen.

5.5.1 Der Ausschlusseffekt

Wenn zwei Polymermoleküle in Form von statistischen Knäueln einander nahe kommen, vermischen sich ihre Segmente nicht ohne weiteres. Wenn sie daher mit steigender Dichte auf ein Substrat aufgepfropft werden, ändert sich ihre Form von einem Pilz zu einer gestreckten Bürste, wie Abbildung 5.3 schematisch zeigt.

Ein ähnlicher Effekt tritt auf, wenn die AFM-Sonde und das Substrat mit statistisch verknäulten Polymeren beschichtet sind. In diesem Fall stoßen die Polymere auf Sonde und Probe einander ab, wenn die Sonde mit dem Substrat in Kontakt kommt, sodass eine zusätzliche Kraft erforderlich ist, um mit der Polymerschicht auf der Sonde in die Polymerschicht auf dem Substrat einzudringen.

5.5.2 Der Verarmungseffekt

Das Vorhandensein von nicht adsorbierenden Polymeren in einer Lösung von Makromolekülen oder kolloidalen Teilchen führt zu anziehenden Wechselwirkungen zwischen den Makromolekülen. Der Grund dafür ist die Verdrängung dieser Polymere aus der Umgebung der Makromoleküle; dieser Effekt wird *Abreicherungseffekt* oder *Verarmungseffekt* (engl. *depletion effect*) genannt [9, 10]. Wenn zwei Makromoleküle sich berühren, überlappen ihre Verarmungszonen und das für die Polymere verfügbare Gesamtvolumen nimmt zu. Das führt zu einer anziehenden Wechselwirkung zwischen den Makromolekülen, die als *Verarmungskraft* bezeichnet wird. Die Reichweite dieser Kraft hängt direkt mit dem Trägheitsradius zusammen, während ihre Stärke proportional zum osmotischen Druck der Polymere ist.

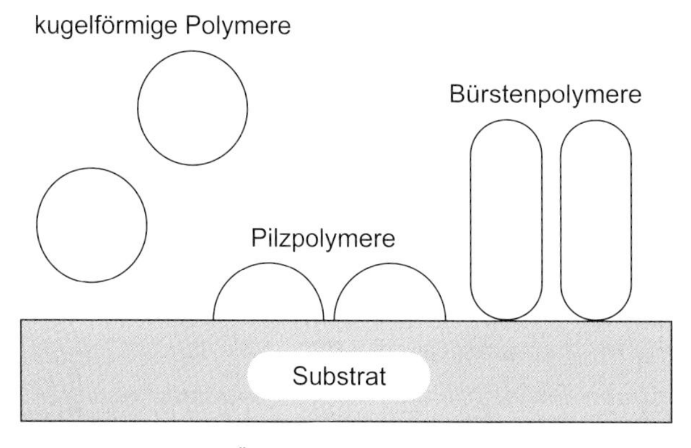

Abbildung 5.3 Der Übergang von Pilz- zu Bürstenpolymeren findet bei einer bestimmten Zahlendichte der Polymere auf der Substratoberfläche statt.

Wie wir bereits gesehen haben, treten verschiedene Wechselwirkungen zwischen zwei Makromolekülen auf – erwünschte und unerwünschte. In nanomechanischen Experimenten ist das eigentliche Problem oft das Ausschalten unerwünschter unspezifischer Wechselwirkungen und die Auswahl der gewünschten spezifischen Wechselwirkung und weniger die Kraftmessung als solche. In den folgenden Kapiteln werden wir experimentelle Ergebnisse an Einzelmolekülen kennen lernen, wobei die Unterscheidung von „spezifischen" und „unspezifischen" Wechselwirkungen stets wichtig ist. Das grundlegende Prinzip ist, dass zwar alles mit allem wechselwirkt, dass es in der Biologie aber eine sehr feine Abstimmung zwischen den Wechselwirkungen gibt, weil viele der spezifischen Wechselwirkungen im Bereich von einigem pN bis 100 pN liegen, in dem unspezifische Wechselwirkungen wirksam unterdrückt werden müssen.

5.6 Wasser an Grenzflächen

Die Bedeutung von Wasser für das Leben haben wir wiederholt betont. Ohne Wasser ist Leben zumindest auf diesem Planeten unmöglich. Das Wasser in der Nähe der Oberflächen von Biomolekülen und Biostrukturen ist umso wichtiger, weil es die Aktivität und/oder die Möglichkeit der molekularen Erkennung zwischen Proteinen und DNA entscheidend beeinflussen kann. Es wird diskutiert, ob Wasser in der Nähe einer festen Oberfläche eine andere Struktur als normales flüssiges Wasser besitzt, wobei die Struktur von flüssigem Wasser selbst nicht völlig verstanden ist. Experimentelle und theoretische Arbeiten unter Zuhilfenahme von Computersimulationen stimmen darin überein, dass Wasser in der Nähe einer festen Oberfläche eine mehrschichtige Struktur aufweist, wobei seine Dichte abwechselnd höher und niedriger ist als im normalen Wasser [11,12].

Higgins et al. berichteten über strukturierte Wasserschichten in der Nähe von festen Oberflächen, die sie mithilfe einer hochempfindlichen dynamischen AFM-Technik in Verbindung mit einer Kohlenstoff-Nanoröhrchen-(CNT) Sonde beobachtet hatten. Sie fanden eine oszillierende Hydratationskraft, die die Entfernung von bis zu fünf Wasserschichten zwischen der Sonde und der biologischen Membranoberfläche widerspiegelte [13]. Sie stellten auch fest, dass sie die Hydratationskraft verändern konnten, indem sie die Fluidität der Membran durch Austausch der Phospholipide in der Membran modifizierten. Für diese Experimente verwendeten sie eine AFM-Sonde, die in einem dreistufigen Prozess mit Kohlenstoff-Nanoröhrchen modifiziert worden war (eine Entwicklung von Nakayama et al. [14,15]): (1) Reinigung und Ausrichtung der Kohlenstoff-Nanoröhrchen durch Elektrophorese, (2) Transfer eines einzelnen ausgerichteten Nanoröhrchens auf eine konventionelle Si-

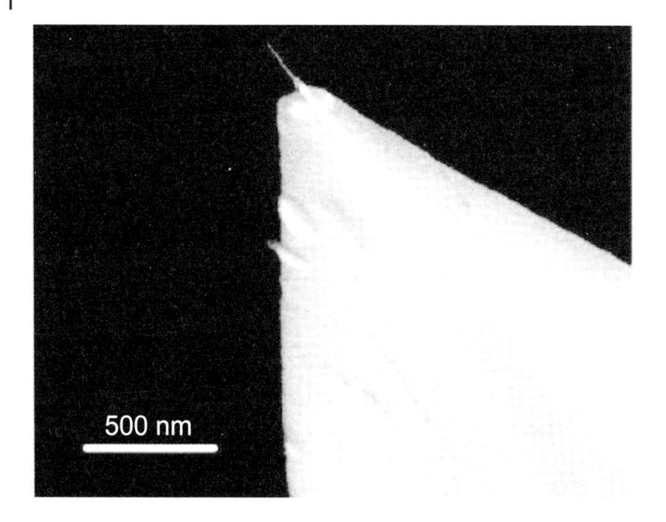

Abbildung 5.4 Mit Kohlenstoff-Nanoröhrchen modifizierte Sonde auf der Spitze einer gewöhnlichen AFM-Sonde in einem Rasterelektronenmikroskop. Mit freundlicher Genehmigung aus der Arbeit von Nakayama [15] übernommen.

Spitze, beobachtet durch ein Rasterelektronenmikroskop und (3) Verankerung des Nanoröhrchens auf der Si-Spitze durch Ablagerung von Kohlenstoff. Das Resultat dieses Verfahrens ist in Abbildung 5.4 gezeigt.

Interessanterweise wurden durch die Kraftmessung mit einem AFM gleich fünf Schichten von strukturiertem Wasser gefunden. Grenzflächenphänomene sind in diesen Schichten offensichtlich wichtig; ihre Bedeutung für die Welt der Biologie wird sicher in naher Zukunft noch geklärt. Auf ähnliche Weise können auch Wasserschichten um einzelne Protein- und DNA-Moleküle untersucht werden.

Wasser ist ein sehr wichtiges, aber auch schwieriges Thema. Es ist schwierig, eine Aussage darüber zu treffen, warum genau es eine so hervorragende Rolle für die biologische Spezifität spielt. Einer der Gründe für die existierenden Meinungsverschiedenheiten zu dieser Frage ist die Tatsache, dass viele Phänomene, an denen Wasser als Komponente beteiligt ist, von einer ungewöhnlich großen Änderung der Entropie begleitet werden; der Ursprung dieser Entropieänderung ist Gegenstand lebhafter Diskussionen. Eine Änderung der Energie kann mithilfe der Quantenmechanik mehr oder weniger direkt aus den chemischen Strukturen berechnet werden; die numerische Bestimmung einer Entropieänderung ist dagegen oft von dem verwendeten Modell abhängig. Es gibt eine ganze Reihe von Modellen für Wasser und auch einige für Wasser an verschiedenen Grenzflächen, die alle versuchen, die mit experimentell beobachteten dynamischen Ereignissen einhergehende Entropieänderung zu erklären.

Literaturverzeichnis

1 Israelachvili, J. N. (1992) *Intermolecular and Surface Forces*, Academic Press, London, Kapitel 6.

2 *Ibid.*, Kapitel 12.

3 *Ibid.*, Kapitel 11.

4 Jeffery, G. A. (1997) *An Introduction to Hydrogen Bonding*, Oxford University Press, Oxford.

5 Tanford, C. (1980) *The Hydrophobic Effect*, Wiley, New York.

6 Kauzmann, W. (1959) Some factors in the interpretation of protein denaturation, *Advamces in Protein Chemistry*, **14**, 1–63.

7 Yoon, R. H., Ravishankar, S. A. (1996) Long-range hydrophobic forces between mica surfaces in dodecylammonium chloride solutions in the presence of dodecanol, *Journal of Colloid and Interface Science*, **179**, 391–402.

8 Craig, V. S. J., Ninham, B. W., Pashley, R. M. (1998) Study of the long-range hydrophobic attraction in concentrated salt solutions and its implications for electrostatic models, *Langmuir*, **14**, 3326–3332.

9 Asakura, S., Oosawa, F. (1954) On the interaction between two bodies immersed in a solution of macromolecules, *Journal of Chemical Physics*, **22**, 1255–1256.

10 Asakura, S., Oosawa, F. (1958) Interaction between particles suspended in solutions of macromolecules, *Journal of Polymer Science*, **33**, 183–192.

11 Bhide, S. Y., Berkowitz, M. L., (2006) The behavior of reorientational correlation functions of water at the water–lipid bilayer interface, *Journal of Chemical Physics*, **125**, 094713.

12 Bhide, S. Y., Zhang, Z., Berkowitz, M. L. (2007) Molecular dynamics simulations of SOPS and sphingomyelin bilayers containing cholesterol, *Biophysical Journal*, **92**, 1284–1295.

13 Higgins, M. J., Polcik, M., Fukuma, T., Sader, J., Nakayama, Y., Jarvis, S. (2006) Structured water layers adjacent to biological membranes, *Biophysical Journal*, **91**, 2532–2542.

14 Nishijima, H., Kamo, S., Akita, S., Nakayama, Y., Hohmura, K. I., Yoshimura, S. H., Takeyasu, K. (1999) Carbon-nanotube tips for scanning probe microscopy: preparation by a controlled process and observation of deoxyribonucleic acid, *Applied Physics Letters*, **74**, 4061–4063.

15 Nakayama, Y. (2002) Scanning probe microscopy installed with nanotube probes and nanotube tweezers, *Ultramicroscopy*, **91**, 49–56.

6
Wechselwirkungen zwischen einzelnen Molekülen

Das wichtigste Ziel beim Einsatz der AFM zur Kraftmessung ist, die Wechselwirkungen zwischen Liganden und Rezeptoren unter physiologischen Bedingungen zu messen. Obwohl letztlich alle Wechselwirkungen als Wechselwirkungen zwischen Ligand und Rezeptor aufgefasst werden können, teilt man makromolekulare Wechselwirkungen in der Regel in die folgenden Klassen ein; wir werden im Folgenden jeweils einige Beispiele aus der Literatur geben:

- Ligand–Rezeptor-Wechselwirkungen
- Lektin–Zucker-Wechselwirkungen
- Antigen–Antikörper-Wechselwirkungen
- GroEL–Substrat-Wechselwirkungen
- Lipid–Protein-Wechselwirkungen
- Kräfte zur Verankerung von Proteinen an Membranen
- Wechselwirkungen für die Rezeptorkartierung
- Ablösung und Identifikation von Proteinen
- Membranbruch

6.1
Ligand–Rezeptor-Wechselwirkungen

6.1.1
Die Wechselwirkung zwischen Biotin und Avidin

Die erste Untersuchung der Wechselwirkung im Biotin–Avidin-Komplex, der als der stabilste nichtkovalente Komplex in der Biochemie gilt, wurde von Florin et al. durchgeführt [1]. In der biochemischen Forschung wird der Biotin–Avidin-Komplex häufig als Plattform für die Verankerung von spezifisch markierten Proteinen, DNA und anderer Moleküle und Strukturen verwendet.

Einführung in die Nanobiomechanik. Atsushi Ikai.

ISBN: 978-3-527-40954-9

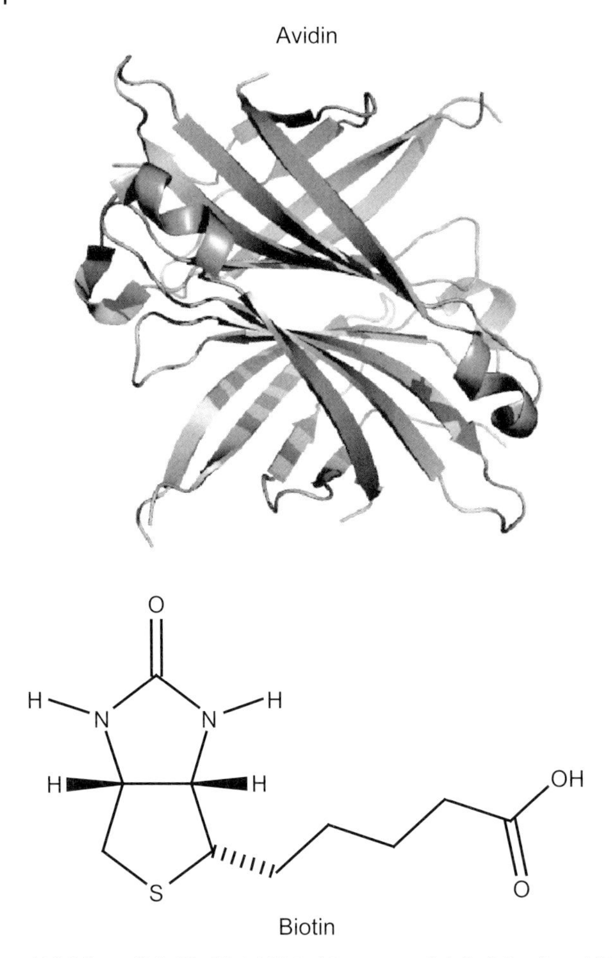

Abbildung 6.1 Die Molekülstrukturen von Avidin (oben) und Biotin (unten). Biotin bindet mit extrem hoher Affinität an eine Tasche an der Avidinoberfläche.

Die Bindungskonstante des Komplexes wird mit bis zu 10^{14}–10^{15} $L \cdot mol^{-1}$ angegeben; sie liegt damit mehrere Größenordnungen über den Konstanten anderer nichtkovalenter Komplexe wie z. B. Antigen–Antikörper-, Zucker–Lektin- oder Enzym–Inhibitor-Wechselwirkungen. Der Hirudin–Thrombin-Komplex soll ähnlich stabil wie das Biotin–Avidin-Paar sein [2].

Biotin ist ein kleines Molekül, das als prosthetische Gruppe in einer bestimmten Art von Enzymen vorkommt, die an der CO_2-Fixierung beteiligt sind, den so genannten *Carboxylasen*. Seine kovalente Struktur ist in Abbildung 6.1 zusammen mit der von Avidin dargestellt. Avidin ist ein tetrameres Proteinmolekül mit einem Molekulargewicht 68 000, das im Hühnereiweiß vorkommt. Es verhindert dort die Vermehrung von Bakterien im Ei, indem es das für Bakterien lebenswichtige Biotin bindet.

Florin et al. verwendeten Agaroseperlen, die sie mit Biotinmolekülen beschichteten und dann mit Avidin reagieren ließen, um an der Oberfläche der Perle Biotin–Avidin-Komplexe zu bilden; die Perle hatten sie an einem festen Substrat immobilisiert. Sie beschichteten die AFM-Sonde mit Biotin und brachten sie im Kraftmodus des AFM in einer Flüssigkeit in die Nähe der Agaroseperle. Die beobachteten Kraftkurven sind in Abbildung 6.2 wiedergegeben. Wenn zahlreiche aktive Avidinmoleküle an der Oberfläche adsorbiert

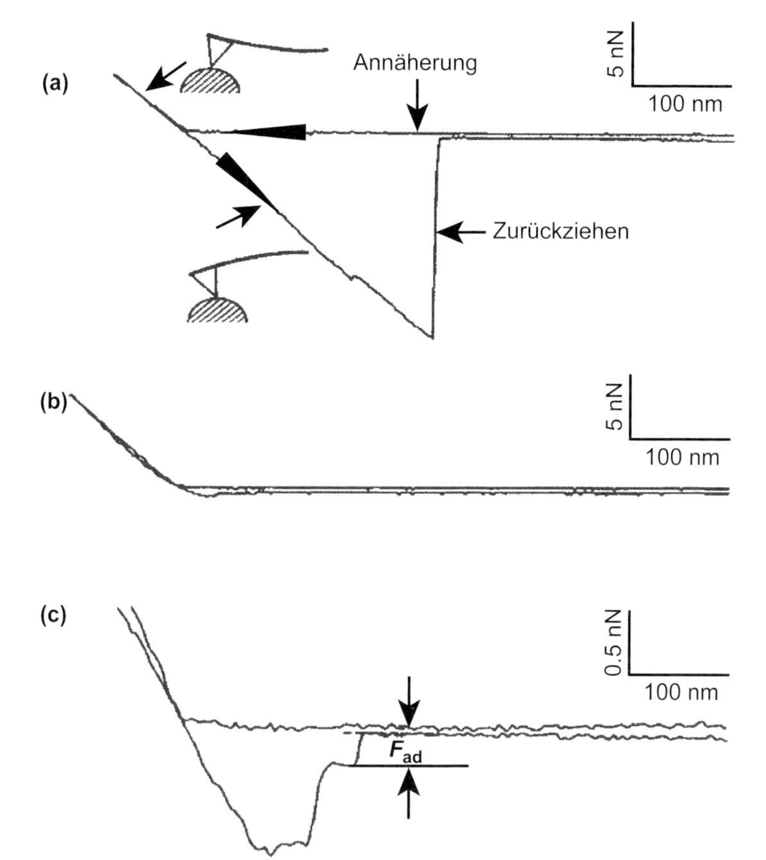

Abbildung 6.2 Die Trennung eines Biotin–Avidin-Komplexes durch eine Zugkraft, gemessen mit AFM. (a) Zur Trennung einer großen Zahl von Avidin–Biotin-Paaren ist eine große Kraft nötig. (b) Der Großteil des Biotins auf dem Substrat wurde durch Zugabe von freiem Avidin blockiert; die Kraft für die Trennung der Komplexe ist drastisch reduziert. (c) Eine Vergrößerung des letzten Stücks der Kraftkurve aus (b) zeigt eine kleine Bruchkraft, die dem Lösen einiger weniger Bindungen entspricht; in einem Fall handelt es sich nur um eine einzige Bindung. Wiedergabe mit freundlicher Genehmigung von *Science* aus [1].

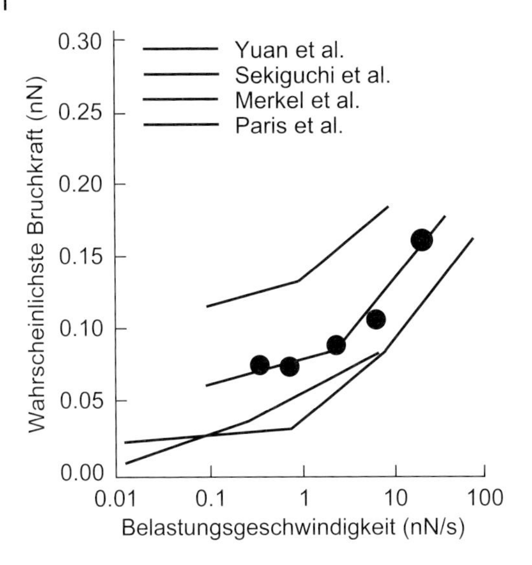

Abbildung 6.3 Abhängigkeit der gemessenen Bruchkraft des Biotin–Avidin-Komplexes von der Belastungsgeschwindigkeit aus mehreren unterschiedlichen Messungen. Es gibt große Diskrepanzen zwischen den Messungen unterschiedlicher Gruppen, die in einem Unterschied für den Wert der Aktivierungsentfernung von fast einer Größenordnung resultieren. Wiedergabe mit freundlicher Genehmigung aus Sekiguchi und Ikai [5].

waren, war die Bruchkraft, d. h. die Kraft zur Lösung der Bindungen, ebenfalls groß. Wenn jedoch ein großer Teil des Avidins durch Zugabe von freiem Biotin deaktiviert war, wurde die Bruchkraft klein.

Sie bestimmten die Bindungsstärke eines einzelnen Avidin–Biotin-Komplexes schließlich zu $\approx$ 150 pN. Später, nachdem die Abhängigkeit der gemessenen Bruchkraft von der Belastungsgeschwindigkeit erkannt worden war, wurde die Bindungskraft nach Messungen mit veränderlicher Belastungsgeschwindigkeit mit 5 bis 170 pN angegeben [3, 4].

Sekiguchi und Ikai verglichen die Ergebnisse von mehreren Gruppen im Hinblick auf die Abhängigkeit der gemessenen Bruchkraft der Biotin–Avidin-Bindung von der Belastungsgeschwindigkeit [5]; das Ergebnis ist in Abbildung 6.3 gezeigt. Die vertikale Variation der Daten ist ziemlich groß, aber die meisten Datensätze zeigen zwei Bereiche mit einer linearen Abhängigkeit der Kraft von der Belastungsgeschwindigkeit, was nahe legt, dass die Energiefläche der Reaktion durch zwei (oder mehr) Minima gekennzeichnet ist.

Überraschend war, dass die Kraft zur Trennung des stabilsten nichtkovalenten Ligand–Rezeptor-Paars Biotin–Avidin sich kaum von der Kraft zur Trennung von Antigen–Antikörper- oder Zucker–Lektin-Paaren unterschied, deren Bindungskonstanten im Bereich von 10^6–10^7 $L \cdot mol^{-1}$ liegen (im Vergleich zu 10^{14}–10^{15} $L \cdot mol^{-1}$ für Biotin–Avidin).

6.1.2 Wechselwirkungen von Fusionsproteinen der synaptischen Vesikel

Yersin et al. [6] untersuchten die Wechselwirkungen zwischen Fusionsproteinen der synaptischen Vesikel mithilfe der AFM. Wie Abbildung 6.4 zeigt, sind mindestens drei wichtige Proteine an der Verschmelzung beteiligt, und zwar VAMP 2 auf dem Vesikel und Syntaxin 1 und SNAP 25 auf der zu verschmelzenden Zielmembran.

Yersin et al. bestimmten die Kräfte, die zur Trennung jedes Paars der drei Proteine von dem jeweils verbleibenden Protein erforderlich war; das Ergebnis ist in Abbildung 6.4 gezeigt. Die spezifischen Wechselwirkungen liegen zwischen etwa 100 pN (VAMP 2/Syntaxin) und 250 pN (SNAP 25/Syntaxin).

6.1.3 Die Wechselwirkung zwischen Transferrin und seinem Membranrezeptor

Yersin und Ikai untersuchten auch die Wechselwirkung zwischen Transferrin und seinem Rezeptor sowohl unter isolierten Bedingungen auf einer Glimmeroberfläche als auch direkt auf der Oberfläche der lebenden Zelle [7]. Transferrin ist ein Eisen(III)-Transportprotein im Blut, das Eisen zu den peripheren Zellen bringt, indem es an Rezeptoren an den Zellmembranen bindet. Sobald es an den Rezeptor gebunden ist, wird das Transferrin über einen Endozytosemechanismus in die Zelle eingeschleust und setzt dort aufgrund des niedri-

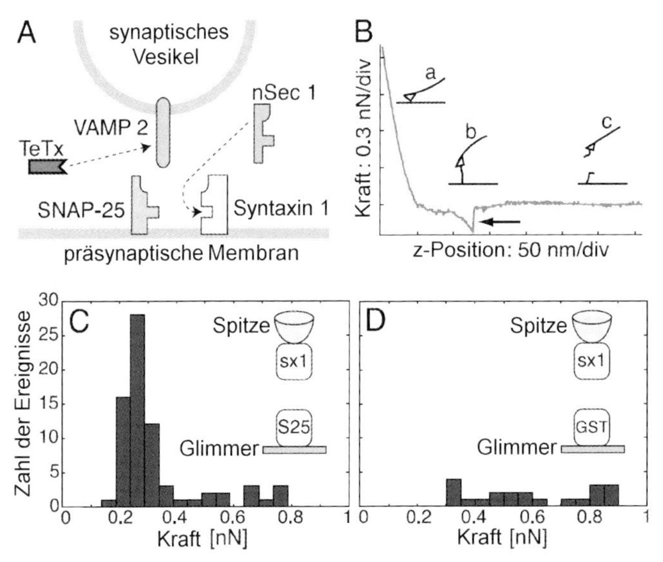

Abbildung 6.4 Die Wechselwirkung von Synapsen. Die beteiligten Proteine sind schematisch dargestellt. Wiedergabe mit freundlicher Genehmigung aus [6].

geren pH-Werts dreiwertiges Eisen frei, das sofort zu Fe^{2+} reduziert und aus dem endosomalen Vesikel abtransportiert wird. Der verbleibende Komplex aus Transferrin und seinem Rezeptor wird zur Zellmembran transportiert, wo Apo-Transferrin zur Wiederverwendung in das Blut freigesetzt wird. Die pH-abhängige Wechselwirkung zwischen Holo- bzw. Apo-Transferrin und dem Rezeptor war deutlich zu unterscheiden. Die Kraft zur Ablösung des Transferrins von dem Rezeptor an der Zelloberfläche lag in derselben Größenordnung.

6.2 Zucker–Lektin-Wechselwirkungen

Lektine sind Proteine mit einer starken Affinität zu spezifischen Zuckereinheiten. Zum Beispiel bindet das bekannte Lektin Concanavalin A (Con A) mit einer Bindungskonstante von $(1–2)\times 10^6$ L · mol^{-1} an α-D-Mannosid (und etwas schwächer an α-D-Glukosid). Con A wird aus Jackbohnen (*Canavalia ensiformis*) gewonnen; seine eigentliche biologische Funktion ist nicht bekannt. Es ist ein Dimer oder Tetramer einer Untereinheit mit $M = 26\,000$ u mit zwei oder vier Bindungsstellen pro Molekül.

Mithilfe der AFM konnte die Kraft zur Loslösung von Concanavalin von einem spezifischen Liganden gemessen werden. Die Kraft hängt von der Belastungsgeschwindigkeit ab; es wurden Werte von 47 ± 9 pN bei einer Belastungsgeschwindigkeit von 10 nN/s [8], 96 ± 55 pN [9] und 75 bis etwa 200 pN [10] berichtet. Später werden wir noch ein anderes Beispiel für die Bindungskraft von Lektin (an Weizenkeimagglutinin) kennen lernen [11].

6.3 Antigen–Antikörper-Wechselwirkungen

Die Wechselwirkungen zwischen Antigenen und Antikörpern wurden umfassend mit der AFM untersucht. Eines der ersten dieser Experimente stammt von Allen et al. [12]. Sie fanden, dass die Kraft zur Loslösung der ferritinbeschichteten AFM-Sonde von dem auf einem Substrat immobilisierten Anti-Ferritin-Antikörper in minimalen Stufen von 49 ± 10 pN variierte. Ferritin ist ein großes Molekül. Es ist aus 24 Untereinheiten zusammengesetzt, die etwa 4 500 Eisenionen (Fe^{3+}) enthalten; die Effizienz seiner Bindung an den Antikörper ist daher hoch.

Hinterdorfer und Mitarbeiter konzentrierten sich auf die quantitative Messung der Kräfte zur Trennung von Antigen–Antikörper-Paaren. Ihre Experimente führten zur Entwicklung einer neuen Variante der AFM, der so genannten *TREC-Methode* (topography and recognition imaging), bei der Antigenmoleküle abgebildet und gleichzeitig durch die spezifische Wechselwirkung mit den auf dem AFM immobilisierten Antikörpern identifiziert werden [13, 14]. Die Antikörper werden über kovalente Brücken mit langen Polyethylenglykol-Abstandshaltern auf der AFM-Sonde immobilisiert. Nach Einbau der modifizierten Sonde in das AFM wird die Probenoberfläche mit den Antigenmolekülen im dynamischen Modus für die Bildgebung abgetastet. Wo keine Antigenmoleküle auf der Oberfläche vorhanden sind, läuft der normale Abbildungsprozess ab, indem die Änderung der Schwingungsamplitude der Blattfeder beobachtet wird. Wenn aber eine positive Wechselwirkung zwischen der Probe und dem Antikörper auf der Sonde auftritt, wird der obere Umkehrpunkt der Federschwingung wegen der endlichen Länge des PEG-Halters begrenzt. Indem man sowohl die Änderung der Gesamtamplitude als auch des oberen Umkehrpunkts der Schwingung beobachtet, kann man mit diesem Verfahren die Antigenmoleküle in einem Durchgang gleichzeitig abbilden und identifizieren.

Es wurde auch über die Abbildung von roten Blutkörperchen und die Untersuchung blutgruppenspezifischer Wechselwirkungen berichtet [15]. Neben der topografischen Abbildung wurde auch die zur Trennung von Antikörper (anti-A) und dem zugehörigen Antigen A erforderliche Kraft gemessen.

6.4 Die Wechselwirkung zwischen GroEL und entfalteten Proteinen

Auch die Wechselwirkung zwischen einem Chaperon (GroEL) und einem denaturierten Protein wurde mithilfe der AFM untersucht [16]. Da es wichtig ist, ein denaturiertes Protein zu verwenden, das mit aktivem GroEL wechselwirkt, modifizierten Sekiguchi et al. die AFM-Sonde mit Pepsin, das bei neutralem pH eine entfaltete Konformation besitzt. Um die Wahrscheinlichkeit einer Denaturierung von GroEL durch zu starke Stöße mit der AFM-Sonde zu minimieren, wiederholten sie die Annäherung und das Zurückziehen der Sonde aus einem Abstand von etwa 1 μm von der Probe und erhielten so Kraftkurven, die bei der Annäherung keine Auslenkung der Feder nach oben zeigten, sondern nur eine Ablenkung nach unten während des Zurückziehens. Das Pepsin wurde über einen relativ langen Abstandshalter auf der Sonde immobilisiert. So konnten sie „kompressionsfreie“ Kraftkurven aufnehmen, die eine Beschädigung des GroEL durch die AFM-Sonde unwahrscheinlich machten. Die so erhaltenen Kurven zeigten ein Kraftplateau von etwa 45 pN, das in Abwesenheit von ATP etwa 12 nm lang war. Abbildung 6.5 zeigt die Ergebnisse.

Wenn ATP in einer Konzentration von 0.05 M hinzugefügt wurde, fand man statt eines Kraftplateaus nur noch eine Kraftspitze, wieder bei etwa 45 pN. Man interpretiert dieses Ergebnis so, dass in Abwesenheit von ATP sieben Un-

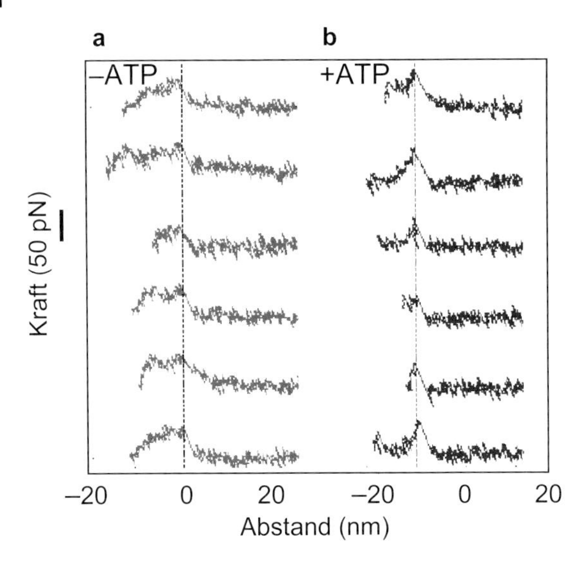

Abbildung 6.5 Kraftkurven für die Loslösung von denaturiertem Pepsin von GroEL, aufgenommen mithilfe der „kompressionsfreien" AFM-Methode: (a) ohne ATP, (b) mit ATP. Die maximale Kraft war fast identisch, aber nur in (a) konnte ein Kraftplateau beobachtet werden. Wiedergabe mit freundlicher Genehmigung aus Sekiguchi [16].

tereinheiten von GroEL eine geschlossene Konfiguration mit sieben Bindungsstellen am Rand einer Ringstruktur mit kleinem Durchmesser einnehmen, sodass das denaturierte Pepsin an der Sonde leicht mit den meisten oder allen Bindungsstellen wechselwirken kann. Die Loslösung des Pepsins von einer Bindungsstelle nach der anderen bewirkt das Erscheinen des Kraftplateaus mit einer annähernd konstanten Kraft. Mit einer besseren Auflösung sollte es möglich sein, in diesem Experiment vielfache Kraftspitzen entsprechend der Loslösung der individuellen Bindungen zu unterscheiden. In Anwesenheit von ATP sind die Bindungsstellen an GroEL aufgrund von Konformationsänderungen der Untereinheiten dagegen auf einem Ring mit größerem Durchmesser angeordnet, sodass das denaturierte Pepsin auf der Sonde nicht mehr mit mehr als einer Bindungsstelle wechselwirken kann.

Die in dieser Untersuchung eingeführte kompressionsfreie Messung ist eine gute Methode, um in Zukunft in ähnlichen Untersuchungen eine Zerstörung der Proteine in der Probe durch die AFM-Sonde zu vermeiden.

Vor kurzem wurde die ATP-abhängige Konformationsänderung von GroEL von Yokokawa et al. [17, 18] mithilfe eines schnellen Rasterkraftmikroskops beobachtet. Das von Ando et al. entwickelte schnelle AFM bedeutet einen wichtigen Fortschritt in der Rasterkraftmikroskopie [19]. Man weiß, dass GroEL Konformationsänderungen durchläuft und in Abhängigkeit von der ATP-Aktivität GroES-Bindungsstellen im Reaktionszyklus zur Verfügung stellt. Mithilfe einer dreidimensionalen Echtzeitdetektion konnte das Andocken und die Loslösung von GroES an individuelle GroEL-Moleküle beobachtet werden; die Lebensdauer des Komplexes betrug etwa 6 s ($k = 0.17\ s^{-1}$). Dabei wurden auch ATP/ADP-induzierte Konformationsänderungen von individuellen GroEL-Molekülen in Abwesenheit von GroES und Substratproteinen beobachtet. Diese Ergebnisse zeigen, dass GroEL eine ATP-gebundene Prähydrolyseform und eine ADP-gebundene geschlossene Form besitzt. Die ATP-Hydrolyse destabilisiert seine offene Konformation und bewirkt den Übergang von der „offenen" zur „geschlossenen" Konformation von GroEL.

6.5 Lipid–Protein-Wechselwirkungen

Proteine mit einer hohen Affinität zu Lipiden kommen im Serum als Lipoproteine und in Biomembranen als intrinsische (oder integrale) Membranproteine vor. Über Lipoproteine wurden kaum mechanische Untersuchungen veröffentlicht, aber es existieren einige Kraftmessungen für die Verankerung von Membranproteinen an der Lipid-Doppelschicht.

Einige Proteine mit einer Affinität zur Lipidmembran werden nach der Translation an einer bestimmten Position ihrer Primärstruktur mit Fettsäuren oder Phospholipiden modifiziert. Glycosylphosphatidylinositol- (GPI-) modifizierte Proteine bestehen aus einer hydrophoben Phosphatidylinositol-Gruppe, die über einen kohlenhydrathaltigen Abstandshalter (Glucosamin und Phosphorylethanolamin gebunden an Mannosereste) mit der C-terminalen Aminosäure des fertigen Proteins verbunden ist. Die beiden Fettsäuren innerhalb der hydrophoben Phosphatidylinositol-Gruppe verankern das Protein an der Membran. Eine Behandlung mit Phosphatase C setzt GPI-gebundene Proteine aus der äußeren Zellmembran frei. GPI-gebundene Proteine sind beispielsweise der T-Zell-Marker Thy-1, Acetylcholinesterase oder alkalische Phosphatase aus Plazenta oder Darm. Man nimmt an, dass GPI-gebundene Proteine bevorzugt auf Lipidinseln (engl. *lipid rafts*) vorkommen, was einen hohen Organisationsgrad innerhalb von Mikrodomänen in der Plasmamembran vermuten lässt.

Die Extraktion von GPI-verankerten Proteinen aus der Lipidmembran wurde von Cross et al. studiert [20]. Sie untersuchten die Adhäsionswahrscheinlichkeit und die Adhäsionskraft GPI-modifizierter alkalischer Phosphatase an der Lipiddoppelschicht. Dazu verwendeten sie Proteine mit und ohne GPI-Anker und verglichen die Wechselwirkungen mit der Membran. Sie stellten fest, dass die GPI-Anker die Adhäsionsfrequenz wesentlich vergrößerten. Zwischen GPI-gebundener alkalischer Phosphatase und einer Phospholipid-Doppelschicht aus Dipalmitoylphosphatidylcholin (DPPC), die Strukturdefekte wie z. B. Löcher besaß, wurde eine Adhäsionskraft von 350 ± 200 pN gemessen [21]. Ohne Defekte wurde die Adhäsionskraft kleiner (103 ± 17 pN), und die Adhäsionsfrequenz wurde reduziert. Diese Ergebnisse legen nahe, dass die GPI-gebundene alkalische Phosphatase stark mit dem Rand von Löchern, aber weniger gut mit einer intakten lochfreien Membran wechselwirkt, was darauf hinweist, dass der GPI-Anker nicht ohne weiteres in die Lipiddoppelschicht eindringen kann.

Einige Membranproteine sind an Cysteinresten an spezifischen Positionen in der Primärstruktur mit Palmitinsäure- oder Myrisinsäureresten modifiziert. Desmeules et al. untersuchten die Wechselwirkung zwischen Recoverin, einem Calcium-Myristyl-Schalterprotein, und Lipiddoppelschichten mithilfe der Kraftspektroskopie [22]. In Gegenwart von Ca^{2+} fanden sie eine Adhäsionskraft von 48 ± 5 pN zwischen Recoverin und Phospholipid-Doppelschichten auf einem Substrat.

Ohne Ca^{2+} oder mit Recoverin ohne Myristinsäurereste wurde keine Bindung beobachtet. Diese Ergebnisse stehen mit zuvor gemessenen Kräften für die Extraktion von Lipiden aus Membranen im Einklang.

Die Wechselwirkung zwischen Lipiden und Proteinen als solchen wurde bisher nicht auf Einzelmolekülebene untersucht. Die Messung der Kraft zur Loslösung von Fettsäuren aus den Bindungstaschen in Serumalbumin ist ein interessantes Thema für die Zukunft.

6.6
Die Verankerung von Proteinen an Membranen

Bell schätzte in seiner richtungsweisenden Arbeit von 1978 [23], dass die Verankerungskraft von Glykophorin an der Membran der roten Blutkörperchen ohne spezifisch gebundene Lipide im Bereich von 100 pN bzw. im Fall einer umgebenden Schicht von Grenzflächenlipiden um 260 pN liegen sollte. Seine Schätzung beruhte auf der Freien Energie der hydrophoben Wechselwirkung des Proteinsegments an der Membran und einem geschätzten Wert von etwa 2–3 nm für die Aktivierungsentfernung. Experimentell untersuchten Evans et al. das System mithilfe einer Biomembran-Kraftsonde (BFP). Sie stellten fest, dass zum Herausziehen von Glykophorin aus der Zellmembran der roten Blutkörperchen eine Kraft von 26 pN erforderlich ist [24], also viel weniger, als Bell vorhergesagt hatte. Sie verwendeten dabei einen monoklonalen Antikörper gegen Glykophorin A und verifizierten die Übertragung eines Fluoreszenzmarkers auf Glykophorin A von der Blutzelle auf die Sonde. Sie wiederholten ihre Untersuchung mit spezifischen Antikörpern gegen Glykolipide, die spezifisch für die Blutgruppe A sind, und erhielten einen ähnlichen Wert.

Afrin und Ikai veröffentlichten die Ergebnisse einer Untersuchung, bei der sie mit einer WGA-modifizierten Sonde an Glykophorin A zu ziehen versuchten. WGA (Weizenkeimagglutinin) besitzt eine spezifische Affinität zu der Sialinsäure und den *N*-Acetyl-D-Glucosaminresten der Zuckereinheiten in dem Protein [25]. Sie fanden, dass Glykophorin A mit einer Kraft von 70 pN *nicht* herausgezogen werden konnte. Mit dieser Kraft wurde Glykophorin A etwa 1–3 µm aus der Membran herausgezogen, vermutlich unter Bildung eines Lipidfadens. Nach dem Herausziehen fanden sie ein Kraftplateau mit einer Kraft von 70 pN. Das abschließende Bruchereignis ist entweder der Bruch der Bindung zwischen Lektin und Glykophorin oder das endgültige Herausreißen des Glykophorins aus der Lipidmembran und die Zerstörung des Lipidfadens. Demnach ist es nicht möglich, Glykophorin mit einer Kraft von weniger als 70 pN aus der Membran herauszuziehen.

Bei einem Vergleich der verschiedenen angegebenen Werte muss natürlich auch die Zuggeschwindigkeit (Belastungsgeschwindigkeit) berücksichtigt werden.

6.7 Die Kartierung von Rezeptoren

Die Kraft zur Loslösung eines Liganden von einem Rezeptor bzw. eines Antigens von dem zugehörigen Antikörper kann als Marker für die Anwesenheit bestimmter Proteine oder anderer Moleküle auf der Zelloberfläche dienen. Ein frühes Beispiel eines solchen Experiments ist die Untersuchung der Hefeoberfläche durch Gad und Ikai [26]. Sie zeigten zuerst, dass starre und sphärische Hefezellen mit einem AFM schwierig abzubilden waren; wenn die Zellen jedoch in eine dünne Agaroseschicht eingebettet wurden, konnten die Hefezellen stabil dargestellt und für eine längere Zeit am Leben erhalten werden [10]. Sie verwendeten damals eine mit Concanavalin A modifizierte AFM-Sonde im Kraft–Volumen-Modus und wiederholten den Zyklus von Annäherung und Zurückziehen, während sie die laterale Position systematisch variierten. Bei jedem Annähern und Zurückziehen zeigte die Kraftkurve einen Einschluss von dehnbaren Molekülen zwischen der Sonde und der Zelloberfläche. Sie vermuteten, dass es sich um Mannanmoleküle handelte, von denen man wusste, dass sie an der Zelloberfläche der Hefe vorkamen. Während die Sonde von der Zelloberfläche zurückgezogen wurde, wurden die Mannanmoleküle nacheinander von der Sonde abgelöst, wobei die Bruchkraft zwischen 70 und 200 pN lag. Durch Verwendung einer solch großen Kraft konnten Karten erstellt werden, die eine ungleichförmige Verteilung der Mannanmoleküle zeigten (siehe Abbildung 6.6).

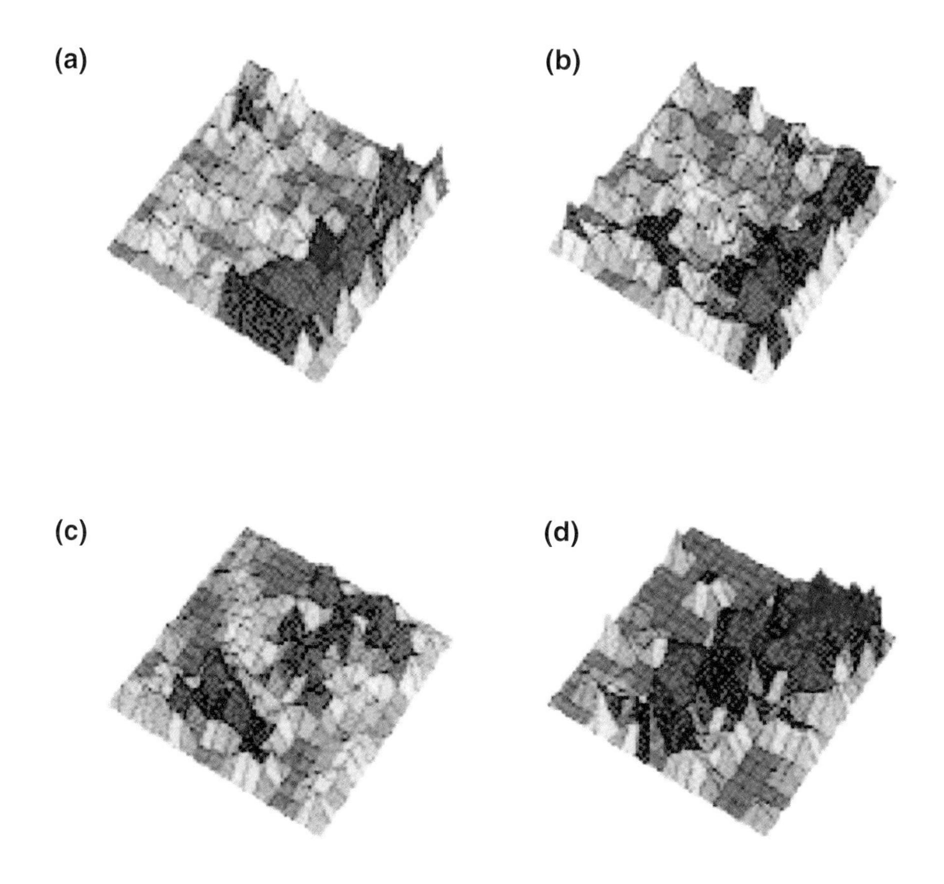

Abbildung 6.6 Mechanische Kartierung von Mannanmolekülen auf der Oberfläche von lebenden Hefezellen durch Verwendung einer mit dem Lektin Concanavalin A beschichteten AFM-Sonde. Wiedergabe mit freundlicher Genehmigung aus Gad und Ikai [26]. Für eine farbige Version der Abbildung siehe Anhang E.

Kim et al. [27] kartierten die Verteilung von Vitronektinrezeptoren auf der Oberfläche von lebenden Fibroblasten. Dazu verwendeten sie eine kolloidale AFM-Sonde mit einem Durchmesser von ungefähr 20 μm, die mit Vitronektinmolekülen modifiziert wurde, und maßen die De-Adhäsionskraft an 64 Punkten auf der Zelloberfläche. Die kolloidale Sonde wurde gewählt, um die Kontaktfläche mit der Zelle zu vergrößern und eine größere Fläche zu bedecken als mit der originalen Sonde. Sie tauschten so die Möglichkeit, mit molekularer Auflösung zu arbeiten, gegen die Chance, eine größere Fläche innerhalb kurzer Zeit zu kartieren. Sie führten eine Integraldarstellung für einen Teil der Kraftkurve ein, der adhäsive Wechselwirkungen zeigte, die so genannte „Ablösungsarbeit“ (engl. *unbinding work*). Die Untersuchung erhob nicht den

Anspruch, molekulare Auflösung zu demonstrieren, sondern kartierte die dominante Anwesenheit von Vitronektinrezeptoren, d. h. der *Integrine*. Das Ergebnis stimmte gut mit Daten überein, die man durch Fluoreszenzmarkierung der Rezeptoren mit spezifischen Antikörpern erhalten hatte. Geringe Unterschiede zwischen den Ergebnissen der beiden Methoden lassen sich damit erklären, dass die AFM-basierte Methode nur die Rezeptoren auf der dorsalen Seite der Zelle darstellt, wohingegen die Fluoreszenzmethode die Rezeptoren vermutlich sowohl auf der ventralen als auch auf der dorsalen Seiten der Zelle erfasst. Der Vorteil der AFM-basierten Kartierung liegt in der Tatsache, dass die Zelle während und nach der Messung am Leben erhalten werden kann, sodass dieselben oder unterschiedliche Rezeptoren auf genau derselben Zelle erneut kartiert werden können.

Bei der Kartierung von Rezeptoren auf Zelloberflächen ist zu beachten, dass die zur Loslösung des Liganden vom Rezeptor bzw. des Antigens vom Antikörper benötigte Kraft deutlich geringer sein muss als die Kraft, die erforderlich ist, um den Rezeptor aus der Zellmembran herauszuziehen. Wenn diese Bedingung nicht erfüllt ist, verliert die Zelle bei jeder Kartierung eine Anzahl von Rezeptoren von dem abgetasteten Teil ihrer Oberfläche, was zu einer anomalen Zellphysiologie führen kann.

Für gute Ergebnisse sollte auch die Verlängerung von Membranbestandteilen zu Haltefäden vermieden werden. Für weitere Fortschritte bei der Kartierung von Rezeptoren an Zelloberflächen ist es dringend erforderlich, mehr über den Mechanismus und den Kraftbereich der Entstehung solcher Haltefäden zu wissen. Speziell die Phospholipide in der Membran haben die Tendenz, im Gefolge der Membranproteine auf der AFM-Sonde als dünner Faden aus der Zellmembran herausgezogen zu werden und dabei äußerst komplexe Oberflächenphänomene hervorzurufen. Um die Extraktion von Proteinen und die Entstehung von Lipid-Haltefäden zu vermeiden, sollte die Trennung des Ligand–Rezeptor-Paars bei einer Kraft von weniger als 50 pN erfolgen. Die Möglichkeit, dass der Rezeptor aus seiner Verankerung gerissen werden kann, wurde von Ikai und Mitarbeitern bereits in der Frühzeit der Rezeptorkartierung erkannt [28].

6.8
Die Ablösung und Identifikation von Proteinen

Membranproteine werden in zwei Gruppen eingeteilt, die *peripheren* und die *integralen* oder *intrinsischen Membranproteine*. Periphere Proteine sind elektrostatisch auf der Phospholipidmembran adsorbiert und können durch Zugabe von Chelatbildnern, die die durch Metallionen vermittelten elektrostatischen Kräfte reduzieren, leicht ausgewaschen werden. Wir befassen uns in diesem Kapitel mit intrinsischen Proteinen. Sie besitzen hydrophobe Segmente, die in das hydrophobe Innere der Lipid-Doppelschichtmembran eindringen können. Einige von ihnen besitzen nur ein einziges, andere zwei oder sogar mehr als zehn Transmembransegmente und sind fest an der Lipidmembran verankert. Aber wie fest?

Die direkte Messung der thermodynamischen Affinität eines intrinsischen Membranproteins zur Lipiddoppelschicht-Membran ist schwierig, weil die Löslichkeit der intrinsischen Membranproteine ziemlich klein ist. Man kann aber beispielsweise die Kraft messen, die erforderlich ist, um solche Proteine durch Anwendung einer Kraft mit einem Rasterkraftmikroskop aus der Membran herauszuziehen. Einige Versuche in dieser Hinsicht wurden publiziert, der am weitesten fortgeschrittene ist vielleicht die Arbeit von Afrin et al. [28,29]. Anstelle von Antikörpern gegen bestimmte Membranproteine verwendeten sie bifunktionale aminoreaktive Verbindungen, die starke Bindungen zwischen der AFM-Sonde und den Membranenproteinen auf der Oberfläche von Fibroblasten bildeten. Nach der Bildung dieser Bindungen wurde die AFM-Sonde zusammen mit den Membranproteinen, die über die Brücken mit der Sonde verknüpft waren, von der Zelloberfläche weggezogen. Das Experiment ist schematisch in Abbildung 6.7 gezeigt.

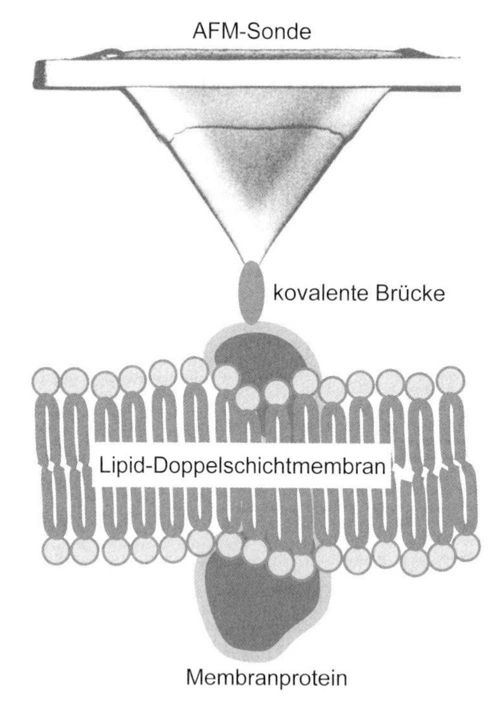

Abbildung 6.7 Experimentelle Anordnung, um Membranproteine mit einer über kovalente Brücken an das Protein gebundenen AFM-Sonde aus der Membran herauszuziehen.

Es stellte sich heraus, dass die endgültige Bruchkraft nicht weniger als 450 pN betrug; die Abhängigkeit von der Belastungsgeschwindigkeit war sehr gering. Das Vorhandensein von herausgezogenen Proteinen auf der Sonde wurde verifiziert, indem eine bereits für die Zelloberfläche benutzte Sonde in die Nähe einer frischen Siliciumoberfläche gebracht wurde. Es wurde vermutet, dass die beobachtete endgültige Bruchkraft die Kraft zum Zerreißen eines Lipid-Haltefadens zwischen Protein und Zellmembran gewesen sein könnte. In diesem Fall wäre die Wechselwirkung zwischen Membran und Protein noch stärker.

Vermutlich waren die meisten der herausgezogenen Proteine Integrine, die üblicherweise an das Zytoskelett gebunden sind. Die Verbindungen zwischen Integrinen, Adapterproteinen (vor allem Talin) und den Proteinen des Zytoskeletts sollten bei einer Kraft von 450 pN bereits zerstört worden sein.

6.9 Die Zerstörung von Membranen

In den vorhergehenden Abschnitten haben wir gesehen, wie man Liganden ablösen oder Proteine aus der Zelloberfläche herausreißen kann. Was wird wohl passieren, wenn die AFM-Sonde noch ein wenig stärker auf die Zellmembran gestoßen wird? Diese Frage führt uns zur mechanischen Penetration einer Zellmembran durch eine Nanosonde. Künneke et al. beobachteten charakteristische Kraftkurven, als ihre Sonde in eine Langmuir–Blodgett-Schicht auf einer festen Oberfläche eindrang [30–32]. Sie interpretierten das kurze Einknicken in der Kraftkurve bei der Annäherung der Sonde als den Moment, in dem die Lipidmembran durchstoßen wird (siehe Abbildung 6.8) [32].

Im Fall einer durchstoßenen Langmuir–Blodgett-Schicht ist das eventuelle Vorhandensein von Lipidmolekülen als Haltefäden an der festen Oberfläche ein wichtiger Parameter. Wenn Lipidmoleküle als Haltefäden an der Oberfläche gebunden sind, müssen sie durch die ankommende Sonde durch die Membran gestoßen werden, da sie kaum zur Seite geschoben werden können. Das Durchstoßen einer über Haltefäden angebundenen Membran erfordert daher eine größere Kraft als bei einer freien Membran.

Auch auf der Oberfläche einer lebenden Zelle kann ein ähnliches kurzes Einknicken der Kraftkurve beobachtet werden, wenn die AFM-Sonde stark auf die Zelloberfläche gestoßen wird. Ob dabei tatsächlich eine Penetration der lebenden Zellmembran stattgefunden hat, ist schwierig zu verifizieren. Uehara et al. versuchten, das beobachtete kurze Einknicken der Kraftkurve mit dem Nachweis von mRNA aus dem Zytoplasma auf der Sonde als klarem

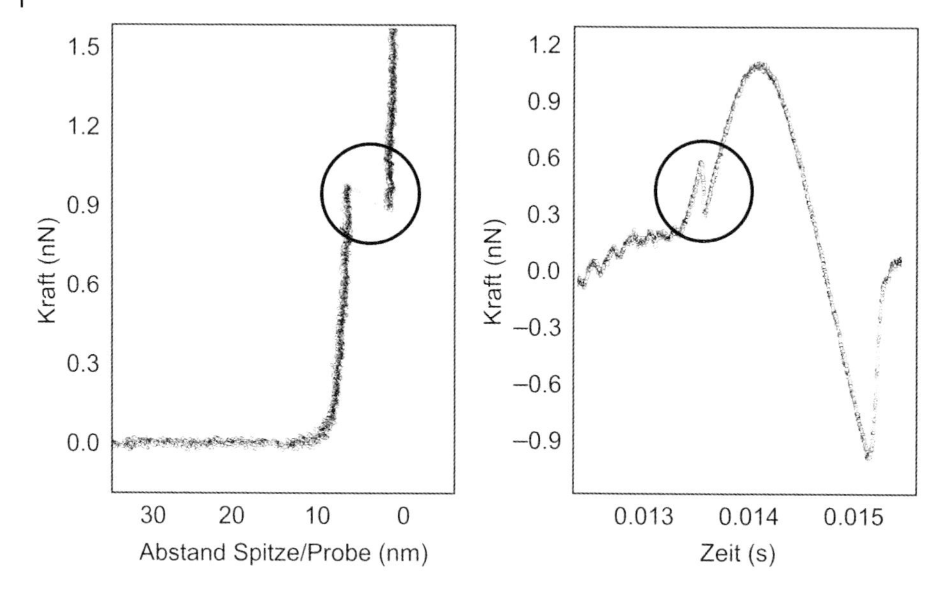

Abbildung 6.8 Das Durchstoßen einer Membran im AFM-Experiment. Gezeigt sind die Kraftkurven, die man mit der konventionellen (links) bzw. der gepulsten Kraftmikroskopie (rechts) an POPS-Doppelschichtsystemen beobachtet. Beide Kurven zeigen Durchbrüche im Bereich des Kontakts. Wiedergabe mit freundlicher Genehmigung aus Künneke [32].

Beweis für eine Penetration der Membran in Verbindung zu bringen, aber die Korrelation zwischen den beiden Ereignissen war nicht eindeutig genug, um eine enge Beziehung zwischen ihnen herzustellen [33].

Literaturverzeichnis

1 Florin, E. L., Moy, V. T. Gaub, H. E. (1994) Adhesion forces between individual ligand–receptor pairs, *Science*, **264**, 415–417.

2 Chang, J. Y. (1989) The hirudin-binding site of human α-thrombin identification of lysyl residues which participate in the combining site of hirudin–thrombin complex, *Journal of Biological Chemistry*, **264**, 7141–7146.

3 Merkel, R., Nassoy, P., Leung, A., Ritchie, K., Evans, E. (1999) Energy landscapes of receptor–ligand bonds explored with dynamic force spectroscopy, *Nature*, **397**, 50–53.

4 Sekiguchi, H., Ikai, A., Arakawa, H., Sugiyama, H. (2006) AFM analysis of interaction forces between bio-molecules using ligand-functionalized polymers,*e-Journal of Surface Science and Nano Technology*, **4**, 149–154.

5 Sekiguchi, H., Ikai, A. (2006) A method of measurement of interaction force between ligands and biological macromolecules (in Japanese), *Hyoumenkagaku*, **27**, 436–441.

6 Yersin, A., Hirling, H., Steiner, P., Magnin, S., Regazzi, R., Huni, B. et al. (2003) Interactions between synaptic vesicle fusion proteins explored by atomic force microscopy, *Proceedings of the National Academy of Sciences of the USA*, **100**, 8736–8741.

7 Yersin, A., Ikai, A. (2007) Exploring transferrin-receptor interactions at the single molecular level, *Biophysical Journal* (in press).

8 Ratto, T. V, Langry, K. C., Rudd, R. E., Balhorn, R. L., Allen, M. J., McElfresh, M. W. (2004) Force spectroscopy of the double-tethered concanavalin-a mannose bond, *Biophysical Journal*, **86**, 2430–2437.

9 Touhami, A., Hoffmann, B., Vasella, A., Denis, F. A., Dufrene, Y. F. (2003) Probing specific lectin–carbohydrate interactions using atomic force microscopy imaging and force measurements, *Langmuir*, **19**, 1745–1751.

10 Gad, M., Itoh, A., Ikai, A. (1997) Mapping cell wall polysaccharides of living microbial cells using atomic force microscopy, *Cell Biology International*, **21**, 697–706.

11 Krotkiewska, B., Pasek, M., Krotkiewski, H. (2002) Interaction of glycophorin A with lectins as measured by surface plasmon resonance (SPR), *Acta Biochimica Polonica*, **49**, 481–490.

12 Allen, S., Chen, X., Davies, J., Davies, M. C., Dawkes, A. C., Edwards, J. C. et al. (1997), Detection of antigen–antibody binding events with the atomic force microscope, *Biochemistry*, **36**, 7457–7463.

13 Stroh, C. M., Ebner, A., Geretschlager, M., Freudenthaler, G., Kienberger, F., Kamruzzahan, A. S. et al. (2004), Simultaneous topography and recognition imaging using force microscopy, *Biophysical Journal*, **87**, 1981–1990.

14 Kienberger, F., Ebner, A., Gruber, H. J., and Hinterdorfer, P. (2006) Molecular recognition imaging and force spectroscopy of single biomolecules, *Accounts of Chemical Research*, **39**, 29–36.

15 Touhami, A., Othmane, A., Ouerghi, O., Ouada, H. B., Fretigny, C., Jaffrezic-Renault, N. (2002) Red blood cells imaging and antigen-antibody interaction measurement, *Biomolecular Engineering*, **19**, 189–193.

16 Sekiguchi, H., Arakawa, H., Taguchi, H., Ito, T., Kokawa, R., Ikai, A. (2003) Specific interaction between GroEL and denatured protein measured by compression-free force spectroscopy, *Biophysical Journal*, **85**, 484–490.

17 Yokokawa, M., Wada. C., Ando, T., Sakai, N., Yagi, A., Yoshimura, S. H. (2006) Fast-scanning atomic force microscopy reveals the ATP/ADP-dependent conformational changes of GroEL, *EMBO Journal*, **25**, 4567–4576.

18 Yokokawa, M., Yoshimura, S. H., Naito, Y., Ando, T., Yagi, A., Sakai, N. et al. (2006), Fast-scanning atomic force microscopy reveals the molecular mechanism of DNA cleavage by ApaI endonuclease, *IEE Proceedings of Nanobiotechnology*, **153**, 60–66.

19 Ando, T., Kodera, N., Takai, E., Maruyama, D., Saito, K., Toda, A. (2001) A high-speed atomic force microscope for studying biological macromolecules, *Proceedings of the National Academy of Sciences of the USA*, **98**, 12468–12472.

20 Cross, B., Ronzon, F., Roux, B., Rieu, J. P. (2005) Measurement of the anchorage force between GPI-anchored alkaline phosphatase and supported membranes by AFM force spectroscopy, *Langmuir*, **21**, 5149–5153.

21 Rieu, J. P., Ronzon, F., Place, C., Dekkiche, F., Cross, B., Roux, B. (2004) Insertion of GPI-anchored alkaline phosphatase into supported membranes: a combined AFM and fluorescence microscopy study, *Acta Biochimica Polonica*, **51**, 189–197.

22 Desmeules, P., Grandbois, M., Bondarenko, V. A., Yamazaki, A., Salesse, C. (2002) Measurement of membrane binding between recoverin, a calcium-myristoyl switch protein, and lipid bilayers by AFM-based force spectroscopy, *Biophysical Journal*, **82**, 3343–3350.

23 Bell, G. I. (1978) Models for the specific adhesion of cells to cells, *Science*, **200**, 618–627.

24 Evans, E., Berk, D., Leung, A. (1991) Detachment of agglutinin-bonded red blood cells. I. Forces to rupture molecular-point attachments, *Biophysical Journal*, **59**, 838–848.

25 Afrin, R., Ikai, A. (2006) Force profiles of protein pulling with or without cytoskeletal links studied by AFM, *Biochemical and Biophysical Research Commununications*, **348**, 238–244.

26 Gad, M., Ikai, A. (1995) Method for immobilizing microbial cells on gel surface for

dynamic AFM studies, *Biophysical Journal*, **69**, 2226–2233.

27 Kim, H., Arakawa, H., Osada, T., Ikai, A. (2003) Quantification of cell adhesion force with AFM: distribution of vitronectin receptors on a living MC3T3-E1 cell, *Ultramicroscopy*, **97**, 359–363.

28 Afrin, R., Arakawa, H., Osada, T., Ikai, A. (2003) Extraction of membrane proteins from a living cell surface using the atomic force microscope and covalent crosslinkers, *Cell Biochemistry and Biophysics*, **39**, 101–117.

29 Afrin, R., Yamada, T., Ikai, A. (2004) Analysis of force curves obtained on the live cell membrane using chemically modified AFM probes, *Ultramicroscopy*, **100**, 187–195.

30 Butt, H. J., Franz, V. (2002) Rupture of molecular thin films observed in atomic force microscopy. I. Theory, *Physical Reviews E*, **66**, 031601–1031601–9.

31 Franz, V., Loi, S., Müller, H., Bamberg, E., Butt, H. J. (2002) Tip penetration through lipid bilayers in atomic force microscopy, *Colloids and Surfaces B: Biointerfaces*, **23**, 191—200.

32 Künneke, S., Krüger, D., Janshoff, A. (2004) Scrutiny of the failure of lipid membranes as a function of headgroups, chain length, and lamellarity measured by scanning force microscopy, *Biophysical Journal*, **86**, 1545—1553.

33 Uehara, H. (2007) Detection of mRNA in single cells using AFM nanoprobes, Ph.D. thesis, *Tokyo Institute of Technology*.

7
Die Mechanik einzelner DNA- und RNA-Moleküle

7.1
Dehnung doppelstrangiger DNA

Doppelstrangige DNA (dsDNA) ist ein ziemlich steifes Molekül mit einer Persistenzlänge von 50–60 nm – der Wert für einstrangige DNA (ssDNA) oder RNA beträgt zum Vergleich weniger als 1 nm. Das bedeutet, dass sich ein kurzes Stück dsDNA eher einem Stab als einer biegsamen Schnur ähnelt. Da dsDNA aber oft tausendmal länger ist als ihre Persistenzlänge, besitzt sie als Ganzes doch wieder alle Eigenschaften eines statistischen Knäuels. Sie wickelt sich zu einer in etwa sphärischen Form auf, ist aber im Vergleich zu ssDNA mit einer ähnlichen Konturlänge deutlich ausgedehnter. Wenn positiv geladene Moleküle wie Polyamine zu einer dsDNA-Lösung zugefügt werden, wird die verknäulte DNA sehr stark komprimiert. Es ist daher ein interessantes Experiment, dsDNA aus dem verknäulten oder komprimierten Zustand zu strecken. Erstens kann man so die Ergebnisse der Polymertheorie bezüglich der Elastizität statistischer Knäuel überprüfen, und zweitens kann man die Veränderung der Dehnungskurve durch die Wechselwirkung mit Polyaminen beobachten. Bustamante und Kollegen untersuchten die Mechanik der Dehnung von dsDNA erstmals mithilfe einer Laserfalle [1]. Sie immobilisierten ein Ende einer dsDNA-Kette von einigen μm Länge an einer Latexperle von einigen μm Durchmesser und das andere Ende an einer unbeweglichen Wand. Dann ließen sie die Kraft der Laserfalle auf die Latexperle wirken und zogen sie mit der dsDNA im Schlepptau von der Wand weg. Die so erhaltene Kraft–Dehnungs-Kurve ist in Abbildung 7.1 gezeigt.

Die DNA wurde bis in die Nähe ihrer vollen Konturlänge gestreckt, die ungefähr gleich 0.34 nm mal der Zahl der Basenpaare ist, wobei die Zugkraft von 0 auf etwa 80 pN anstieg. Danach blieb die Kraft bis zu einer Streckung von ungefähr der doppelten Konturlänge auf einem konstanten Wert von etwa 65 pN, anstatt auf den Wert von einigen Nanonewton zuzunehmen, der zum Brechen der kovalenten Bindungen nötig wäre; erst danach erreichte sie diesen Wert. Die konstante Streckkraft von 65 pN ist eine neue Entdeckung; man interpretiert dieses Ergebnis damit, dass die ursprüngliche B-Form der dsDNA zu einer neuen Form gestreckt wird, die unter einer einwirkenden

Einführung in die Nanobiomechanik. Atsushi Ikai.

ISBN: 978-3-527-40954-9

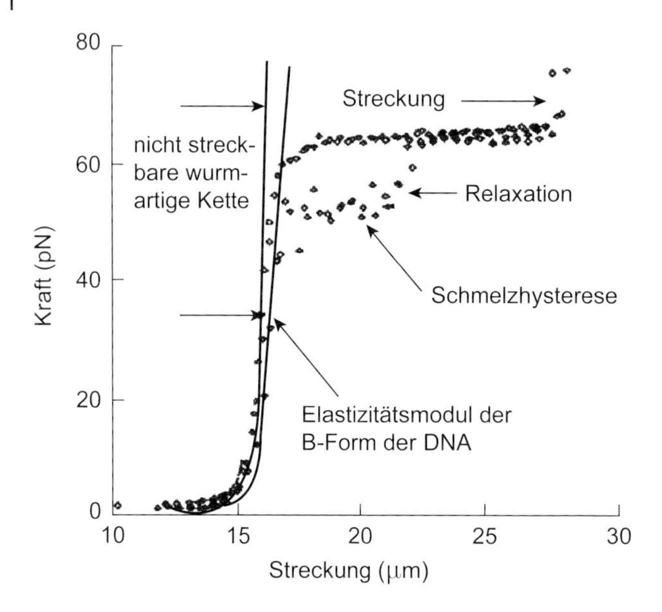

Abbildung 7.1 Streckung von dsDNA mithilfe einer Laserpinzette. Bis etwa 15 µm entspricht die Streckung der entropischen Dehnung der B-Form der dsDNA. Nach dem scharfen Anstieg der Kraft wandelt sich die B-Form in eine neue Form um, die *S-DNA*. Wiedergabe mit freundlicher Genehmigung von *Science* aus Smith et al. [1].

Spannung stabil ist. Man bezeichnet diese Form als *S-Form*; sie enthält Basenpaare unter schiefen Winkeln zur Helixachse. Ob die S-Form der DNA eine biologische Bedeutung besitzt, muss sich erst noch zeigen, aber zumindest hat dieses Experiment demonstriert, dass die Überstreckung der dsDNA über die Konturlänge der B-Form hinaus zu einer neuen, halbstabilen Konformation führt. Diese Tatsache muss bei einer Anwendung von DNA zur Herstellung künstlicher Bauelemente berücksichtigt werden.

Die Überstreckung der DNA ist in gewisser Weise analog zur Einschnürung von plastischen Materialien, wenn sie über ihre Streckgrenze hinaus gedehnt werden. So wie im Bereich der Einschnürung bei einem plastischen Bruch Versetzungen und Bindungsbrüche auftreten, tritt in der DNA eine umfassende Neuordnung der nichtkovalenten Bindungsstruktur ein.

Wenn Proteine an dsDNA gebunden werden, zeigt die Dehnungskurve vielfache Kraftspitzen entsprechend der erzwungenen sukzessiven Loslösung der Proteine. Die Kraftkurven bei der Streckung von chromosomaler DNA sind äußerst interessant, weil man in ihnen die Entwirrung des Chromosoms und die Loslösung der chromosomalen Proteine als vielfache Kraftspitzen erkennen kann, die sich zu einem Sägezahnmuster anordnen [2, 3]. Die Bruchkraft des DNA–Protein-Komplexes wurde zu 100–200 pN bestimmt [4].

Die Kraft–Dehnungs-Kurve der Streckung von dsDNA wurde an die theoretische Kraft–Dehnungs-Kurve eines statistischen Knäuels angepasst. Die originale Kraft–Dehnungs-Kurve wurde dabei durch eine modifizierte Langevinfunktion beschrieben, wobei p nicht die Segmentlänge, sondern die Persistenzlänge ist:

$$\frac{L}{L_0} = \left[\coth\left(\frac{Fp}{k_B T}\right) - \frac{k_B T}{Fp}\right] . \tag{7.1}$$

Die folgende Interpolationsformel wurde von Smith et al. vorgeschlagen [1]:

$$F = \frac{k_B T}{p}\left[\frac{1}{4}\left(1 - \frac{L}{L_0}\right)^{-2} - \frac{1}{4} + \frac{L}{L_0}\right] , \tag{7.2}$$

wobei p, L, und L_0 die Persistenzlänge, die gestreckte Länge und die Konturlänge der dsDNA sind. Diese Gleichung wurde seither weithin als zweckmäßige Anpassungsgleichung für die Kraft–Dehnungs-Kurven von unstrukturierten Polymerketten verwendet, wobei p als Anpassungsparameter dient. Der Wert von p, der die experimentelle Kraft–Dehnungs-Kurve am besten wiedergibt, wird als Persistenzlänge der Polymerkette unter den gegebenen experimentellen Bedingungen aufgefasst [5]. Es sei daran erinnert, dass die Persistenzlänge p als die charakteristische Entfernung entlang der Polymerkette definiert ist, nach der die Richtungskorrelation der Kette auf $1/e$ abgenommen hat.

dsDNA kann demzufolge durch relativ kleine Kräfte wie z. B. eine elektrophoretische Kraft [6, 7] oder einen zurückweichenden Meniskus gestreckt werden [8, 9].

7.2 Hybridisierung und mechanische Kräfte

Das Auftrennen von dsDNA durch eine mechanische Kraft ist ein anderes attraktives Experiment, mit dem man die Zugfestigkeit der Wasserstoffbindungen bestimmen könnte, die die Basenpaare zusammenhalten. Ein frühes Experiment von Lee et al. verwendete ein DNA-beschichtetes Substrat und eine mit ssDNA der komplementären Basensequenz präparierte AFM-Sonde [10, 11]. Nach der Entstehung von dsDNA zwischen den Strängen auf der Sonde und dem Substrat wurde der Abstand zwischen beiden vergrößert, sodass eine Scherkraft auf die dsDNA wirkte. Die erhaltenen Werte für die Bruchkraft hingen von der Länge der komplementären Basensequenz ab; siehe Abbildung 7.2. Das Aufbrechen der doppelstrangigen DNA durch Scherung erfordert eine größere Kraft als das Aufreißen der DNA-Kette analog zu einem Reißverschluss, weil die Wasserstoffbindungen im letzten Fall sequen-

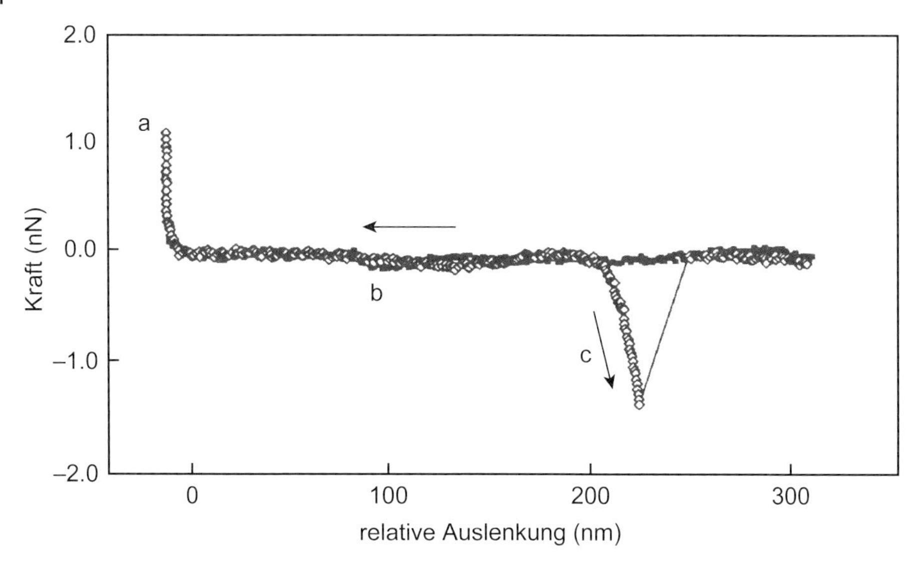

Abbildung 7.2 Kraftkurven bei der Auftrennung doppelstrangiger DNA durch Scherung. Die dsDNA wird zwischen der mit ssDNA der komplementären Basensequenz beschichteten AFM-Sonde und dem festen Substrat gebildet. Wiedergabe mit freundlicher Genehmigung aus Lee et al. [10].

ziell gelöst werden, wohingegen beim Öffnen der Kette durch Scherung viele Wasserstoffbindungen gleichzeitig kooperativ gebrochen werden müssen.

DNA-Hybridisierung ist ein wichtiges Werkzeug in der Molekularbiologie und wird auch in der Nanotechnologie häufig eingesetzt, um Nanoröhrchen und andere Nanomaterialien nach vorgegebenen Mustern auf einer festen Oberfläche anzuordnen. Dazu legt man das Muster mithilfe von ssDNA mit einer bekannten Basensequenz auf der Oberfläche an und markiert die Bauelemente, die an bestimmten Positionen des Musters liegen sollen, mit DNA der komplementären Basensequenz [12]. Dann werden sie in Lösung gemischt und sortieren sich auf der Oberfläche gemäß den Regeln der DNA-Hybridisierung in der gewünschten Anordnung. Wenn DNA nur als Hilfsmittel für die Erzeugung der Anordnung dient und nicht in der endgültigen Struktur enthalten sein soll, wird sie durch hohe Temperatur zerstört. Ein mechanisches DNA-Bauelement wurde in [13] vorgestellt.

7.3 Die Dynamik von DNA- und RNA-Ketten: Phasenübergänge

Wie bereits erwähnt bildet DNA besonders dichte Knäuel, wenn Polyamine mit einer hohen positiven Ladungsdichte hinzugefügt werden [14]. Dieses Phänomen lässt sich zwanglos durch elektrostatische Wechselwirkungen zwischen der negativ geladenen DNA und den positiv geladenen Aminen erklären. Der interessanteste Aspekt ist dabei, dass die Änderung von dem verhältnismäßig ausgedehnten statistischen Knäuel der dsDNA zu einem komprimierten Zustand innerhalb eines schmalen Konzentrationsbereichs des Polyamins auftritt, was an einen Phasenübergang in der makroskopischen Welt erinnert. Diese Beobachtung wurde in der Hoffnung näher untersucht, daraus etwas über die dichte Packung der DNA im Zellkern lernen zu können.

Das Volumen der DNA im menschlichen Genom beträgt etwa 0.1 L, und ihre kumulative Länge reicht mit ungefähr 3×10^{10} km aus, um mehr als hundert Mal zwischen der Erde und der Sonne hin und her zu reisen. Daher kann man aus einer unscheinbaren Menge DNA enorm lange DNA-Fäden herausziehen. Es wurde gezeigt, dass aus einem kleinen Klecks fluoreszenzmarkierter verdichteter DNA kontinuierlich ein einziger DNA-Faden gezogen werden kann [15].

7.4 Wechselwirkungen zwischen DNA und Proteinen

Eine interessante Anwendung im Kraftmodus des AFM ist die Identifizierung der Kraftspitzen beim Abtrennen der DNA aus Nukleosomen. Immer wenn Strukturelemente mit einer messbaren Steifheit existieren, kann man Kraftspitzen entsprechend dem Versagen dieser Struktureinheiten und ihrer Länge beobachten.

Ein Beispiel gibt Abbildung 7.3. Es gibt eine Vielzahl von Proteinen, die an spezifische Sequenzen der DNA im Genom binden und die Expression bestimmter Gene beeinflussen. Solche Proteine werden *Transkriptionsfaktoren* genannt, weil sie die Transkription von Proteinen kontrollieren. Die Transkriptionsfaktoren binden nicht direkt an die Strukturgene, die sie steuern sollen, sondern zunächst an spezielle Orte auf der DNA, die so genannten *verwandten Gebiete* (engl. *cognate regions*). Es gibt mehrere Methoden, die Bindungsstellen der Transkriptionsfaktoren an die DNA mithilfe der AFM zu identifizieren, so können z. B. die Protein–DNA-Komplexe unter dem AFM abgebildet werden. Man erkennt dann kugelförmige Proteinmoleküle an bestimmten Positionen entlang eines gestreckten DNA-Strangs.

Die Bruchkraft für die Loslösung von Transkriptionsfaktoren von der DNA wurde durch Jiang et al. für den Fall der spezifischen Wechselwirkung zwischen ZmDREB1A, einem Transkriptionsfaktor aus Mais, und der zugehörigen Bindungsstelle auf der DNA, einem so genannten *dehydration-responsive element* (DRE) mit der Sequenz A/GCCGAC, gemessen [17]. Die Wechselwirkung einzelner Moleküle ZmDREB1A mit DRE A/GCCGAC wurde zu 101 ± 5 und 108 ± 3 pN bestimmt.

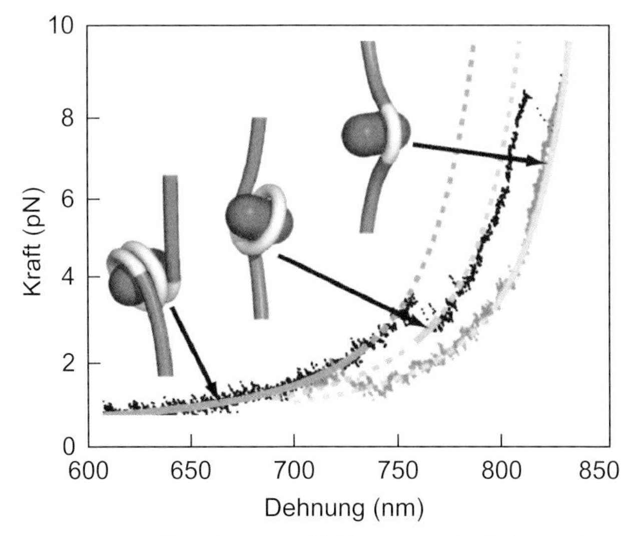

Abbildung 7.3 Entwirrung von Nukleosomen durch Anwendung einer Zugkraft von einigen pN mithilfe einer optischen Pinzette. Wiedergabe mit freundlicher Genehmigung aus Mihardja et al. [16]. Für eine farbige Version der Abbildung siehe Anhang E.

Yu et al. untersuchten die Kraft für die Loslösung eines Fragments eines anderen Transkriptionsfaktors (TINY) an einem DRE mit der Sequenz A/GCCGAC. Sie fanden mithilfe der Rasterkraftmikroskopie Kräfte von 83.5 ± 3.4 bzw. 81.4 ± 4.9 pN zwischen einzelnen Molekülen TINY und DRE A/GCCGAC [18]. Sie stellten fest, dass die Ersetzung einer einzigen Base in der DRE-Sequenz oder eine Punktmutation der Schlüsselaminosäure an der Bindungsstelle von TINY an der DNA die Bindungskraft erheblich reduzierte. Obwohl sie die Abhängigkeit der gemessenen Bruchkraft von der Belastungsgeschwindigkeit nicht bestimmten, besitzen ihre Ergebnisse im Hinblick auf die Veränderungen bei Substitutionen in der Basen- oder Aminosäuresequenz eine große biologische Bedeutung.

Ob die AFM die Methode der Wahl für den Vergleich der Aktivitäten verschiedener Mutanten von Transkriptionsfaktoren ist, wird die Zukunft entscheiden, da die AFM doch eine erhebliche Erfahrung sowohl beim Umgang mit dem Gerät als auch bei der optimalen Vorbereitung der Probe erfordert. Da die Bruchkräfte in vielen bisher untersuchten biologisch relevanten Systemen außerdem im Bereich von 10 und 100 pN liegen, sind unbedingt Präzisionsmessungen erforderlich, wenn Vergleiche zwischen Messungen unterschiedlicher Gruppen möglich sein sollen. Große Sorgfalt ist auch bei der Behandlung der unspezifischen Wechselwirkungen vonnöten. Schließlich wissen wir sehr wenig über die Struktur des Wassers in der Nähe der Probenoberfläche, die einen wesentlichen Beitrag zu der gemessenen Bruchkraft liefern könnte.

7.5 Ausblick: Sequenzanalyse

Wenn man ein DNA-Molekül wie beschrieben dehnen kann, könnte man sich vorstellen, seine Sequenz mithilfe eines bildgebenden Verfahrens wie der Elektronenmikroskopie oder der Rastersondenmikroskopie zu bestimmen. Für die Sequenzierung ist es vorteilhaft, die ssDNA auf einer festen Oberfläche auszustrecken, sodass die Bildgebung zur Identifikation der vier Arten von Basen in einem exponierten Zustand ablaufen kann und nicht in der Doppelhelixstruktur. Wie zuvor beschrieben ist es nicht schwierig, dsDNA in dieser Weise auszustrecken und auf eine feste Oberfläche zu platzieren. Das Strecken von ssDNA erfordert jedoch eine größere Kraft, weil sie eine viel kürzere Persistenzlänge hat als dsDNA. Es ist daher schwierig, sie in diesem Zustand auf einer festen Oberfläche zu fixieren.

Wenn wir nun ssDNA in einer gestreckten Konformation auf einer festen Oberfläche fixiert haben, ist es dann möglich, sie mit der erforderlichen Genauigkeit und Geschwindigkeit zu sequenzieren? Die theoretische Auflösung ist sowohl bei der TEM als auch bei der AFM ausreichend für die Identifizierung der vier Arten von Basen in der Nukleosidkette, aber in der Praxis wäre das Ziel schwer zu erreichen. Eine neue Arbeit, in der die ssDNA mithilfe eines Vakuumsprayverfahrens in einer gestreckten Konformation auf einer festen Oberfläche adsorbiert wurde, macht jedoch Hoffnung für die Zukunft [19].

Die Sequenzierung denaturierter Proteine mithilfe der SPM ist eine Herausforderung, die es wert ist, sie näher zu untersuchen. Auch hier ist das Strecken eines Knäuels auf einer festen Oberfläche für die Bildgebung erforderlich, aber die benötigte Genauigkeit ist nicht so hoch, weil man Genom-Datenbanken als Unterstützung bei der Bestimmung der korrekten Sequenz heranziehen kann.

Literaturverzeichnis

1 Smith, S. B., Cui, Y., Bustamante, C. (1996) Overstretching B-DNA: the elastic response of individual double-stranded and single-stranded DNA molecules, *Science*, **271**, 795–799.

2 Hizume, K., Yoshimura, S. H., Maruyama, H., Kim, J., Wada, H., Takeyasu, K. (2002) Chromatin reconstitution: development of a salt-dialysis method monitored by nano-technology, *Archives of Histology and Cytology*, **65**, 405–413.

3 Hizume, K., Yoshimura, S. H., Takeyasu, K. (2004) Atomic force microscopy demonstrates a critical role of DNA superhelicity in nucleosome dynamics, *Cell Biochemistry and Biophysics*, **40**, 249–261.

4 Sakaue, T., Lowen, H. (2004) Unwrapping of DNA–protein complexes under external stretching, *Physical Review E*, **70**, 021801.

5 Bouchiat, C., Wang, M. D., Allemand, J., Strick, T., Block, S. M., Croquette, V. (1999) Estimating the persistence length of a worm-like chain molecule from force-extension measurements, *Biophysical Journal*, **76**, 409–413.

6 Oana, H., Ueda, M., Washizu, M. (1999) Visualization of a specific sequence on a

single large DNA molecule using fluorescence microscopy based on a new DNA-stretching method, *Biochemical and Biophysical Research Communications*, **265**, 140–143.

7 Washizu, H. Kikuchi, K. (2006) Electric polarizability of DNA in aqueous salt solution, *Journal of Physical Chemistry B*, **110**, 2855–2861.

8 Herrick, J., Bensimon, A. (1999) Single molecule analysis of DNA replication, *Biochimie*, **81**, 859–871.

9 Caburet, S., Conti, C., Bensimon, A. (2002) Combing the genome for genomic instability, *Trends in Biotechnology*, **20**, 344–350.

10 Lee, G. U., Chrisey, L. A., Colton, R. J. (1994) Direct measurement of the forces between complementary strands of DNA, *Science*, **266**, 771–773.

11 MacKerell, A. D., Jr., Lee, G. U. (1999) Structure, force, and energy of a double-stranded DNA oligonucleotide under tensile loads, *European Biophysical Journal*, **28**, 415–426.

12 Shin, J. S., Piercejk, N. A. (2004) Rewritable Memory by Controllable Nanopatterning of DNA, *Nano Letters*, **4**, 905–909.

13 Yan, H., Zhang, X., Shen, Z., Seeman, N. C. (2002) A robust DNA mechanical device controlled by hybridization topology, *Nature*, **415**, 62–65.

14 Kidoaki, S., Yoshikawa, K. (1999) Folding and unfolding of a giant duplex-DNA in a mixed solution with polycations, polyanions and crowding neutral polymers, *Biophysical Chemistry*, **76**, 133–143.

15 Katsura, S., Yamaguchi, A., Hirano, K., Matsuzawa, Y., Mizuno, A. (2000) Manipulation of globular DNA molecules for sizing and separation, *Electrophoresis*, **21**, 171–175.

16 Mihardja, S., Spakowitz, A. J., Zhang, Y., Bustamante, C. (2006) Effect of force on mononucleosomal dynamics, *Proceedings of the National Academy of Sciences of the USA*, **103**, 15871–15876.

17 Jiang, Y., Qin, F., Li, Y., Fang, X., Bai, C. (2004) Measuring specific interaction of transcription factor, ZmDREB1A with its DNA responsive element at the molecular level, *Nucleic Acids Research*, **32**, e101.

18 Yu, J., Sun, S., Jiang, Y., Ma, X., Chen, F., Zhang, G. et al. (2006) Single molecule study of binding force between transcription factor TINY and its DNA responsive element, *Polymer*, **47**, 2533–2538.

19 Yoshida, Y., Nojima, Y., Tanaka, Y., Kawai, T. (2007) Scanning tunneling spectroscopy of single-strand deoxyribonucleic acid for sequencing, *Journal of Vacuum Science and Technology B*, **25**, 242–246.

8
Die Mechanik einzelner Proteinmoleküle

8.1
Die Streckung von Proteinen

Experimente zur Streckung von Proteinen sind in Kombination mit theoretischen Simulationen ein hochaktuelles Thema in der Kraftspektroskopie. In solchen Experimenten werden beispielsweise einzelne Proteinmoleküle zwischen eine AFM-Sonde und ein festes Substrat gebracht, sodass beim Hochziehen der Sonde ein Teil des Proteins an der Sonde haften bleibt. Wenn man das andere Ende des Proteins irgendwie an dem Substrat immobilisiert, wird das Protein gestreckt, und seine dreidimensionale Struktur wird durch die über die Sonde ausgeübte Zugbelastung allmählich entfaltet. Während dieses Prozesses registriert das AFM die Zugbelastung auf das Protein, die sich aus dem Produkt aus der Auslenkung d der Blattfeder, ihrer Kraftkonstante k und der Entfernung D zwischen der Probenoberfläche und der Spitze der Sonde ergibt. Da $D - d$ gleich der gestreckten Länge des Proteins ist, kann man eine Kraft–Dehnungs-Kurve (KD-Kurve) aufzeichnen, die die mechanischen Eigenschaften der dreidimensionalen Struktur des Proteins beschreibt. Wenn sich das Protein ohne großen Widerstand dehnen lässt, verläuft die KD-Kurve flach, bis die Verlängerung die ganze Länge der Polypeptidkette erreicht hat. Wenn das Protein lokal starre Strukturen enthält, wird die KD-Kurve eine oder mehrere Kraftspitzen aufweisen, die jeweils das Versagen einer dieser lokal starren Strukturen charakterisieren. Auf jede Kraftspitze folgt eine nichtlineare Zunahme der Kraft, die die Streckung des durch das Versagen der starren Struktur freigewordenen Teils der Polypeptidkette widerspiegelt. Der Maximalwert jeder Kraftspitze gibt die Zugfestigkeit des Bereichs an, der entfaltet wird.

Abbildung 8.1 zeigt eine schematische Darstellung der Proteindehnung und der charakteristischen Eigenschaften der beobachteten KD-Kurve entsprechend den Elementarschritten bei der Entfaltung des Proteins.

Experimente zur Dehnung von Proteinen werden oft auch als *erzwungene Entfaltung* oder *mechanische Entfaltung* bezeichnet, und die Beobachtung der Beziehung zwischen Zugbelastung und der resultierenden Dehnung nennt man auch *Kraftspektroskopie*.

Einführung in die Nanobiomechanik. Atsushi Ikai.

ISBN: 978-3-527-40954-9

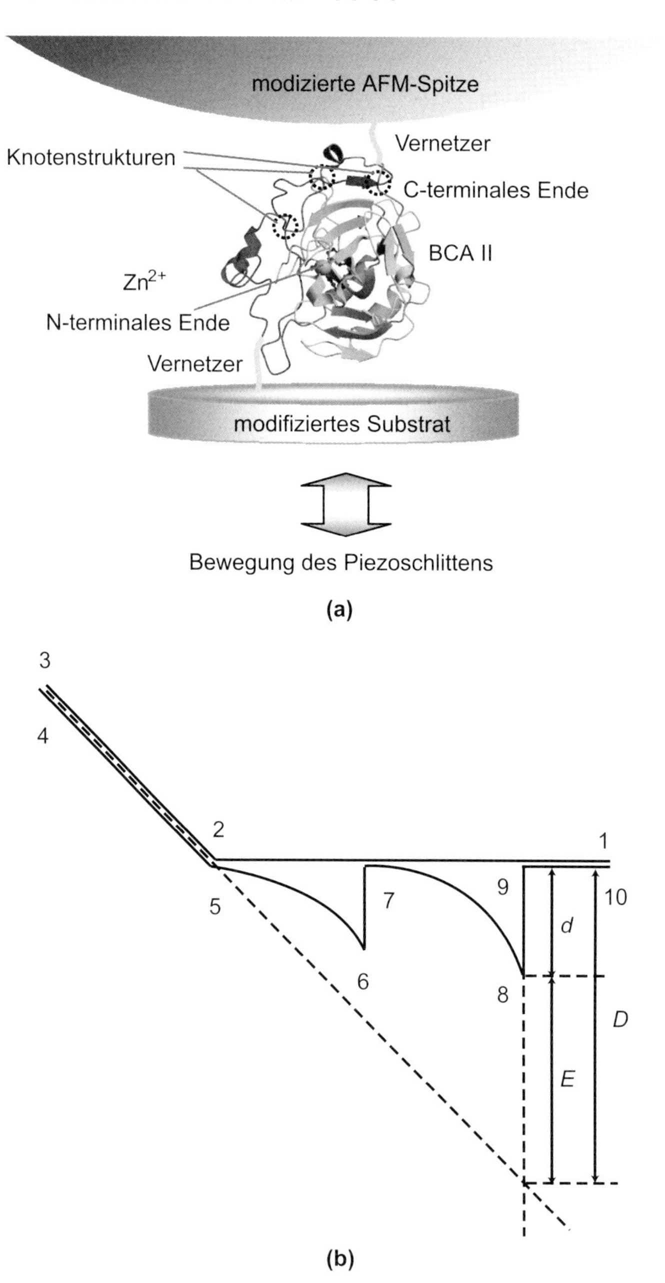

Abbildung 8.1 Schematische Darstellung der Streckung eines einzelnen Proteinmoleküls mit einem AFM. (a) Ein Proteinmolekül (in diesem Fall Carboanhydrase) wird zwischen die Sonde und das Substrat gebracht; anschließend wird der Abstand zwischen beiden vergrößert. (b) Eine typische Kraftkurve, wie man sie bei Experimenten zur Proteinstreckung erhält. *d* ist die Auslenkung des Federarms, *E* die Verlängerung des Proteins, und *D* der durchfahrene Weg des Piezoschlittens.

Die Grundidee der Proteinstreckung wurde 1996 von Mitsui et al. eingeführt [1]. Sie immobilisierten α-2-Makroglobulin über den kovalenten Vernetzer Succinimidylpyridyldithiopropionat (SPDP), der Aminogruppen des Proteins mit der Goldoberfläche verband, auf einer goldbeschichteten Glimmerooberfläche. Die entgegengesetzte Oberfläche des Proteins wurde an eine goldbeschichtete AFM-Sonde gebunden, sodass das Protein als kovalente Brücke zwischen dem Substrat und der Sonde eingeschoben war. Dann wurde der Abstand zwischen der Sonde und dem Substrat vergrößert, um das Protein mechanisch zu entfalten, und die Beziehung zwischen der Zugbelastung und der Proteinstreckung wurde aufgenommen. Die Steigung der KD-Kurve wurde als die Steifheit des Proteins interpretiert. Das Resultat ihres Experiments ist in Abbildung 8.2 gezeigt.

Ikai et al. verwendeten eine ähnliche Methode zur Streckung von Carboanhydrase II und erhielten einen ähnlichen Wert für die Steifigkeit wie für α-2-Makroglobulin [2].

In dem beschriebenen Experiment wurde das Proteinmolekül an zufälligen Lysinresten auf entgegengesetzten Seiten des Moleküle gezogen, also nicht zwangsläufig an den Enden des Moleküls. Das Protein dehnte sich daher vermutlich wie eine feste kugelförmige Probe und nicht wie eine lineare Polymerkette. Um reproduzierbare KD-Kurven zu erhalten und die lokale Stei-

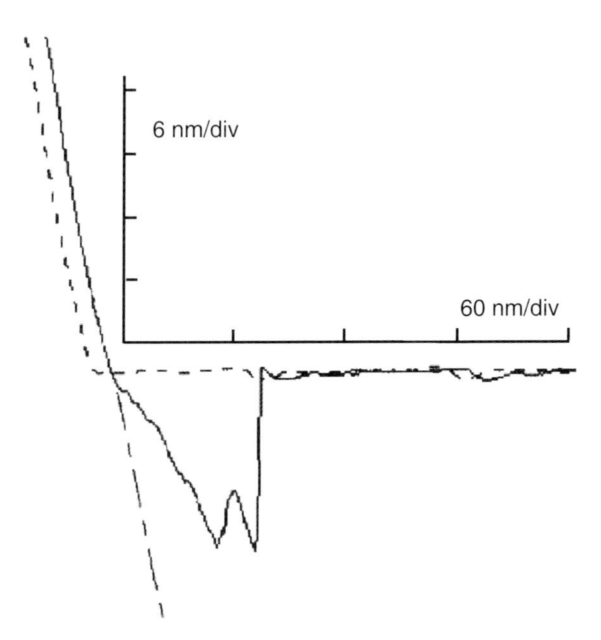

Abbildung 8.2 Streckung von α-2-Makroglobulin mit einem AFM. Das große Protein mit einer Molmasse 720 000 u wurde von zwei entgegengesetzten Oberflächen aus gestreckt. Wiedergabe mit freundlicher Genehmigung aus Mitsui et al. [1].

figkeit als Funktion der Länge zu untersuchen, wäre es wünschenswert, ein Proteinmolekül mit bekannter dreidimensionaler Struktur direkt an seinen N- und C-terminalen Enden zu strecken. Alam et al. führten ein solches Experiment mit Rinder-Carboanhydrase II durch [3]. Von ihr war bekannt, dass sie eine Knotenstruktur in der Region um ihr C-terminales Ende besitzt (Abbildung 8.1a), und es war zuvor von Wang et al. [4] gezeigt worden, dass das Protein nur um etwa 20 nm gestreckt werden konnte, bevor der kovalente Vernetzer zerstört wurde, obwohl die erwartete Konturlänge des Proteins mit 259 Aminosäureresten ungefähr 96 nm beträgt.

Alam et al. konstruierten daher ein mutiertes Protein, in dem ein Glutaminrest an Position 253 durch einen Cysteinrest ersetzt war, und verwendeten dieses Protein, um es zu strecken. Das mutierte Protein ließ sich mit einer maximalen Zugkraft von ungefähr 1 nN um bis zu 70 nm strecken, bevor der kovalente Vernetzer brach. Gelegentlich kam es zu einer plötzlichen Abnahme der Kraft von etwa 1 nN auf 200 pN, was die Autoren als Strukturübergang von einem dicht gefalteten Zustand (Typ I) zu einem lockerer gefalteten Zustand (Typ II) interpretierten. Nach Expression des mutierten Proteins in *Escherichia coli* und Reinigung fanden sie in Lösung tatsächlich koexistierende Moleküle von Typ I und Typ II. Die beiden Formen des mutierten Proteins hatten fast dasselbe CD-Spektrum im fernen UV und nahezu identische intrinsische Fluoreszenzeigenschaften. Nur an ihren geringfügig unterschiedlichen CD-Spektren im nahen UV waren sie zu unterscheiden. Die Spektren deuteten auf eine annähernd native Faltung in Bezug auf die Sekundärstruktur, aber eine etwas lockerere Tertiärstruktur hin. Ein partieller Abbau der C-terminalen Aminosäurereste durch Carboxypeptidase unter gleichzeitiger MALDI-TOF-Analyse der Molmasse bestätigte, dass die Faltung des C-terminalen Endes im Hinblick auf die Entstehung der Knoten in den Molekülen des Typs II unvollständig war.

Eine anschließende SMD-Simulation der Streckung der Carboanhydrase durch Ohta et al. [5] gab starke Hinweise darauf, dass der Strukturübergang von Typ I zu Typ II von einem konzertierten Zusammenbruch der zentralen drei β-Faltblattstrukturen und der erzwungenen Freisetzung des katalytischen Zn^{2+}-Ions begleitet wurde, das an drei Histidinreste auf den drei Strängen koordiniert war. Die ungewöhnlich starke Kraft gegen Ende der Entfaltung des Proteins resultierte somit aus dem Brechen einer Koordinationsbindung, wenn diese auch nicht ganz so stark wie eine kovalente Bindung ist.

Bacteriorhodopsin ist ein Membranprotein aus sieben Transmembranhelices. Es wurden große Anstrengungen unternommen, um die Umwandlung von Lichtenergie in chemisch getriebene Protonenpumpen zu verstehen und zu nutzen. Die Faltung der sieben Helices wurde durch erzwungene Entfaltung mithilfe der AFM untersucht [6]. Dabei wurden alle Helices nacheinander aus der Lipidmembran herausgezogen, wobei man das Sägezahnmuster von Kraftspitzen fand, das für die Kraftkurven von nahezu statistischen Knäueln typisch ist.

8.2 Proteinkerne

Hertadi et al. demonstrierten die Existenz starrer Kernstrukturen in den Proteinen OspA [7] und Holo-Calmodulin [8]. Ihre Ergebnisse sind in Abbildung 8.3 und 8.4 gezeigt. Sowohl bei OspA als auch bei Holo-Calmodulin

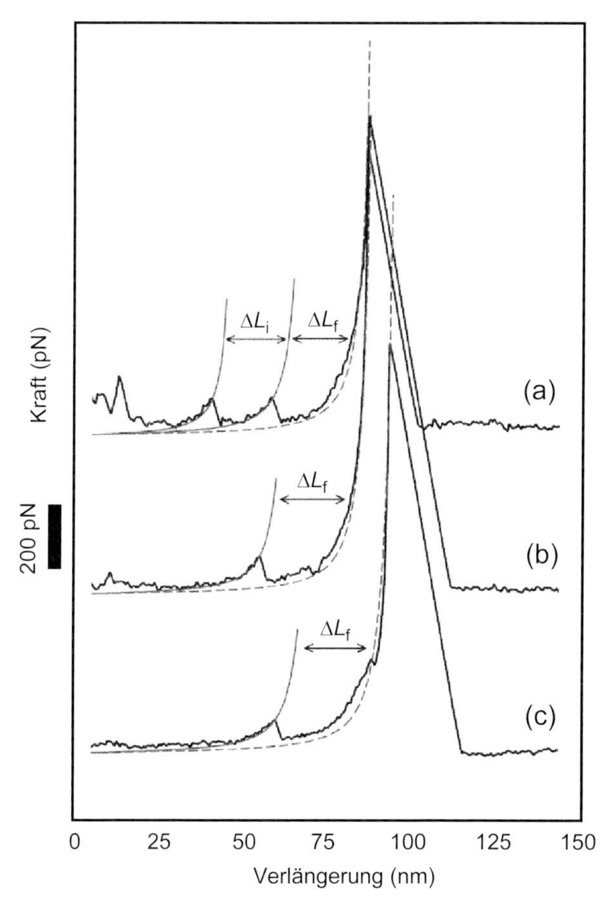

Abbildung 8.3 Streckung von β-Strang-OspA durch AFM (a) für das native Protein, bei dem zwei Kraftspitzen auftreten, während für zwei mutierte Proteine in (b) und (c) nur je ein Peak beobachtet wurde, was den Effekt der Substitution einer Aminosäure (b) bzw. der Einfügung von zusätzlichen β-Faltblattstrukturen (c) in das Zentrum des Moleküls zeigt. Details sind in der Originalpublikation zu finden. Wiedergabe mit freundlicher Genehmigung aus Hertadi et al. [7].

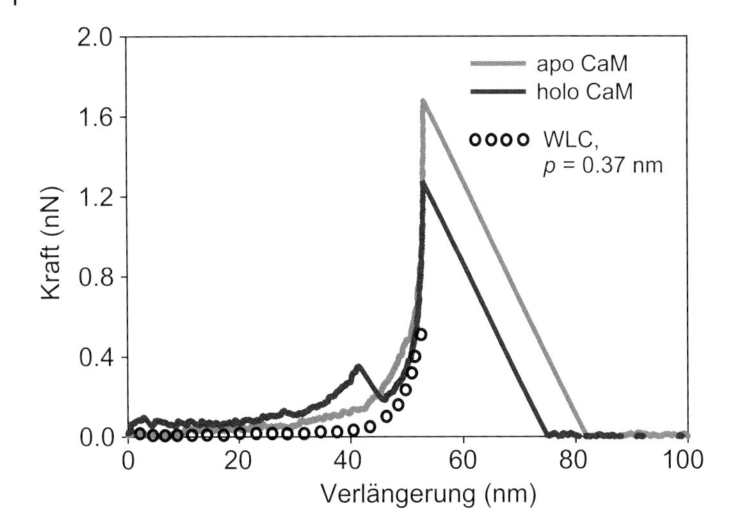

Abbildung 8.4 Streckung von APO- und Holo-Calmodulin sowie modellierte Daten für eine wurmartige Kette (WLC) mit der Persistenzlänge $p = 0.37$ nm. Wiedergabe mit freundlicher Genehmigung aus [8]. Für eine farbige Version der Abbildung siehe Anhang E.

wurden bei der mechanischen Streckung eine oder zwei Kraftspitzen beobachtet, was als Hinweis gedeutet wird, dass es innerhalb der Moleküle starre Kernstrukturen gibt, die der Zugbelastung bis zu einem bestimmten Punkt widerstehen und dann schlagartig zu statistischen Knäueln zusammenbrechen. Im Fall von Apo-Calmodulin, an das keine Ca^{2+}-Ionen gebunden waren, war die Dehnungskurve glatt ohne Kraftspitzen, aber die Kraft war deutlich größer als die für die Streckung eines statistischen Knäuels. Da Apo-Calmodulin zu etwa 60 % aus α-Helices besteht, lässt es sich mit einer relativ geringen Kraft strecken, bis zu etwa 80–90 % der maximalen Streckung ohne Übergang zu einem statistischen Knäuel.

Afrin et al. streckten ein nur aus α-Helices bestehendes Polypeptid aus poly(L-Alanin) mit regelmäßigen Einschüben von Lysinresten, die für eine bessere Löslichkeit in Wasser sorgen sollten. Sie stellten fest, dass die Kraftkurve der bei einer Streckung unter denaturierenden Bedingungen sehr ähnelte [9]. Dieses Ergebnis bestätigt die Annahme, dass eine isolierte einzelne α-Helix sich ohne Strukturübergang mit einer geringen Kraft strecken lässt. Das scheint den Resultaten von Idiris et al. [10] zu widersprechen, die bei der mechanischen Streckung von Poly(L-Glutamat) mit einem hohen Anteil von α-Helices eine glatte Kraftkurve mit einer viel größeren Kraft als bei Apo-Calmodulin oder α-helikalen Polypeptiden auf Alaninbasis fanden (Abbildung 8.5). Der Unterschied lässt sich vermutlich auf geometrische Einschränkungen der Diederwinkel zurückführen, wenn Peptidgruppen durch Zug gestreckt werden,

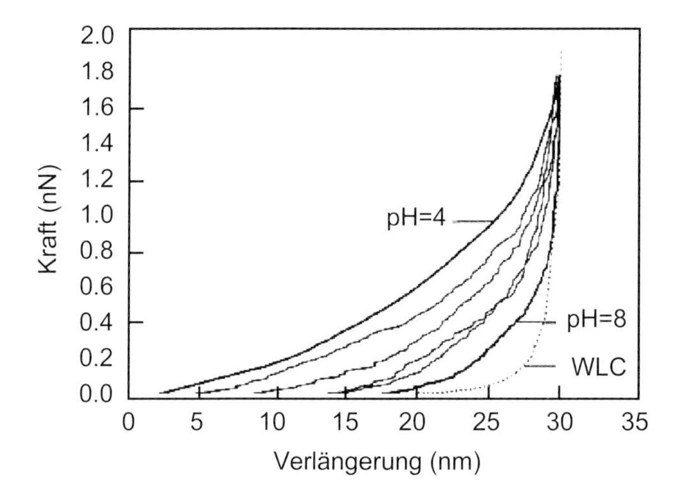

Abbildung 8.5 Streckung von helikalem Poly(L-Glutamat). Wiedergabe mit freundlicher Genehmigung aus [10].

ohne dass die Diederwinkel Gelegenheit zur Relaxation haben. Sperrige Seitenketten in Poly(L-Glutamat) könnten verhindert haben, dass die Diederwinkel von den für die α-Helix passenden auf die für die vollständig gestreckte β-Faltblatt-Form passenden Werte relaxieren konnten.

8.3 Streckung von modularen Proteinen

Rief et al. untersuchten Titinmoleküle, die aus einer großen Zahl kugelförmiger Einheiten bestehen, welche tandemartig durch flexible Ketten verbunden sind [11]. Als das Protein auf eine goldbeschichtete Glimmeroberfläche gebracht wurde, kam es zu einer unspezifischen Adhäsion, und auch als die goldbeschichtete AFM-Sonde kräftig in die Proteinschicht gestoßen wurde, trat eine unspezifische Adhäsion eines Teils der Titinkette ein. Dann wurde der Abstand zwischen Sonde und Substrat vergrößert, und die Titinmoleküle, die mit an einer Stelle an das Substrat und mit einer anderen Stelle an die Sonde gebunden waren, wurden gestreckt. Nacheinander rissen die Moleküle, bei denen nur kurze Kettenabschnitte zwischen Sonde und Substrat lagen, bis schließlich die längste Kette übrig blieb, an der die Mechanik der Streckung untersucht werden konnte (Abbildung 8.6).

Es gibt zahlreiche Untersuchungen zur Mechanik von modularen oder anderen Proteinen; gute Übersichten sind in [12, 13] zu finden. Die Kraftspitzen in dem beobachteten Sägezahnmuster entsprechen den Streckgrenzen einzelner Wiederholungseinheiten. In den meisten Fällen, in denen eine Streck-

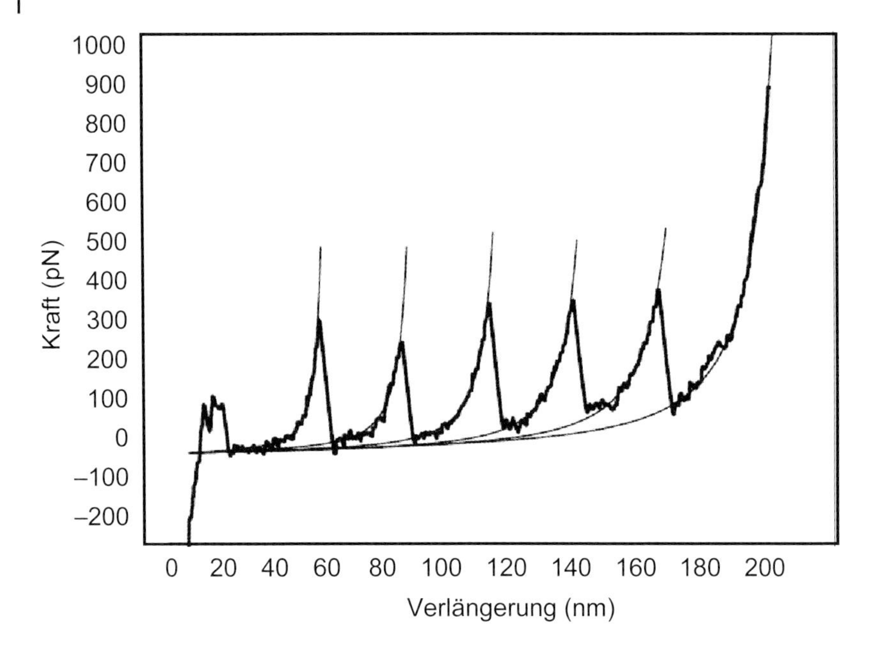

Abbildung 8.6 Streckung eines modularen Proteins. Bei dem hier gezeigten Protein handelt es sich um das elastische Protein Titin (oder Connectin) aus der Muskulatur. Wiedergabe mit freundlicher Genehmigung von *Science* aus Rief et al. [11].

grenze von mehr als 50 pN beobachtet wurde, wurde die molekulare Ursache dieser Kraft als Scherbruch kooperativ ausgerichteter vielfacher Wasserstoffbindungen zwischen parallelen β-Faltblatteinheiten aufgefasst. Wenn zwei β-Faltblattstrukturen antiparallel durch Wasserstoffbrücken verbunden sind, können sie durch eine viel kleinere Kraft getrennt werden, wie Brockwell et al. [14] anhand von künstlich konstruierten Proteinen zeigen konnten.

Das mechanische Strecken eines einzelnen Proteinmoleküls kann die Anwesenheit lokal starrer Strukturen in der nativen Struktur offenbaren. Wenn die Kraftkurve beim Strecken des Proteins z. B. eine oder mehrere Kraftspitzen aufweist, besitzt das Protein eine lokale Struktur, die nur durch Anwendung einer Kraft aufgebrochen werden kann. Ursachen für das Auftreten von Kraftspitzen können sein:

- Intramolekulare Disulfidbrücken oder andere Arten von Vernetzung
- Koordinationsbindungen mit einem Metallion im Zentrum
- Eine stark gefaltete Tertiärstruktur
- Komplexbildung mit Ligandenmolekülen
- Stark wasserstoffgebundene Kernstrukturen

Die Aufdeckung solcher lokal starren Strukturen innerhalb der Proteinmoleküle und die Identifizierung dieser Strukturen in Bezug auf ihre Primär- oder Tertiärstruktur ist eine der aufregendsten Möglichkeiten der Nanobiomechanik. Die Entwicklung neuer experimenteller Methoden und die Unterstützung durch Computersimulationen versprechen in Kombination mit den Ergebnissen aus traditionellen Untersuchungen der Proteinfaltung glänzende Aussichten für die Proteinwissenschaft.

8.4 Dynamische Streckung

Die dynamische Streckung von Proteinen wurde zuerst von Mitsui et al. eingeführt [15] und später von Okajima et al. [16] erweitert. Okajima et al. streckten kovalent an eine Siliciumoberfläche gebundene Carboanhydrase II mithilfe einer sinusförmig schwingenden AFM-Sonde. Sie reproduzierten zuerst den scharfen Übergang von Typ I zu Typ II des Proteins, den bereits Alam et al. [3] beobachtet hatten. Die Aufzeichnung der sinusförmigen Bewegung des Federauslegers zeigte zunächst, dass die Bewegung in Phase mit dem Eingangssignal war, das die Vibration der Feder anregte. Als sich die Länge der gestreckten Kette jedoch dem Übergang näherte, trat eine allmähliche Phasenverschiebung zwischen dem Eingangssignal und der tatsächlichen Schwingung des Auslegers auf, und im Bereich des Übergangs war die Oszillation des Auslegers stark gedämpft. Nach dem Übergang von Typ I zu Typ II stellte sich das ursprüngliche Schwingungsverhalten vor dem Übergang wieder ein. Offensichtlich übte das temporär gestreckte Proteinmolekül im Bereich des Übergangs eine Kraft auf den oszillierenden Ausleger aus, die man als die Kraft interpretieren kann, die für die Herstellung der nativen dreidimensionalen Konformation des Proteinmoleküls verantwortlich ist.

Neuere Entwicklungen bei der dynamischen Streckung sind in Kawakami et al. [17] und Khatri et al. [18] beschrieben. Sie untersuchten unterschiedliche Arten von Makromolekülen mit einem AFM, das mit einem schwingenden Federausleger ausgestattet war, und registrierten so Veränderungen der Steifigkeit der Makromoleküle. Auf diese Weise konnten sie Energiedissipation aufgrund von Reibung in einzelnen Molekülen nachweisen.

8.5
Die Fangbindung

Wenn die Affinität zwischen Protein und Ligand durch die Anwendung einer Zugkraft beeinflusst wird, spricht man von einer *Fangbindung* (engl. *catch bond*). Die veränderte Affinität wird mit einer Konformationsänderung des Proteins infolge der äußeren Kraft erklärt. Die Situation ist damit analog zu der Änderung der Affinität eines Enzyms zu seinem Substrat oder eines Rezeptors zu seinem Liganden als Folge der Bindung eines allosteren Effektors. Ein Beispiel für eine Fangbindung findet man in dem Protein FimH in den Fimbrien (Pili) von *E. coli* [19, 20]. Diese langen und dünnen faserigen Strukturen an der Oberfläche von *E. coli* besitzen an den Enden adhäsive Proteine, mit denen sich die Bakterien an nahe gelegenen Oberflächen für eine gewisse Zeit immobilisieren können. Bei Untersuchungen in einer Strömungskammer, in der eine ruhige Strömung bei konstantem Durchfluss aufrechterhalten wurde, hafteten die Bakterien abwechselnd an der Wand und lösten sich wieder, wobei sie von dem Wasserstrom langsam weiter getragen wurden. Wenn der Durchfluss vergrößert wurde, nahm die Dauer ihrer Adhäsion zu, und in einer noch stärkeren Strömung waren fast alle Bakterien an der Oberfläche immobilisiert (Abbildung 8.7). Man geht davon aus, dass dieser Effekt eine biologische Bedeutung besitzt; offensichtlich ist es nicht leicht, Bakterien durch eine zeitweilige starke Strömung von ihrem natürlichen Habitat abzuwaschen.

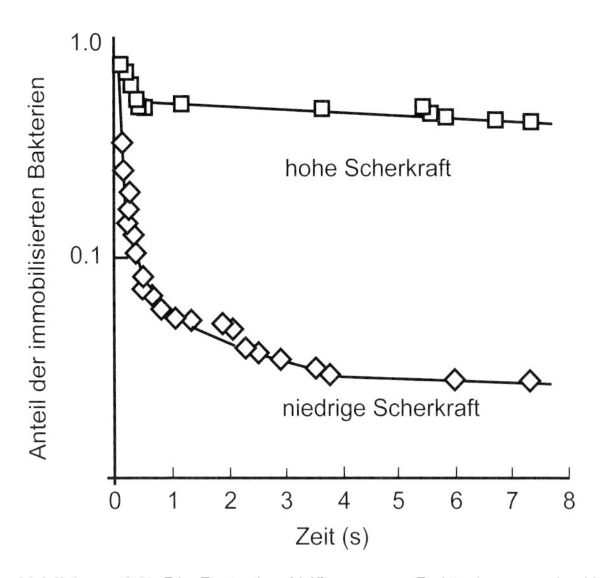

Abbildung 8.7 Die Rate der Ablösung von Bakterien von der Wand nimmt mit steigender Strömung (obere Kurve) im Vergleich zu einer langsameren Strömung (untere Kurve) drastisch ab. Wiedergabe mit freundlicher Genehmigung aus Thomas et al. [19].

8.6
Die Stauchung von Proteinen

Die Steifheit eines Proteinmoleküls kann direkter berechnet werden, wenn man es komprimiert (staucht). Dazu denken wir uns zwei kugelförmige Objekte aus gleichen oder unterschiedlichen Materialien. Wenn wir die beiden Kugeln mit einer Kraft senkrecht zur Kontaktebene zusammendrücken, werden sie in der Kontaktregion eingedrückt und abgeflacht (Abbildung 8.8). Das Ausmaß dieser Abflachung hängt von den mechanischen Eigenschaften (Elastizitätsmodul und Poissonzahl) der Materialien ab, aus denen die beiden Kugeln bestehen.

8.6.1
Das Hertzmodell

Die Beziehung zwischen der senkrechten Kraft und dem Ausmaß der Abflachung der beiden Kugeln wird durch das Hertzmodell [21–23] beschrieben. Genauer als in Abbildung 8.8 sind die geometrischen Beziehungen zwischen der Kraft und der Deformation in Abbildung D.2 in Anhang D.3 dargestellt, auf die wir uns in der folgenden Herleitung beziehen.

Zwei Kugeln mit den Radien R_1 und R_2 werden durch eine Kraft F in Richtung der Verbindungslinie der Zentren der beiden Kugeln gegeneinander gedrückt. Die Formen der beiden „Kugeln" (durchgezogene Linien in Abbildung D.2) weichen dann von der idealen Kugelform (gestrichelte Linien)

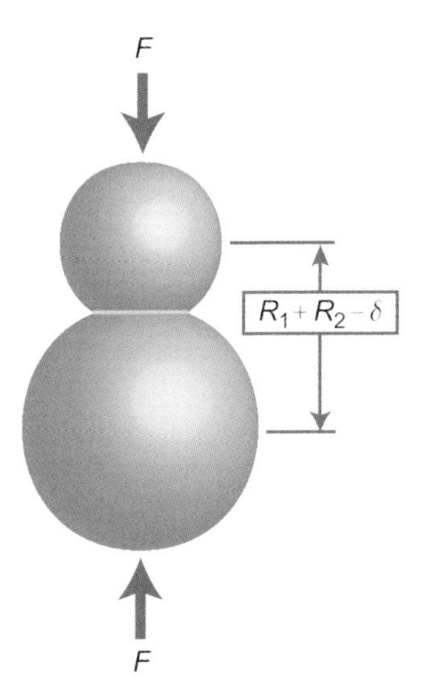

Abbildung 8.8 Das Hertzmodell beschreibt zwei Kugeln im Kontakt. Beide Kugeln werden durch Einwirkung einer Kraft deformiert; die Parameter werden im Text definiert.

ab, die sie vor dem Kontakt hatten. Wenn wir die Punkte auf den realen (deformierten) Kugeloberflächen mit (x_1, y_1, z_1) für Kugel 1 und (x_2, y_2, z_2) für Kugel 2 bezeichnen (wobei die Kraft entlang der z-Richtung wirkt), können wir die Deformation von Kugel 1 als $\delta_1 = R_1 - z_1$ schreiben und die von Kugel 2 entsprechend als $\delta_2 = R_2 - z_2$. Die einwirkende Kraft erzeugt eine Druckverteilung im Kontaktgebiet der Kugeln. Die Beziehung zwischen δ_1, δ_2 im Ursprung und der Druckverteilung wurde durch Hertz hergeleitet, wobei er die folgende Funktion für die Druckverteilung über einer kreisförmigen Kontaktfläche mit dem Radius a_0 zwischen den zwei Kugeln verwendete:

$$p(r) = p_0 \frac{(a_0^2 - r^2)^{1/2}}{a_0} , \tag{8.1}$$

wobei p_0 der Druck im Zentrum des Kreises ist.

Nach Hertz hängen δ_1 und δ_2 gemäß der folgenden Gleichung mit der angewandten Kraft zusammen:

$$F = \frac{4\sqrt{R}}{3} \left[\frac{(1 - \nu_1^2)}{Y_1} + \frac{(1 - \nu_2^2)}{Y_2} \right]^{-1} I^{3/2} = \frac{4\sqrt{R}}{3} Y^* I^{3/2} \tag{8.2}$$

mit

$$\frac{1}{Y^*} = \frac{(1 - \nu_1^2)}{Y_1} + \frac{(1 - \nu_2^2)}{Y_2} ,$$

$$I = \delta = \delta_1 + \delta_2 ,$$

$$R = \frac{R_1 R_2}{R_1 + R_2} . \tag{8.3}$$

Dabei sind Y_1 und Y_2 bzw. ν_1 und ν_2 die Elastizitätsmoduln und die Poissonzahlen der Kugelmaterialien. Bei der Herleitung der Hertzgleichung wurde angenommen, dass δ_1 und δ_2 viel kleiner als R_1 und R_2 sind und dass die Deformation der Kugeln ausschließlich vertikal erfolgt (keine laterale Ausdehnung); siehe Anhang D.3.

Wenn eine Kugel gegen eine ebene Oberfläche gepresst wird, kann man einen der Radien R_1 und R_2 unendlich groß setzen; wenn die Härte der Kugeln sehr unterschiedlich ist, kann man Y_1 oder Y_2 unendlich setzen. Im Fall der Deformation eines Proteinmoleküls (mit R_1 und Y_1) durch eine AFM-Sonde, die viel härter ist als das Protein, vereinfacht sich die angegebene Beziehung somit zu

$$F = \frac{4}{3} \frac{Y_1 \sqrt{R_1}}{(1 - \nu^2)} I^{3/2} = a I^{3/2} , \tag{8.4}$$

wobei wir R_2 und Y_2 gleich unendlich gesetzt haben.

Auf der Grundlage dieser Argumentation analysierten Radmacher et al. Kompressionskurven von auf Glimmeroberflächen adsorbiertem Lysozym. Sie setzten die Poissonzahl näherungsweise gleich 0.35 und erhielten für Y Werte im Bereich 500 ± 200 MPa [24].

Afrin et al. untersuchten diese Frage in ihrer Arbeit über die Kompression der Carboanhydrase II [25] . In ihrer Analyse von Kompressionsdaten verwendeten sie die von Tatara vorgeschlagene Modifikation des Hertzmodells, der das ursprüngliche Modell erweiterte, um starke Deformationen beschreiben zu können. Nach diesem Modell kann eine kugelförmige Probe wirklich flach gedrückt werden und eine bedeutende laterale Ausdehnung erfahren, was im ursprünglichen Hertzmodell nicht erlaubt war. Tatara entwickelte sein Modell, um eine starke Deformation einer homogenen und isotropen Gummikugel zu beschreiben, wobei er einen konstanten Wert für den Elastizitätsmodul voraussetzte [26–28].

Durch Anwendung des Tataramodells, das im folgenden Abschnitt erläutert wird, auf die Kompressionskurve der Carboanhydrase II fanden Afrin et al., dass mit einem konstanten Wert für den Elastizitätsmodul fast 50 % der Kompressionskurve durch das Modell gut wiedergegeben wurden, während das Hertzmodell nur die ersten 10 % der Kurve gut beschreiben konnte. Bei der Bestimmung des Elastizitätsmoduls aus der Analyse von Kompressionskurven ist es wichtig, die Elastizität der Probe sicherzustellen, indem man prüft, wie genau die Kurven bei der Annäherung und dem Zurückziehen der Sonde übereinander liegen.

Andere Methoden zur Bestimmung der Elastizitätsmoduln von Proteinen sind z. B. (1) die mechanische Streckung einer einzelnen Aktinfaser durch Kojima et al. [29], (2) die Herleitung aus der Volumenkompressibilität, die aus der Messung der Ausbreitungsgeschwindigkeit von Schallwellen in einer Proteinlösung bestimmt wurde [30], (3) die Kompression einer großen Zahl von Proteinmolekülen in einem Gerät zur Messung der Oberflächenkraft [31] und (4) die Schwingungsanalyse von Proteinkristallen [32]. Die Ergebnisse all dieser Messungen lieferten Werte in einem weiten Bereich zwischen 200 MPa und 10 GPa. Das vertrauenswürdigste Ergebnis ist vermutlich das von Kojima et al., die ein Aktinfilament immobilisierten und die Dehnung der Faser unter einer gegebenen Zugspannung beobachteten. Sie erhielten für Aktin $Y = 2$ GPa und für Tropomyosin $Y = 10$ GPa. In beiden Fällen betrug die Dehnung weniger als einige Prozent der Originallänge der Faser; die Ergebnisse können daher als Festigkeit bei kleinen Deformationen betrachtet werden.

An dieser Stelle ist eine Warnung angebracht, falls man die Volumenkompressibilität κ zur Bestimmung des Elastizitätsmoduls heranzieht, indem man die bekannte Gleichung

$$Y = \frac{3(1-2\nu)}{\kappa} \tag{8.5}$$

benutzt. Sie liefert einen sinnvollen Wert für den Elastizitätsmodul, solange ν nicht zu nahe bei 0.5 liegt. Für Materialien mit $\nu \approx 0.5$ wird der Faktor $1 - 2\nu$ jedoch annähernd null, und eine kleine Veränderung von ν führt zu einer sehr großen Änderung in Y. Für Proteine ist ν meist nicht bekannt, und man nimmt in der Regel einen Wert im Bereich von 0.3–0.35 an, weil man davon ausgeht, dass Proteine ähnliche mechanische Eigenschaften wie Kunststoffe wie z. B. Polyethylen oder Polystyrol besitzen. Diese Tatsache ist jedoch nicht gesichert. Vermutlich ähneln Proteine eher kleinen Gummibällen als Plastikkugeln, was bedeuten würde, dass ν viel näher bei 0.5 läge als bisher angenommen. Daher sollte Y nur dann aus Gleichung (8.5) bestimmt werden, wenn die Poissonzahl der Probe sehr genau bekannt ist.

Die kleineren Werte für Y aus Kompressionsexperimenten mit einem AFM beruhen auf einer großen Deformation der Proteinmoleküle, während die hohen Werte für Aktin und Tropomyosin aus Experimenten mit einer kleinen Deformation stammen. Die Ergebnisse zeigen, dass Proteine sich gegenüber einer kleinen Deformation starr verhalten und bei größeren Deformationen weicher werden. Dieses Verhalten erinnert an ein Ei mit einer harten Schale, die das weiche Eiweiß und Eigelb umhüllt.

8.6.2
Das Tataramodell

Bei der Anwendung auf reale Systeme stellen sich bald Einschränkungen des Hertzmodells heraus; wenn die Kugeln beispielsweise sehr unterschiedliche Elastizitätsmoduln besitzen, kann die Kontaktfläche nicht eben sein, oft ist sie auch adhäsiv. Die letzte Bedingung berücksichtigt das aus dem Hertzmodell weiter entwickelte *JKR-Modell* (benannt nach seinen Entwicklern Johnson, Kendall und Roberts) [21].

Wenn die Verformung groß ist, müssen einige der Annahmen des Hertzmodells modifiziert werden. Tatara entwickelte ein Modell für die Deformation einer homogenen und isotropen Kugel zwischen zwei starren, ebenen und parallelen Platten [26–28]. Die Kraft geht von der oberen Platte aus, während die untere unbeweglich bleibt, sodass die eingeklemmte Kugel oben und unten symmetrisch deformiert wird. Auch eine laterale Ausdehnung der Kugel wird berücksichtigt, wodurch auch Deformationen beschrieben werden können, bei denen der Abstand zwischen der oberen und unteren Platte weniger als die Hälfte des ursprünglichen Durchmessers der Platte beträgt. Die mit dem AFM gemessene scheinbare Eindrücktiefe ist in diesem Fall das Doppelte des Wertes I_{H} aus dem Hertzmodell, weil die Probe gleichzeitig von oben und von unten deformiert wird. Um die Definition der Eindrücktiefe aus dem ursprünglichen Hertzmodell übernehmen zu können, wird I_{H} im Tataramodell als *halbe* gemessene Kompression der Probe definiert. Eine Entwicklung der ursprünglichen analytischen Gleichung in eine Potenzreihe liefert die folgende Beziehung zwischen F und I_H mit dem in Gleichung (8.4) definierten Parameter a,

$$F = a I_\mathrm{H}^{3/2} + \left[\frac{3a^2}{2a_\mathrm{c}}\right] I_\mathrm{H}^2 + \left[\frac{15a^3}{8a_\mathrm{c}^2}\right] I_\mathrm{H}^{5/2} . \tag{8.6}$$

Diese Beziehung erhält man aus der Entwicklung der folgenden Gleichung unter der Annahme, dass Y_2 des Substrats viel größer ist als Y_1 der Probe:

$$I_\mathrm{H} = \left[\frac{F}{a}\right]^{2/3} - \frac{F}{a_\mathrm{c}} \tag{8.7}$$

mit

$$\frac{1}{a_\mathrm{c}} = \frac{(1+\nu_1)(3-2\nu_1)}{4\pi Y_1 R_1} + \frac{(1+\nu_2)(3-2\nu_2)}{4\pi Y_2 R_2} . \tag{8.8}$$

Die Koeffizienten in dieser Gleichung können zu einem einzigen Parameter ähnlich dem im Hertzmodell verwendeten kombiniert werden. Wenn wir die Poissonzahl als 0.4 annehmen, nimmt die Gleichung die folgende Form an:

$$F = a I_\mathrm{H}^{3/2} + 0.337 a I_\mathrm{H}^2 + 0.0948 a I_\mathrm{H}^{5/2} . \tag{8.9}$$

Wie bereits erwähnt wendeten Afrin et al. [25] dieses Ergebnis auf die Analyse der Kompressionsdaten von Rinder-Carboanhydrase II (BCA II) an. Während das Hertzmodell mit steigender Kompression des Proteinmoleküls einen kontinuierlich von 70 auf 200 MPa ansteigenden Elastizitätsmodul erforderte, um die Eindrückung zu beschreiben, erklärte das Tataramodell die Kompression bis zu 50 % der Gesamthöhe des Moleküls mit einem konstanten Elastizitätsmodul von 75 MPa. Die Poissonzahl wurde dabei konstant bei 0.4 belassen, weil eine Änderung das Ergebnis für den Elastizitätsmodul nicht wesentlich beeinflusst hätte.

Eine numerische Anpassung des Hertzmodells an denselben Bereich der Daten lieferte $Y \approx 150$–200 MPa. Die Anwendung des klassischen Hertzmodells auf kleine Objekte wie z. B. Proteinmoleküle, die zwischen starren Oberflächen verdichtet werden, muss offensichtlich mit Vorsicht betrachtet werden. Wenn man die Daten von Radmacher et al. [24] im Rahmen des Tataramodells auswertet, zeigt sich, dass der Wert von 500 MPa vermutlich mindestens um einen Faktor zwei bis drei zu groß ist. Es gibt jedoch noch einen ganz anderen Grund, warum Lysozym einen größeren Elastizitätsmodul zeigt als BCA II: In Lysozym liegen vier Disulfidbrücken in einem Molekül von weniger als der halben Molmasse von BCA II vor. Außerdem wurde die Kompressionskurve von BCA II nur bis zu einer Deformation von 50 % der Molekülhöhe durch das Tataramodell beschrieben. Es ist gut möglich, dass der starre Kern des Moleküls, den man aus Streckungsversuchen an demselben

Molekül kennt, bei dieser Kompression noch gar nicht erreicht wurde. Unveröffentlichte Ergebnisse für Serumalbumin deuten darauf hin, dass das Protein bei der Kompression ebenso weich ist wie BCA II.

8.7 Innere Mechanik von Proteinmolekülen

Man sollte erwarten, dass Experimente zur mechanischen Entfaltung einzelner Proteinmoleküle fundamentale Einblicke in die Proteinfaltung liefern sollten, die zu den wichtigsten und gleichzeitig schwierigsten Problemen in der Biochemie zählt. Der Mechanismus der Proteinfaltung wurde sowohl unter thermodynamischen als auch unter kinetischen Gesichtspunkten untersucht. Nach Tanford liegen globuläre Proteine im thermodynamisch stabilsten Zustand vor, aber der Unterschied der Freien Enthalpie zwischen dem nativen und dem entfalteten Zustand beträgt nur 10–100 kJ/mol; man hat den nativen Zustand deshalb auch als „unwesentlich stabil" gegenüber dem entfalteten Zustand bezeichnet [33]. Die Stabilität des nativen Proteinmoleküls ist das Ergebnis mehrerer sich widersprechender Faktoren, von denen jeder zur Stabilisierung oder Destabilisierung des nativen Zustands beiträgt. Die Gesamtsumme ihrer Freien Enthalpien ist unter physiologischen Bedingungen – mehr oder weniger zufällig – für die native Konformation ein wenig negativer als für die entfaltete. Zu diesen widersprechenden Faktoren gehören beispielsweise (1) die Konformationsentropie, die den entfalteten Zustand stark begünstigt, (2) hydrophobe Wechselwirkungen zwischen unpolaren Seitenketten, die ebenso wie die folgenden Wechselwirkungen den gefalteten nativen Zustand begünstigen, (3) Wasserstoffbindungen zwischen Wasserstoffdonoren und -akzeptoren, (4) die Bildung von Ionenpaaren, (5) Van-der-Waals-Wechselwirkungen zwischen dicht gepackten Resten in der gefalteten Struktur und (6) die Bildung von Disulfidbrücken.

Der Prozess der Faltung von einer offenen in eine geschlossene Form wird auf der Grundlage kinetischer Daten und mithilfe von molekulardynamischen Simulationen untersucht. In einfacheren Fällen greift die Theorie der Übergänge zwischen zwei Zuständen, d. h. nur der native und der vollständig entfaltete Zustand liefern signifikante Beiträge zur Thermodynamik der Faltung; Zwischenzustände bilden sich zu keinem Zeitpunkt während der Faltung in nennenswertem Umfang. Wenn in der kinetischen Analyse das Auftreten von partiell gefalteten Zuständen registriert wird, muss jeder dieser Zustände charakterisiert werden. In der Frühphase der kinetischen Untersuchungen der Proteinfaltung und -entfaltung wurde intensiv nach wohldefinierten Zwischenzuständen gesucht. Inzwischen ist jedoch das Konzept der *Energielandschaft* populärer, durch die vielerlei Wege zur Faltung führen. Jede Polypeptidkette kann demnach ihren eigenen Weg zur Faltung in den nativen Zustand finden, sodass keine wohldefinierten Zwischenzustände auftreten [34]. Ob Experimente zur mechanischen Entfaltung zur Theorie der Faltung beitragen können, ist derzeit eine heiß diskutierte Frage.

8.8 Mechanische Steuerung der Proteinaktivität

Wie bereits kurz in Kapitel 1 erwähnt, ist eine interessante Frage, ob wir die enzymatische Aktivität eines Proteinmoleküls durch mechanische Deformation seines aktiven Zentrums kontrollieren können, z. B. indem wir mit einem AFM daran ziehen oder drücken. Solange die Deformation reversibel wäre, könnten wir auch die Aktivität reversibel und schnell durch die Anwendung einer Zug- oder Druckkraft für die benötigte Zeit kontrollieren. Normalerweise wird die Enzymaktivität durch Zugabe eines spezifischen Inhibitors oder eines allosteren Effektors zur Enzymlösung kontrolliert; die Reaktivierung erfordert dann die Abtrennung dieser Reagenzien, z. B. durch eine zeitraubende Dialyse.

Kodama et al. versuchten, die Intensität der Fluoreszenzemission des grün fluoreszierenden Proteins (GFP) zu kontrollieren, indem sie zwischen einem Substrat und einer AFM-Sonde mit einer anhängenden Glasperle eingeschlossene GFP-Moleküle zyklisch streckten und stauchten [35]. Sie konnten die genaue Zahl von GFP-Molekülen unter der Glasperle nicht angeben, aber sie beobachteten eine periodische Änderung der Fluoreszenzintensität in Phase mit der Bewegung der AFM-Sonde (siehe Abbildung 8.9). Für dieses Experiment entwickelten sie ein kombiniertes System aus einem AFM und einem konfokalen Fluoreszenzmikroskop [36].

8.9 Computersimulation der Deformation von Proteinen

Nanomechanische Experimente befassen sich normalerweise mit Atomen und Molekülen, die während der experimentellen Manipulation unsichtbar sind, außer wenn der gesamte Prozess mithilfe eines Elektronenmikroskops verfolgt wird [37].

In Experimenten zur Proteinstreckung würden wir beispielsweise gerne sehen, wie genau die Proteine gestreckt werden und wie die verschiedenen Bindungen unter der Zugbelastung sukzessive brechen, und wir hätten gerne eine Korrelation zwischen der Kraftkurve und den molekularen Ereignissen, die ihr zugrunde liegen. Bei Kompressionsexperimenten wüssten wir gerne sicher, dass das Protein mittig unter der Sonde liegt und komprimiert wird, ohne der Sonde auszuweichen. Da es nicht möglich ist, die molekularen Er-

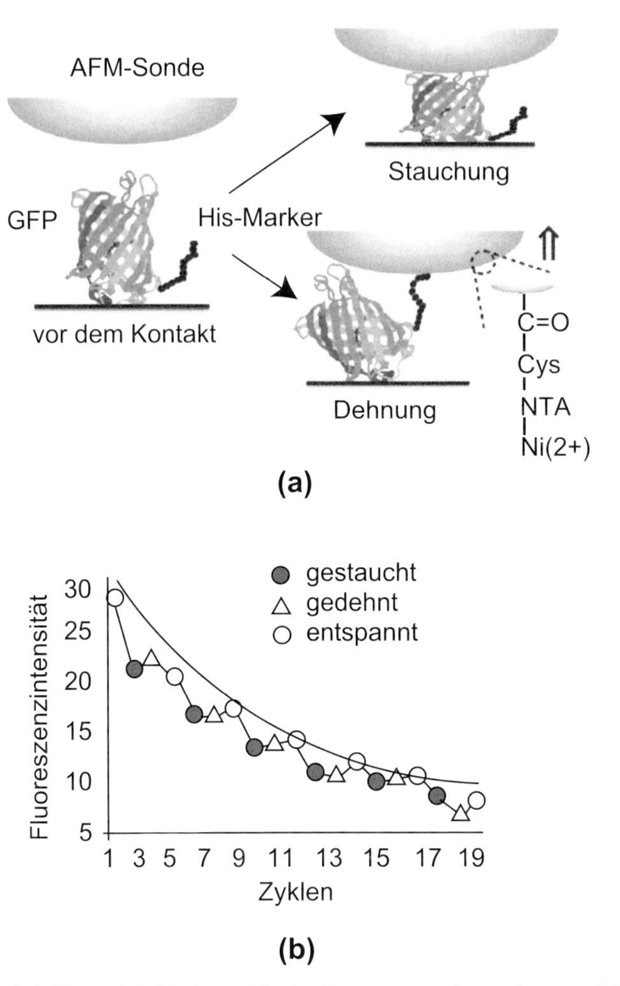

Abbildung 8.9 Die Intensität der Fluoreszenz nimmt ab, wenn GFP mechanisch gestaucht oder gestreckt wird. Wiedergabe mit freundlicher Genehmigung aus Kodama et al. [36].

eignisse wirklich sichtbar zu machen, sind Computersimulationen zu einem unverzichtbaren Werkzeug geworden, wenn es um die Interpretation von experimentellen Ergebnissen geht, bei denen einzelne Moleküle unter verschiedenen Arten von Sonden manipuliert wurden. Sie erlauben es uns, atomare und molekulare Ereignisse wenigstens virtuell zu beobachten. Bei der Untersuchung von adsorbierten Atomen und Molekülen auf festen Oberflächen, vor allem Siliciumoberflächen, wurden Computersimulationen intensiv genutzt. Auch bei der Anwendung der Nanotechnologie auf die Biologie sind Computersimulationen unentbehrlich, um die durch AFM erhaltenen Bilder und Kraftkurven interpretieren zu können.

Ein früher Versuch, diese Ziele zu erreichen, stammt von Schulten et al., die die erzwungene Trennung eines Biotin–Avidin-Paars mit der so genannten Methode der *gesteuerten Molekulardynamik* (SMD) untersuchten [38, 39].

In der Literatur sind weitere Beispiele für SMD-Simulationen der erzwungenen Trennung von Liganden–Rezeptor-Paaren oder der Entfaltung von Proteinen zu finden [40, 41]. Ohta et al. simulierten die mechanische Entfaltung der Carboanhydrase II und stellten dabei fest, dass dieser Prozess durch das Erscheinen einiger großer Kraftspitzen gekennzeichnet sein sollte, und dass das Molekül erst dann vollständig entfaltet ist, wenn auch die letzte, größte Kraftspitze überwunden ist [5]. Die letzte Kraftspitze entsprach dem Zusammenbrechen der Kernstruktur des Proteins, die aus drei antiparallelen Strängen in β-Faltblatt-Konfiguration aufgebaut ist, aus denen drei Histidinreste an das Zinkion des aktiven Zentrums koordiniert sind. Die Streckung, bei der die letzte und größte Kraftspitze in der Simulation erschien, entsprach fast genau dem experimentell beobachteten Zusammenbrechen der dreidimensionalen Struktur des Proteins.

8.10 Fallstudie: Carboanhydrase II

Rehana Afrin

In diesem Abschnitt geben wir einen Überblick über nanomechanische Untersuchungen an Rinder-Carboanhydrase II (BCA II). Das globuläre Protein BCA II war Gegenstand sehr detaillierter nanomechanischer Studien im *Laboratory of Biodynamics* am *Tokyo Institute of Technology*, Japan.

8.10.1 Molekülstruktur

BCA II enthält 259 Aminosäurereste und besitzt die in Abbildung 8.10 gezeigte gefaltete Konformation [42]. Sie enthält hauptsächlich β-Faltblatteinheiten mit einem kleineren Anteil an α-Helices. Speziell das aktive Zentrum liegt auf der zentralen β-Faltblattstruktur im Zentrum des Moleküls. Drei Histidinreste koordinieren ein Zinkion (Zn^{2+}) im aktiven Zentrum. Das Kettenende des Proteins scheint zu einem Pseudoknoten wie in Abbildung 8.10 gefaltet zu sein. Diese Eigenschaft des Proteins ist eine interessante Herausforderung, um zu testen, wie AFM-basierte nanomechanische Methoden auf das Vorhandensein einer solchen Struktur in einem Proteinmolekül reagieren. Aus der Zahl der Aminosäurereste und mit der Annahme einer effektiven Länge von 0.35–0.37 nm für jeden Aminosäurerest wurde die Gesamtkonturlänge des Moleküls auf ungefähr 95–100 nm geschätzt, je nachdem bei welcher Kraft der verwendete Vernetzer versagt.

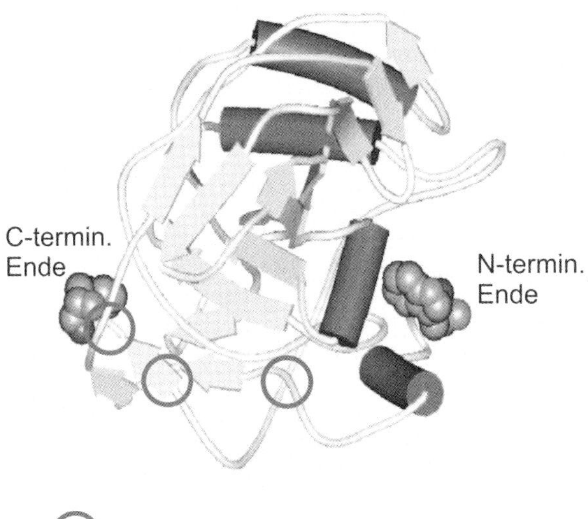

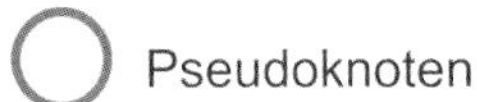

Abbildung 8.10 Kristallstruktur der Rinder-Carboanhydrase II (PDB Code: 1v9e) nach Saito et al. [42]. Für eine farbige Version der Abbildung siehe Anhang E.

8.10.2
Biologische Funktion

Die biologische Funktion von BCA II besteht in der Katalyse der Wasseranlagerung an CO_2 bzw. des Wasserentzugs aus H_2CO_3. Auf diese Weise unterstützt BCA II den Gasaustausch in der Lunge, im Blut und innerhalb der Zelle. Es existieren mehr als zehn Homologe von BCA II in Tieren, Pflanzen und Bakterien.

8.10.3
Untersuchungen zur Entfaltung

Bei Denaturierung durch Zugabe von Reagenzien wie Guanidiniumchlorid gilt BCA II als typisches Beispiel für mehrstufige Entfaltungsprozesse [43,44].

8.10.4
Mechanische Streckung von den Kettenenden aus

Um das Protein von seinen beiden Enden aus zu strecken, wurden an den Kettenenden des Moleküls durch rekombinante Synthese zwei Cysteinreste eingefügt. Die Oberflächen von kristallinem Silicium sowie von Siliciumnitrid-Sonden für das AFM wurden mit dem Silanisierungsreagenz APTES chemisch funktionalisiert. Die funktionalisierten Oberflächen wurden mit dem kovalenten Vernetzer SPDP modifiziert, der eine Succinimidyl-Gruppe enthält, die mit den Aminogruppen von APTES auf dem Substrat reagieren kann, sowie eine Pyridyldithio-Gruppe, die eine kovalente Bindung mit den Cysteinresten auf BCA II eingehen kann. Wenn ein Tropfen Proteinlösung auf ein modifiziertes Substrat gegeben und dort ungefähr 30 min belassen wird, bilden sich kovalente Bindungen zwischen einem der beiden Enden des Proteins und dem Substrat. Es wird nicht gesteuert, welches der beiden Kettenenden mit dem Substrat reagiert, aber da die beiden Enden auf entgegengesetzten Seiten des BCA II-Moleküls liegen, sind die Moleküle schließlich entweder mit dem N-terminalen oder dem C-terminalen Ende nach oben zeigend immobilisiert. Die sich von oben nähernde AFM-Sonde sollte folglich mit dem Cysteinrest auf der Oberseite des auf dem Substrat immobilisierten Moleküls reagieren. Auf diese Weise wurde die Sonde durch kovalente Bindungen zwischen Sonde und BCA II bzw. zwischen BCA II und Substratoberfläche mit dem Substrat verbunden.

Durch eine über den AFM-Ausleger einwirkende Zugbelastung ließ sich das Molekül zunächst bis zu einer Dehnung von etwa 20–30 nm mit einer kleinen Kraft von weniger als 100 pN strecken. Dann stieg die Kraft plötzlich an, ohne dass sich das Molekül merklich streckte [4,25], wie Abbildung 8.11 zeigt; man interpretierte dies als Zuziehen der Knoten in der Struktur. Die Kraft

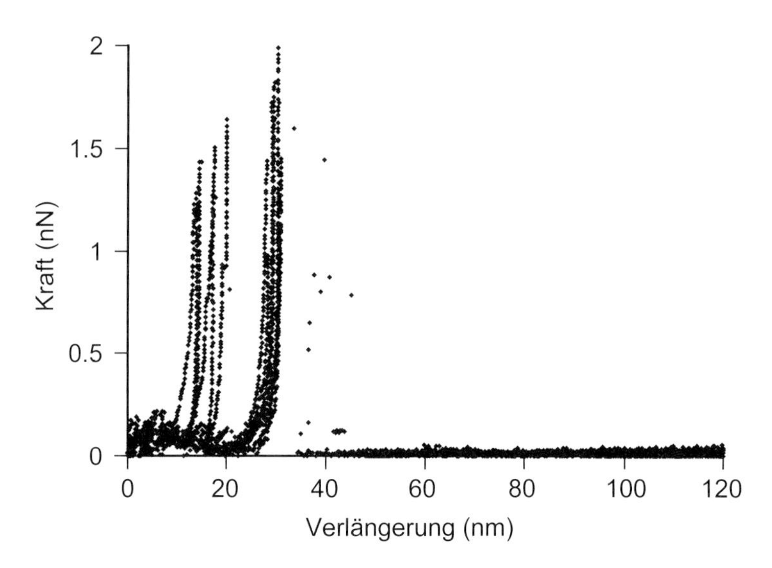

Abbildung 8.11 Streckung von nativem BCA II mit intakter Knotenstruktur. Bis zu einer Dehnung von etwa 20–30 nm lässt sich das Protein mit einer kleinen Kraft strecken, aber dann nimmt die Kraft schnell auf mehr als 1.5 nN zu, woraufhin das kovalente System zusammenbrach. Wiedergabe mit freundlicher Genehmigung aus Afrin et al. [25].

stieg bis ungefähr 2 nN und ging dann schlagartig auf null zurück, was auf einen Bindungsbruch im kovalenten System hindeutete. Dieses Ergebnis legt nahe, dass der Knoten zugezogen wurde, sodass der noch gefaltete Hauptteil des Proteins nicht mehr gestreckt werden konnte. Nur sehr selten beobachtete man eine kontinuierliche Streckung des Moleküls nach dem Bruch des Knotens.

8.10.5
Knotenfreie Streckung: Typ-I und Typ-II-Konformere

Alam et al. erzeugten ein mutiertes Protein mit einem Glutaminrest an Position 253 anstelle des Cysteinrests am C-terminalen Ende [3]. Ein weiterer Cysteinrest wurde an das N-terminale Ende angefügt. Da die Position 253 vor dem Knoten am C-terminalen Ende liegt, sollte eine Streckung des Moleküls von diesem Punkt (und dem N-terminalen Ende) aus eine glatte Streckung ohne Knoten ermöglichen.

Tatsächlich erfolgte die Streckung des BCA II-Moleküls in diesem Fall viel leichter als für die native Form; die Dehnung erreichte Werte um 70–100 nm. Durch Zugabe eines bekannten Inhibitors für das Enzym konnten Alam et al. außerdem zeigen, dass das mutierte Protein zwei Konformationsisomere besitzt; das als Typ I bezeichnete mit vollständiger enzymatischer Aktivität und nahezu derselben dreidimensionalen Konformation wie das native Protein (PDB 1v9i) [42] und ein als Typ II bezeichnetes Konformer, das enzymatisch inaktiv und nicht kristallisierbar war. Soweit sich das aus optischen Eigenschaften wie CD- oder Fluoreszenzspektren entnehmen lässt, besitzt Typ I eine hochgradig gefaltete Konformation, was ein Hinweis darauf ist, dass seine Faltung in die Sekundärstruktur fast abgeschlossen ist und nur eine spezielle Packung der Sekundärstruktur in die native dreidimensionale Struktur fehlt.

Ein teilweiser Abbau des C-terminalen Endes durch Carboxypeptidase gefolgt von einer MALDI-TOF-Analyse der Molmasse des Proteins zeigte, dass das C-terminale Ende des Typs II nicht so dicht gefaltet war wie im nativen Protein. Es wurde vermutet, dass sich im Typ II die Knotenstruktur nicht bildet, sodass der letzte Schritt der Verdichtung bei der Faltung unvollständig blieb.

Abbildung 8.12(a) zeigt die Kraftkurven von Typ I (obere Kurve) und II (untere Kurve). Die beiden Konformere besitzen eine recht unterschiedliche Steifheit, wie die Steigungen der Kurven zeigen. Die Kurven für Typ I entsprechen einer knotenfreien Streckung, obwohl Typ I eine vollständig gefaltete Konformation mit Knoten einnimmt, wie durch die röntgenkristallografische Untersuchungen gezeigt werden konnte. Typ I zeigte bei der Entfaltung eine höhere Steifheit als Typ II.

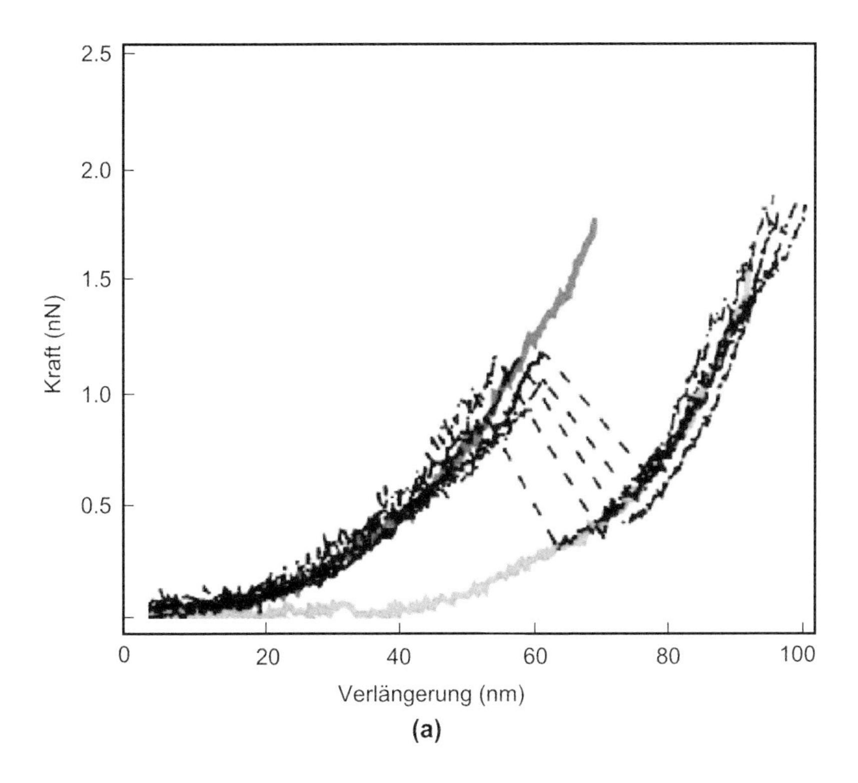

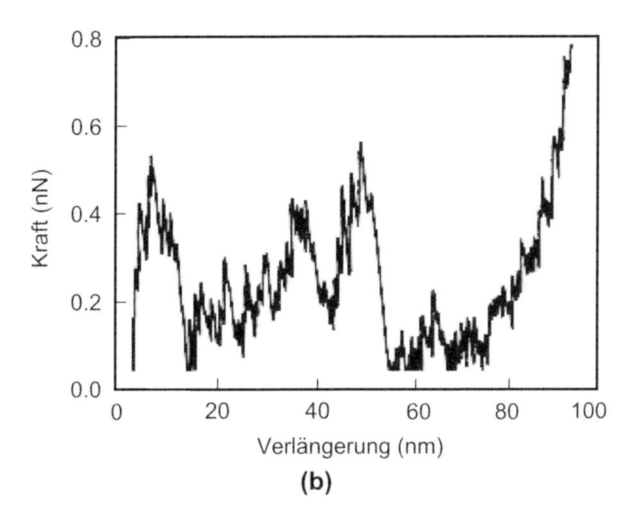

Abbildung 8.12 Knotenfreie Streckung von mutiertem BCA II (Gln253Cys). (a) Experimentelle Kurven für die Streckung von Typ I (oben) und Typ II (unten). Gelegentlich wurde ein Übergang von Typ I zu Typ II beobachtet. (b) SMD Simulation der Streckung von Typ I. Wiedergabe mit freundlicher Genehmigung aus [3, 5]. Für eine farbige Version der Abbildung siehe Anhang E.

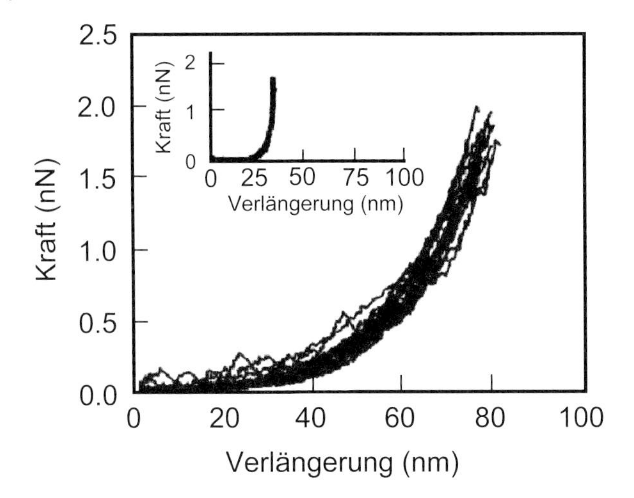

Abbildung 8.13 Streckung von Typ I vor (große Grafik) und nach (Einschub) der Reaktion mit einem Inhibitor. Wiedergabe mit freundlicher Genehmigung aus Alam et al. [3].

8.10.6 Die Bindung von Inhibitoren

Die Bindung eines Inhibitors sowohl an die native Form als auch an das Typ-I-Konformer machte die Moleküle während der ersten 30–40 nm der Streckung weicher, aber dann erreichte die Kraft einen Wert, der zum Bruch der kovalenten Bindung führte. Am deutlichsten zeigte sich dieses Verhalten für Typ I [3], wie Abbildung 8.13 illustriert. Dieses Ergebnis stimmte mit einer zuvor beobachteten Änderung des thermischen Faktors in Röntgenbeugungsuntersuchungen vor und nach der Bindung des Inhibitors überein. Nach der Bindung nahm der thermische Faktor im Randgebiet des Moleküls zu und in der Mitte ab.

8.10.7 Streckung partiell denaturierter Proteine

Afrin et al. untersuchten die Streckung von partiell denaturierten Formen von BCA II [25]. Abbildung 8.14 zeigt das Ergebnis der Streckung von partiell denaturierten Proteinmolekülen in Gegenwart von 2 M GdmCl. Das Protein war in den meisten Fällen auf seine volle Länge ausziehbar, was beweist, dass die Knotenstruktur zerstört worden war.

In den genannten Beispielen der Streckung von Proteinen konnte die Existenz lokal starrer Strukturen gesichert worden. Die Interpretation der Resul-

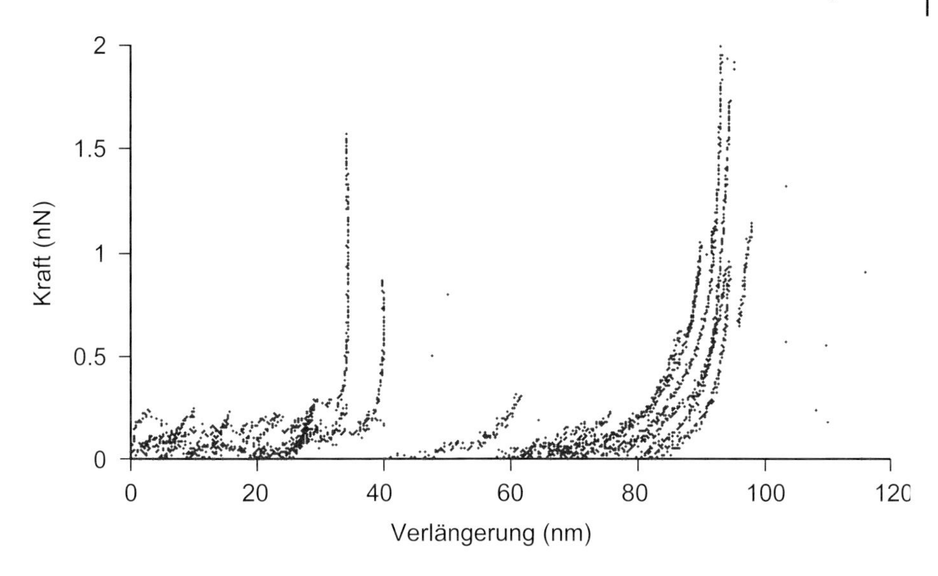

Abbildung 8.14 Streckung partiell denaturierter Formen von BCA II. Wiedergabe mit freundlicher Genehmigung aus Afrin et al. [25].

tate für die Streckung der Ketten hinsichtlich ihrer mechanischen Steifheit mithilfe eines numerischen Ausdrucks für den Elastizitätsmodul ist jedoch schwierig und im besten Fall stark modellabhängig [45], wenn auch nicht unmöglich. Eine bessere Methode zur numerischen Charakterisierung der Steifheit eines Proteinmoleküls ist, es zu komprimieren und die dabei gemessene Kraftkurve mithilfe der etablierten Verfahren der makroskopischen Mechanik zu analysieren.

8.10.8 Bestimmung des Elastizitätsmoduls aus Kompressionsexperimenten

Das Protein wurde mithilfe einer AFM-Sonde auf einer Siliciumoberfläche komprimiert. Die native Form des Proteins mit Cysteinresten an den N- und C-terminalen Enden wurde auf der APTES- und SPDP-funktionalisierten Siliciumoberfläche immobilisiert und mit einer entsprechend behandelten Siliciumnitrid-AFM-Sonde komprimiert [25]. Die Kompressionskurve ist in Abbildung 8.15 als Funktion der hertzschen Annäherungsentfernung gezeigt, die gleich der halben scheinbaren Eindrücktiefe ist.

Die Kompressionskurve wurde wie beschrieben im Rahmen des Hertz- und des Tataramodells analysiert. Es zeigte sich, dass eine Anpassung nach dem Tataramodell mit einem konstanten Elastizitätsmodul von 75 MPa bis zu 50 % der Deformation beschreiben kann. Die Elastizitätsmoduln des partiell und vollständig denaturierten Proteins wurden ebenfalls gemessen.

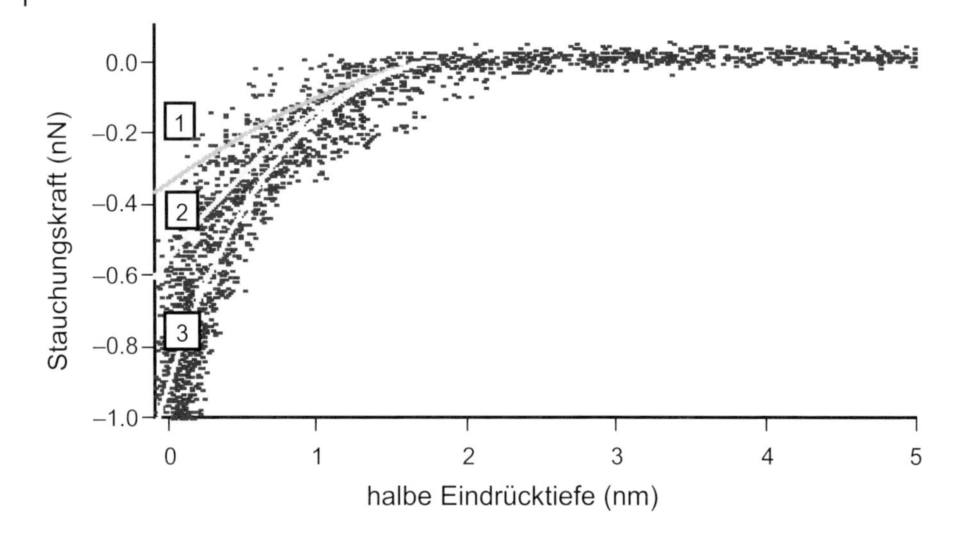

Abbildung 8.15 Messwerte (Punkte) und Anpassungskurven bei der Kompression von BCA II. Kurve 1: Anpassung des Hertzmodells; Kurve 2: Anpassung des Tataramodells; Kurve 3: Exponentielle Anpassung an die experimentellen Werte. Wiedergabe mit freundlicher Genehmigung aus Afrin et al. [25]. Für eine farbige Version der Abbildung siehe Anhang E.

Abbildung 8.16 zeigt das Ergebnis einer Computersimulation der Kompression von BCA II bei 300 K [46]. Die Simulation erfolgte in Abwesenheit von Wasser. Die Kompressionskurve zeigt detaillierte Kraftprofile, die noch analysiert und experimentell verifiziert werden müssen.

Ein Kompressionsexperiment in 2 M GdmHCl zeigt, dass das Protein mit einer Höhe von 3.5–5 nm nicht so stark gestreckt war wie die vollständig denaturierte Form, die eine Höhe von etwa 9 nm hatte.

Literaturverzeichnis

1 Mitsui, K., Hara, M., Ikai, A. (1996) Mechanical unfolding of alpha2-macroglobulin molecules with atomic force microscope, *FEBS Letters*, **385**, 29–33.

2 Ikai, A., Mitsui, K., Furutani, Y., Hara, M., McMurty, J., Wong, K. P. (1997) Protein stretching III: results for carbonic anhydrase, *Japanese Journal of Applied Physics*, **36**, 3887–3893.

3 Alam, M. T., Yamada, T., Carlsson, U., Ikai, A. (2002) The importance of being knotted: effects of the C-terminal knot structure on enzymatic and mechanical properties of bovine carbonic anhydrase II, *FEBS Letters*, **519**, 35–40.

4 Wang, T., Arakawa, H., Ikai, A. (2001) Force measurement and inhibitor binding assay of monomer and engineered dimer of bovine carbonic anhydrase B, *Biochemical and Biophysical Research Communications*, **285**, 9–14.

5 Ohta, S., Alam, M. T., Arakawa, H., Ikai, A. (2004) Origin of mechanical strength of bovine carbonic anhydrase studied by molecular dynamics simulation, *Biophysical Journal*, **87**, 4007–4020.

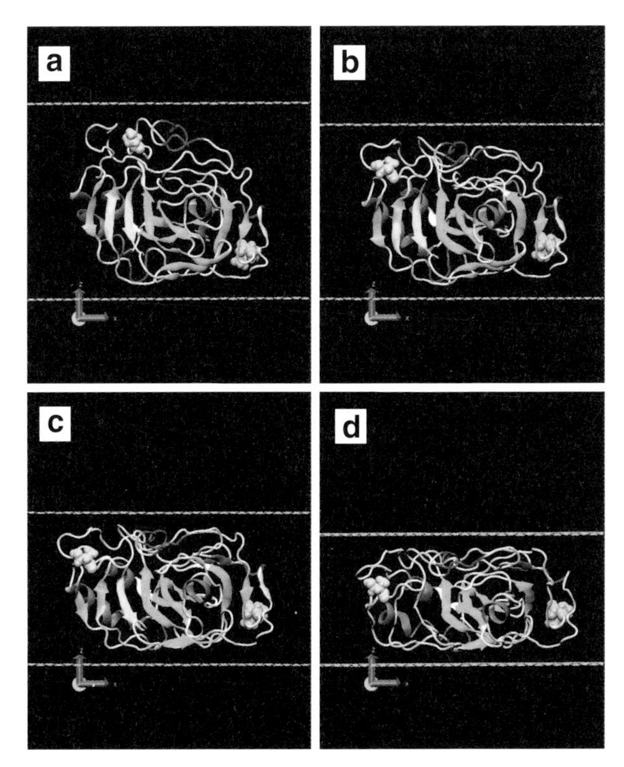

Abbildung 8.16 Ergebnis einer Computersimulation der Kompression von BCA II im Vakuum bei 300 K. (a) bis (d) zeigen vier Momentaufnahmen des Kompressionsprozesses.Wiedergabe mit freundlicher Genehmigung aus Tagami et al. [46]. Für eine farbige Version der Abbildung siehe Anhang E.

6 Janovjak, H., Muller, D. J., Humphris, A. D. (2005) Molecular force modulation spectroscopy revealing the dynamic response of single bacteriorhodopsins, *Biophysical Journal*, **88**, 1423–1431.

7 Hertadi, R., Gruswitz, F., Silver, L., Koide, A., Koide, S., Arakawa, H. et al. (2003), Unfolding mechanics of multiple OspA substructures investigated with single molecule force spectroscopy, *Journal of Molecular Biology*, **333**, 993–1002.

8 Hertadi, R., Ikai, A. (2002) Unfolding mechanics of holo- and apocalmodulin studied by the atomic force microscope, *Protein Science*, **11**, 1532–1538.

9 Afrin, R., Takahashi, I., Ohta, S., Ikai, A. (2003) Mechanical unfolding of alanine based helical polypeptide: experiment versus simulation, 47th Annual Meeting of the American Biophysical Society, San Antonio, Texas, USA, 1–5. März 2003.

10 Idiris, A., Alam, M. T., Ikai, A. (2000) Spring mechanics of alpha-helical polypeptide, *Protein Engineering*, **13**, 763–770.

11 Rief, M., Gautel, M., Oesterhelt, F., Fernandez, J. M., Gaub, H. E. (1997) Reversible unfolding of individual titin immunoglobulin domains by AFM, *Science*, **276**, 1109–1112.

12 Carrion-Vazquez, M., Oberhauser, A. F., Fisher, T. E., Marszalek, P. E., Li, H., Fernandez, J. M. (2000) Mechanical design of proteins studied by single-molecule force spectroscopy and protein engineering, *Progress in Biophysics and Molecular Biology*, **74**, 63–91.

13 Müller, D. J., Heymann, J. B., Oesterhelt, F., Móller, C., Gaub, H., Buldt, G. et al.

(2000), Atomic force microscopy of native purple membrane, *Biochimica et Biophysica Acta*, **1460**, 27–38.

14 Brockwell, D. J., Paci, E., Zinober, R. C., Beddard, G. S., Olmsted, P. D., Smith, D. A. et al. (2003), Pulling geometry defines the mechanical resistance of a beta-sheet protein, *Nature Structural and Molecular Biology*, **10**, 731–737.

15 Mitsui, K., Nakajima, K., Arakawa, H., Hara, M., Ikai, A. (2000) Dynamic measurement of single protein's mechanical properties, *Biochemical and Biophysical Research Communications*, **272**, 55–63.

16 Okajima, T., Arakawa, H., Alam, M. T., Sekiguchi, H., Ikai, A. (2004) Dynamics of a partially stretched protein molecule studied using an atomic force microscope, *Biophysical Chemistry*, **107**, 51–61.

17 Kawakami, M., Byrne, K., Brockwell, D. J., Radford, S. E., Smith, D. A. (2006) Viscoelastic study of the mechanical unfolding of a protein by AFM, *Biophysical Journal*, **91**, L16–L18.

18 Khatri, B. S., Kawakami, M., Byrne, K., Smith, D. A., McLeish, T. C. (2007) Entropy and barrier-controlled fluctuations determine conformational viscoelasticity of single biomolecules, *Biophysical Journal*, **92**, 1825–1835.

19 Thomas, W., Forero, M., Yakovenko, O., Nilsson, L., Vicini, P., Sokurenko, E. et al. (2006), Catch-bond model derived from allostery explains force-activated bacterial adhesion, *Biophysical Journal*, **90**, 753–764.

20 Thomas, W. (2006) For catch bonds, it all hinges on the interdomain region, *Journal of Cell Biology*, **174**, 911–913.

21 Johnson, K. L. (1985) Kapitel 4 in *Contact Mechanics*, Cambridge University Press, Cambridge.

22 Hertz, H. (1882), Über die Berührung fester elastischer Körper, *Journal für die Reine und Angewandte Mathematik*, **92**, 156–171.

23 Landau, L. D. und Lifschitz, E. M. (1989) *Elastizitätstheorie* (6. Auflage), Akademie-Verlag, Berlin.

24 Radmacher, M., Fritz, M., Clevel, J. P., Walters, D. A., Hansma, P. K. (1994) Imaging adhesion forces and elasticity of lysozyme adsorbed on mica with the atomic force microscope, *Langmuir*, **10**, 3809–3814.

25 Afrin, R., Alam, M. T., Ikai, A. (2005) Pretransition and progressive softening of bovine carbonic anhydrase II as probed by single molecule atomic force microscopy, *Protein Science*, **14**, 1447–1457.

26 Tatara, Y. (1989) Extensive theory of force-approach relations of elastic spheres in compression and impact, *Journal of Engineering Materials and Technology*, **111**, 163–168.

27 Tatara, Y. (1991), On compression of rubber elastic sphere over a large range of displacements – Part 1: theoretical study, *Journal of Engineering Materials and Technology*, **113**, 285–291.

28 Tatara, Y., Shima, S., Lucero, J. C. (1991) On compression of rubber elastic sphere over a large range of displacements – Part 2: comparison of theory and experiment, *Journal of Engineering Materials and Technology*, **113**, 292–295.

29 Kojima, H., Ishijima, A., Yanagida, T. (1994) Direct measurement of stiffness of single actin filaments with and without tropomyosin by in vitro nanomanipulation, *Proceedings of the National Academy of Sciences of the USA*, **91**, 12962–12966.

30 Tachibana, M., Koizumi, H., Kojima, K. (2004) Temperature dependence of microhardness of tetragonal hen-egg-white lysozyme single crystals, *Physical Reviews E*, **69**, 051921–051924.

31 Suda, H., Sugimoto, M., Chiba, M., Uemura, C. (1995) Direct measurement for elasticity of myosin head, *Biochemical and Biophysical Research Communications*, **211**, 219–225.

32 Morozov, V. N., Morozova, T. Ya. (1981), Viscoelastic properties of protein crystals: triclinic crystals of hen egg white lysozyme in different conditions, *Biopolymers*, **20**, 451–467.

33 Tanford, C. (1968) Protein denaturation, (1968), *Advances in Protein Chemistry*, **23**, 121–282; *ibid.*(1970), 24, 1–95.

34 Baldwin, R. L., Rose, G. D. (1999) Folding intermediates and transition states, *Trends in Biochemical Science*, **24**, 26–33, 77–83.

35 Kodama, T., Ohtani, H., Arakawa, H., Ikai, A. (2005) Mechanical perturbation-induced fluorescence change of green fluorescent protein, *Applied Physics Letters*, **86**, 043901-1–043901-3.

36 Kodama, T., Ohtani, H., Arakawa, H., Ikai, A. (2004) Development of confocal laser scanning microscope/atomic force microscope sytem for force curve measurement, *Japanese Journal of Applied Physics*, **43**, 4580–4583.

37 Kondo, Y., Takayanagi, K. (2000) Synthesis and characterization of helical multi-shell gold nanowires, *Science*, **289**, 606–608.

38 Izrailev, S., Stepaniants, S., Balsera, M., Oono, Y., Schulten, K. (1997) Molecular dynamics study of unbinding of the avidin-biotin complex, *Biophysical Journal*, **72**, 1568–1581.

39 Isralewitz, B., Izrailev, S., Schulten, K. (1997) Binding pathway of retinal to bacterio-opsin: a prediction by molecular dynamics simulations, *Biophysical Journal*, **73**, 2972–2979.

40 Gao, M., Craig, D., Vogel, V., Schulten, K. (2002) Identifying unfolding intermediates of FN-III(10) by steered molecular dynamics, *Journal of Molecular Biology*, **323**, 939–950.

41 Gao, M., Lu, H., Schulten, K. (2001) Simulated refolding of stretched titin immunoglobulin domains, *Biophysical Journal*, **81**, 2268–2277.

42 Saito, R., Sato, T., Ikai, A., Tanaka, N. (2004), Structure of bovine carbonic anhydrase II at 1.95 Å resolution, *Acta Crystallographica D*, **60**, 792–795.

43 Wong, K. P., Tanford, C. (1973) Denaturation of bovine carbonic anhydrase B by guanidine hydrochloride. A process involving separable sequential conformational transitions, *Journal of Biological Chemistry*, **248**, 8518–8523.

44 Lindgren, M., Svensson, M., Freskgard, P. O., Carlsson, U., Jonasson, P., Martensson, L. G. et al. (1995), Characterization of a folding intermediate of human carbonic anhydrase II: probing local mobility by electron paramagnetic resonance, *Biophysical Journal*, **69**, 202–213.

45 Ikai, A. (2005) Local rigidity of a protein molecule, *Biophysical Chemistry*, **116**, 187–191.

46 Tagami, K., Tsukada, M., Afrin, R., Sekiguchi, H., Ikai, A. (2006) Discontinuous force compression curve of single bovine carbonic anhydrase molecule originated from atomistic slip, *e-Journal of Surface Science and Nanotechnology*, **4**, 552–558.

9
Bewegung in der Nanobiologie

9.1
Zellbewegung und Strukturproteine

Dank der dreidimensionalen Netzstruktur des Zytoskeletts können eukaryotische Zellen ihre Form ändern und sich fortbewegen. Das Zytoskelett besteht aus drei Schichten von Proteinfilamenten: Aktinfilamenten (Mikrofilamenten), Mikrotubuli und Intermediärfilamenten (IF). Ihre Eigenschaften sind in Tabelle 9.1 zusammengefasst.

Die Steifheit dieser Filamentstrukturen besitzt grundlegende Bedeutung für die Fähigkeit der Zelle, ihre Form und ihre Bewegung zu kontrollieren. Es gibt mehrere Größen zur Beschreibung der Steifheit von Filamentstrukturen, die alle vom Elastizitätsmodul Y abhängen:

Die longitudinale Steifheit *k* ist die Kraft, die nötig ist, eine Verlängerung der Probe in longitudinaler Richtung zu erzeugen. Für einen Träger mit dem Querschnitt A und der Länge L ist $k = YA/L$. Der Kehrwert der Steifigkeit ist die Flexibilität. Wenn wir A und L kennen, können wir Y berechnen.

Die Biegesteifheit ist das Moment (Kräftepaar), das erforderlich ist, um einen starren Träger zu einer Krümmung κ zu biegen. Die Krümmung κ ist der Kehrwert $1/R$ des Krümmungsradius R. Nach der grundlegenden Gleichung der Balkenmechanik ist

$$\kappa = \frac{1}{R} = \frac{M}{YI} . \tag{9.1}$$

Tabelle 9.1 Eigenschaften von Proteinen und Filamenten des Zytoskeletts [1].

Protein	Masse der Untereinheiten	Zahl der Protofilamente	Durchmesser (nm)	Querschnitt (nm^2)
Aktin (Mikrofilamente)	45 000	2	5	19
Tubulin (Mikrotubuli)	50 000	1–3	25	200
Intermediärfilamente	40 000–180 000	8	10	60
Coiled coil	–	2	2	1.9

Einführung in die Nanobiomechanik. Atsushi Ikai.

ISBN: 978-3-527-40954-9

Das für eine Krümmung von 1 erforderliche Moment M ist gleich YI; es wird „Biegesteifheit" genannt. Die Biegesteifheit ist ein Maß für den Widerstand eines Balkens gegen Verbiegung; je größer die Biegesteifheit ist, desto kleiner ist die Krümmung $\kappa = 1/R$ für ein gegebenes Moment. Durch Division der Biegesteifheit durch I erhält man den Elastizitätsmodul Y.

Die Torsionssteifheit ist der Widerstand eines Balkens oder Trägers gegenüber einer Verdrillung (Torsion). Der Verdrillungswinkel ϕ eines linear elastischen Trägers der Länge L hängt mit dem ausgeübten Drehmoment T zusammen; er ist umgekehrt proportional zur „Torsionssteifheit" $\tau = GI_\mathrm{P}$ des Trägers, wobei G und I_P der Schubmodul und das polare Querschnitts-Trägheitsmoment [definiert als $\int r^2(2\pi r\,\mathrm{d}r$, wenn r die radiale Entfernung vom Zentrum der Querschnittsfläche ist] des Trägers sind:

$$\phi = \frac{TL}{\tau} = \frac{TL}{GI_\mathrm{P}} \qquad \text{mit} \qquad I_\mathrm{P} = \int A\,\mathrm{d}A = \int r^2(2\pi r\,\mathrm{d}r)\,. \tag{9.2}$$

Für rotationssymmetrische Querschnitte ist I_P gleich $2I$. Für einen zylindrischen Stab mit dem Radius r ist beispielsweise $I = r^4/4$ und $I_\mathrm{P} = r^4/2$. Der Elastizitätsmodul kann aus der Torsionssteifheit abgeschätzt werden, indem man I_P für einen gegebenen Querschnitt durch die Probe bestimmt und den Schubmodul $G = Y/[2(1+\nu)]$ berechnet. Für eine makroskopische Probe sind T und ϕ direkt messbar, wohingegen man für molekulare Proben die Rotationsfluktuation $\langle\theta^2\rangle$ unter dem Fluoreszenzmikroskop misst [2]. Die Energie der Rotationsfluktuation ist durch den Gleichverteilungssatz mit der thermischen Energie verknüpft, d. h. $\tau\langle\theta^2\rangle/2l = k_\mathrm{B}T/2$, wobei τ die Torsionssteifheit pro Längeneinheit des Filaments ist und l seine Länge.

Tabelle 9.2 zeigt die aus den Messungen von drei verschiedenen mechanischen Konstanten abgeschätzten Werte von Y für aktinbasierte Filamentstrukturen.

Lebende Zellen können sich bewegen; sie ändern ihren Aufenthaltsort, indem sie entweder in einer Flüssigkeit schwimmen oder auf einer festen Oberfläche vorwärts gleiten. Die meisten Tiere besitzen Muskeln, die für die Fort-

Tabelle 9.2 Mechanische Eigenschaften (in GPa) von Aktin und Mikrofilamenten [1].

Eigenschaft	Mikrofilament	Aktin–Tropomyosin	nur Aktin
longitudinale Steifheit	2.3	2.8	2.3
Biegesteifheit	–	2.0	1.3, 2.6
Torsionssteifheit	–	–	1.5

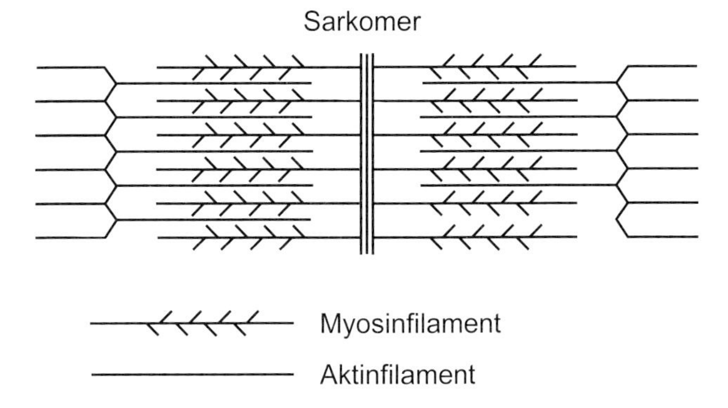

Abbildung 9.1 Schemazeichnung der Aktin- und Myosinfilamente im Muskel. Der von H. E. Huxley entdeckte Querbrückenmechanismus zwischen den beiden Arten von Filamenten liefert die Kraft für die Muskelkontraktion.

bewegung auf dem Land, im Wasser oder in der Luft entwickelt wurden; manche kriechen sogar unter der Erdoberfläche. Zellen mit Geißelsystemen wie z. B. *Escherichia coli* oder Spermien können in wässrigen Medien schwimmen bzw. nach Nahrung suchen und Gefahren ausweichen. Manche Arten von Mykoplasma gleiten recht elegant über Glasoberflächen, indem sie eine Anzahl beinähnlicher Protrusionen aus einem Teil ihres Körpers einsetzen. Um die Bewegung dieser Organismen in einem flüssigen Medium verstehen zu können, müssen wir bestimmte Aspekte der Mechanik einzelner Moleküle verstehen.

9.2 Muskel- und Motorproteine

Muskelkontraktion ist das Ergebnis einer Gleitbewegung zwischen zwei Filamentstrukturen aus Myosin bzw. Aktin/Tropomyosin. Die Längen der beiden Filamente sind genau definiert. In den Myosinfilamenten sind ungefähr 200 Myosinmoleküle zu einer Faser mit einer Molmasse von 480 000 Da kombiniert, die in Kaninchen etwa 1.6 μm lang ist [3]; die Aktinfilamente bestehen aus G-Aktin-Molekülen mit einer Molmasse von insgesamt 42 000 Da, die zu einer Doppelwendel von dimeren F-Aktinen mit einer Länge von 1.16 μm gewickelt sind (die Länge von Mikrofilamenten unterscheidet sich zwischen Rind, Kaninchen und Huhn; die gemessenen Werte sind 1.28–1.32, 1.16 und 1.05 μm [4]). Der prinzipielle Aufbau der Myosin- und Aktinfilamente ist in Abbildung 9.2 gezeigt. Die Kopfgruppen der Myosinmoleküle wurden detailliert untersucht. Sie binden immer wieder an die Aktinfaser und lösen sich wieder. Nach dem Lösen vollführen die Myosinköpfe brownsche Bewegungen über dem Aktinfilament. Da seine Neigung zu einer Vorwärtsbewegung aber größer ist, bindet der Myosinkopf schließlich an ein Aktinmolekül, das etwa 8 nm weiter vorn liegt, und sichert so einen entscheidenden Schritt der Muskelkontraktion. Für jedes ATP-Molekül, das während dieses Prozesses hydrolysiert wird, bewegt sich ein Myosinmolekül 8 nm weiter, indem es seine alte Bindung löst und eine neue bildet. Um die Bindung zwischen Aktin und Myosin mithilfe einer optischen Pinzette zu lösen, ist nur eine kleine Kraft von 2–5 pN nötig [5]. Es ist durchaus sinnvoll, dass die Kraft zur Loslösung in diesem Fall viel kleiner ist als in Antigen–Antikörper-Komplexen, weil sich hier der Prozess der Bindung und des Loslösens viele Male bei Zimmertemperatur wiederholen muss, während Letztere dafür gebaut sind, über eine ausgedehnte Zeitspanne vereinigt zu bleiben.

Die Entdeckung der *Querbrückenstrukturen* (engl. *cross-bridge structures*) zwischen den Aktin- und den Myosinfilamenten schuf die Grundlage für die Entwicklung einer mechanisch-chemischen Theorie der Muskelkontraktion. Die folgenden Resultate bzw. Hypothesen mündeten schließlich in das Modell des *Querbrückenzyklus* [1]:

– Das *Lymn–Tylor-Schema* der Bindung und Ablösung der Myosinmoleküle von den Aktinfilamenten, das durch die ATP-Hydrolyse geregelt wird.

– Die Hypothese, dass ein Myosinmolekül eine Art schwingenden Hebelarm besitzt, der eine kleine Konformationsänderung im Ångstrombereich mithilfe der Energie aus der ATP-Hydrolyse zu einer Konformationsänderung mit einer größeren Bewegung des Myosinkopfes verstärken kann.

– Das *Kraftschlagmodell* (engl. *power stroke model*), das die Existenz eines elastischen Elements in der Querbrücke postuliert, das während des zyklischen Arbeitstakts Dehnungsenergie speichern kann.

Man nimmt heute an, dass zwei andere Arten von Motorproteinen, Kinesin und Dynein, nach grundsätzlich demselben Mechanismus funktionieren. Der Querbrückenzyklus ist vereinfacht in Abbildung 9.2 dargestellt.

Bei Kinesin beobachtet man, dass es während seiner Fortbewegung an seiner „Schiene“ (d. h. den Mikrotubuli) haften bleibt, ohne die Bindung zu lösen. Ein einzelnes Kinesinmolekül (oder einige wenige Moleküle) können eine Bewegung über einige zehn Mikrometer an einem Mikrotubulus entlang führen. Im Gegensatz dazu wird die Bindung des Myosins an das Aktinfilament immer wieder getrennt und neu gebildet; daher muss eine große Zahl von Myosinmolekülen zu einem Bündel zusammengeschlossen werden, damit sie eine kontinuierliche Bewegung entlang der Aktinfilamente bewirken können. Myosin wird daher als *nichtprozessiv* bezeichnet. Ein Schlag des Myosinkop-

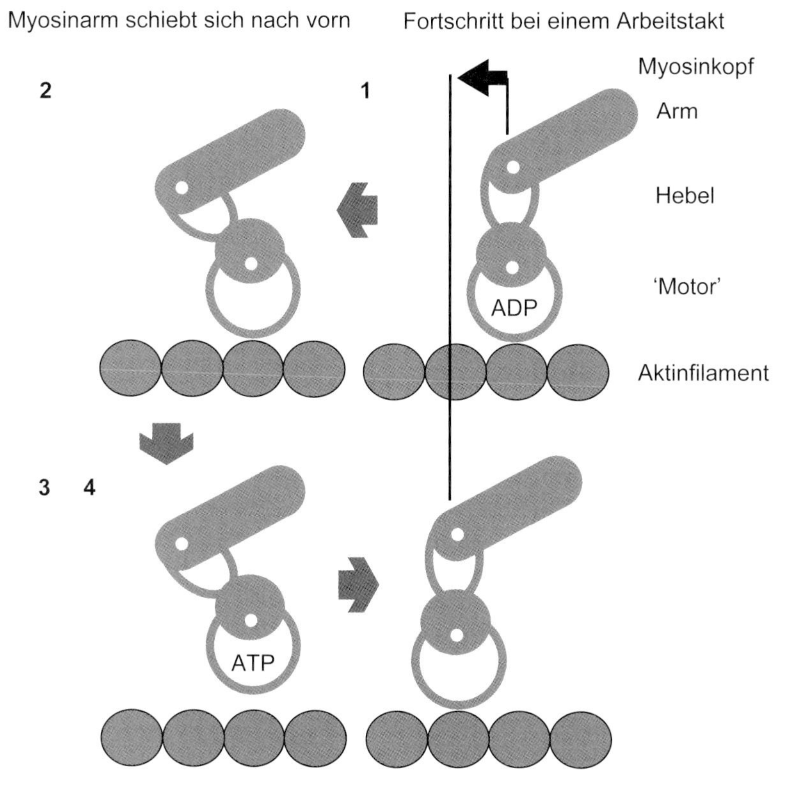

Abbildung 9.2 Schematische Darstellung des Querbrückenzyklus. Wiedergabe mit freundlicher Genehmigung aus [1].

fes erzeugt eine Kraft in der Größenordnung von 6–9 pN. Einige der großen Muskelfasern enthalten ungefähr 10^9 Myosinmoleküle; die kombinierte Kraft einer einzigen Myosinfaser kann somit den mN-Bereich erreichen.

Die Geschwindigkeit der Bewegung von Motorproteinen reicht von 100 bis nahezu 60 000 nm/s bei Systemen auf Myosinbasis und von 20 bis 2 000 nm/s für Systeme auf Kinesinbasis. Nicht in allen Systemen bewegen sich die Motorproteine in derselben Richtung entlang ihrer „Schienen".

9.3 Messungen an einzelnen Motorproteinen

Die Kraft für einen Einzelschritt der Bewegung von Motorproteinen und die mit einem solchen Einzelschritt zurückgelegte Entfernung wurde mit verschiedenen Einzelmolekültechniken gemessen.

Glasfeder: Eine Glaskapillare kann zu einem dünnen Stab mit einem Durchmesser von weniger als 1 μm und einer Länge von einigen cm ausgezogen werden. Die Federkonstante eines so langen und dünnen Glasstabs liegt im Bereich von einigen pN/nm. Ein solcher Glasstab wurde verwendet, um unter einem Mikroskop an einer einzelnen Aktinfaser zu ziehen; die Zugbelastung und die entsprechende Verlängerung der Faser wurden gemessen [6]. Bei einer Dehnung von einigen Prozent der Originallänge wurde der Elastizitätsmodul eines Aktinmoleküls zu ungefähr 2.5 GPa bestimmt.

Optische Pinzette: Howard [1] bestimmte die maximale Kraft, die Kinesin für seine Arbeit benötigt, mithilfe einer Laserpinzette. Er erhielt einen Wert von 6 pN über eine Entfernung von 8 nm, d. h. die verrichtete Arbeit kann bis zu 48 pN · nm betragen; das ist etwa die Hälfte der maximalen Arbeit von 100 pN · nm, die die Hydrolyse eines einzigen ATP-Moleküls liefert (0.1×10^{-18} J bzw. 60 kJ/mol). Die folgenden Werte wurden mithilfe von optischen Pinzetten bestimmt: Ein einzelnes Molekül ATP-Synthetase erzeugt ein Drehmoment von bis zu 20–40 pN · nm [7]; ein Molekül RNA-Polymerase erzeugt Kräfte von bis zu 25 pN [8]; eine DNA-Polymerase erzeugt eine Kraft von 34 pN [9].

9.4 Geißeln zur Fortbewegung von Bakterien

Die Biegesteifheit von Bakteriengeißeln konnte zu $(2.2–4) \times 10^{-24}$ N · m^2 bestimmt werden; unter der Annahme eines Innendurchmessers r_i von 8 pm und eines Außendurchmessers r_a von 10 nm ergibt das einen Elastizitätsmodul von 0.5–0.9 GPa, wobei I_P für eine zylindrische Röhre durch $I_\mathrm{P} = \pi\,(r_\mathrm{a}^4 - r_\mathrm{i}^4)/2$ gegeben ist [10]. Etwas größere Werte von $G = 0.5$ GPa bzw. $Y = 1.5$ GPa wurden aus Messungen mit hydrodynamischen Methoden ermittelt [11].

9.5 Die Gleitbewegung von Mykoplasmen

Mykoplasmen gehören zusammen mit Viren und Phagen zu den kleinsten Mikroorganismen. Einige von ihnen, die Spezies *Mycoplasma mobile*, können mit einer Geschwindigkeit von einigen Mikrometern pro Sekunde anmutig über eine Glasoberfläche gleiten. Ihr birnenförmiger Körper besitzt eine große Zahl beinartiger Protrusionen, die in Abbildung 9.3 zu erkennen sind. Man nimmt an, dass sie die treibende Kraft für die Gleitbewegung sind [12]. Miyata et al.

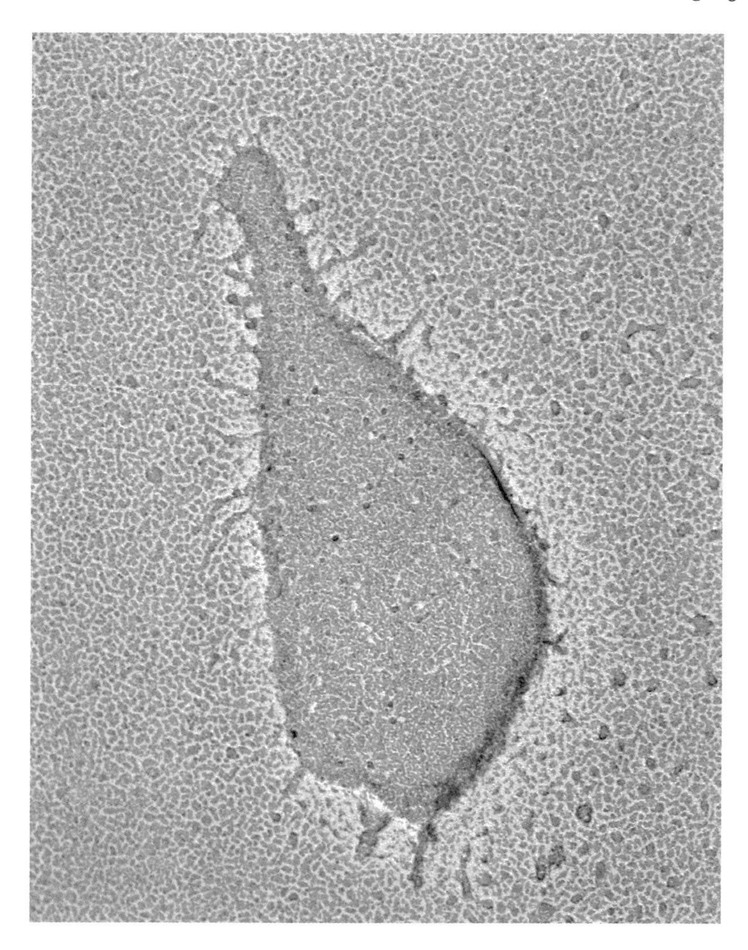

Abbildung 9.3 Eine SEM-Aufnahme von *Mycoplasma mobile*. Der birnenförmige Körper ist von Spitzen umgeben, die man für die „Beine" hält, mit deren Hilfe sie über Oberflächen gleiten können. Wiedergabe mit freundlicher Genehmigung aus Miyata und Petersen [13].

bestimmten die Kraft, die nötig war, um den Organismus am Entkommen aus dem Brennpunkt einer Laserfalle zu hindern. Dazu immobilisierten sie eine Latexperle auf der Rückseite eines Mykoplasmas und hielten es im Zentrum der Laserfalle. Als das Mykoplasma zu entkommen versuchte, maßen sie eine maximale Kraft von 26–28 pN, die der Organismus auf der Glasoberfläche erzeugen konnte. Sie identifizierten außerdem das für die Bewegung verantwortliche Protein [13]. Obwohl der genaue Mechanismus der Fortbewegung in diesem Fall noch nicht bekannt ist, scheint er sich von anderen Arten von Motorproteinen zu unterscheiden [14].

9.6
Der Wirkungsgrad von Motorproteinen

Der Wirkungsgrad von Motorproteinen war ein brennendes Thema biophysikalischer Untersuchungen, da man ihren Wirkungsgrad mit dem von technischen Motoren vergleichen wollte. Kinosita et al. [7,15,16] konnten experimentell zeigen, dass der Rotationsmotor der ATP-Synthetase mit einer Energieeffizienz von nahezu 100 % arbeitet. Die Hypothese und die experimentelle Bestätigung der Rotationsbewegung in der ATPase gilt als Meilenstein der nanomechanischen Forschung [17,18]. Der Wirkungsgrad des Enzyms wurde aus der Freien Energie der Hydrolyse von ATP im Vergleich zur Zahl der über die Lipidmembran transportierten Protonen abgeschätzt.

Literaturverzeichnis

1 Howard, J. (2001) *Mechanics of Motor Proteins and the Cytoskeleton*, Sinaur Associates, Sunderland.

2 Tsuda, Y., Yasutake, H., Ishijima, A., Yanagida, T. (1996) Torsional rigidity of single actin filaments and actin-actin bond breaking force under torsion measured directly by in vitro micromanipulation, *Proceedings of the National Academy of Sciences USA*, **93**, 12937–12942.

3 Podlubnaia, Z. A., Latsabidze, I. L., Lednev, V. V. (1989) The structure of thick filaments on longitudinal sections of rabbit psoas muscle, *Biofizika*, **34**, 91–96.

4 Ringkob, T. P., Swartz, D. R., Greaser, M. L. (2004) Light microscopy and image analysis of thin filament lengths utilizing dual probes on beef, chicken, and rabbit myofibrils, *Journal of Animal Science*, **82**, 1445–1453.

5 Ishijima, A., Kojima, H., Funatsu, T., Tokunaga, M., Higuchi, H., Tanaka, H. et al. (1998), Simultaneous observation of individual ATPase and mechanical events by a single myosin molecule during interaction with actin, *Cell*, **92**, 161–171.

6 Kojima, H., Ishijima, A., Yanagida, T. (1994), Direct measurement of stiffness of single actin filaments with and without tropomyosin by in vitro nanomanipulation, *Proceedings of the National Academy of Sciences of the USA*, **91**, 12962–12966.

7 Yasuda, R., Noji, H., Kinosita, K., Jr., Yoshida, M. (1998) F1-ATPase is a highly efficient molecular motor that rotates with discrete 120 degree steps, *Cell*, **93**, 1117–1124.

8 Wang, M. D., Schnitzer, M. J., Yin, H., Landick, R., Gelles, J., Block, S. M. (1998) Force and velocity measured for single molecules of RNA polymerase, *Science*, **282**, 902–907.

9 Wuite, G. J., Smith, S. B., Young, M., Keller, D., Bustamante, C. (2000) Single-molecule studies of the effect of template tension on T7 DNA polymerase activity, *Nature*, **404**, 103–106.

10 Fujime, S., Maruyama, M., Asakura, S. (1972), Flexural rigidity of bacterial flagella studied by quasielastic scattering of laser light, *Journal of Molecular Biology*, **68**, 347–359.

11 Hoshikawa, H., Kamiya, R. (1985) Elastic properties of bacterial flagellar filaments. II. Determination of the modulus of rigidity, *Biophysical Chemistry*, **22**, 159–166.

12 Miyata, M., Ryu, W. S., Berg, H. C. (2002) Force and velocity of mycoplasma mobile gliding, *Journal of Bacteriology*, **184**, 1827–1831.

13 Miyata, M., Petersen, J. D. (2004) Spike structure at the interface between gliding Mycoplasma mobile cells and glass surfaces visualized by rapid-freeze-and-fracture electron microscopy, *Journal of Bacteriology*, **186**, 4382–4386.

14 Uenoyama, A., Miyata, M. (2005) Gliding ghosts of Mycoplasma mobile, *Proceedings*

of the National Academy of Sciences of the USA, **102**, 12754–12758.

15 Kinosita, K., Jr. (1999) Real time imaging of rotating molecular machines, *Journal of the Federation of American Societies for Experimental Biology*, Suppl. 2, S201–208.

16 Kinosita, K., Jr, Adachi, K., Itoh, H. (2004) Rotation of F1-ATPase: how an ATP-driven molecular machine may work, *Annual Reviews of Biophysics and Biomolecular Structure*, **33**, 245–268.

17 Boyer, P. D. (1997) The ATP synthase – a splendid molecular machine, *Annual Reviews in Biochemistry*, **66**, 717–749.

18 Noji, H., Yasuda, R., Yoshida, M., Kinosita, K., Jr. (1997) Direct observation of the rotation of F1-ATPase, *Nature*, **386**, 299–302.

10
Die Mechanik von Zellen

10.1
Formänderungen von roten Blutkörperchen

Unter physiologischen Bedingungen besitzen menschliche rote Blutkörperchen die bekannte bikonkave Diskusform, die schon früh das Interesse und die Aufmerksamkeit sowohl von Experimentatoren als auch von Theoretikern weckte. Im Prinzip ist ein rotes Blutkörperchen einfach ein Beutel mit einem Volumen von 94 μm^3 und einer Oberfläche von 135 μm^2 in isotonischer 300 mosmol/L Salzlösung, der eine etwas viskosere Flüssigkeit als Wasser enthält. Eine Kugel mit einer Oberfläche von 135 μm^2 hätte einen Radius von 3.28 μm und ein Volumen von 148 μm^3 [1]. In seiner nativen Form ist das rote Blutkörperchen somit zu etwa 64 % gefüllt. In diesem Zustand besitzt es die bekannte bikonkave Form und einen Durchmesser von 8 μm. Veränderungen der Form der Erythrozyten werden in [2,3] diskutiert.

Die Form von roten Blutkörperchen wurde von Evans und Fung sorgfältig vermessen [1]. Sie bestimmten die Form der Zellen und schlugen die folgende Funktion vor, um die Form der Zelle in drei Dimensionen zu beschreiben:

$$Z = \pm R_0 \left[1 - \frac{X^2 + Y^2}{R_0^2}\right]^{1/2} \left[C_0 + C_1 \frac{X^2 + Y^2}{R_0^2} + C_2 \left(\frac{X^2 + Y^2}{R_0^2}\right)^2\right] . \quad (10.1)$$

Die Werte der Parameter wurden mit $R_0 = 3.91$ μm, $C_0 = 0.207161$, $C_1 = 2.002558$ und $C_2 = -1.122762$ angegeben, wobei $2R_0$ der mittlere Zelldurchmesser in axialer Richtung ist. Die Untersuchungen wurden mit unterschiedlichen Zelldurchmessern von 7 bis 8.5 μm durchgeführt. Abbildung 10.1 zeigt die dreidimensionale bikonkave Form eines roten Blutkörperchens nach dem Modell von Gleichung (10.1) mit den dort angegebenen Dimensionen bzw. Parametern.

Diese bikonkave Diskusform des Blutkörperchens kann wie in Abbildung 10.2 gezeigt einfach deformiert werden, indem die Zelle auf ein mit Polylysin beschichtetes Glas gelegt wird. Da die negativ geladenen roten Blutkörperchen sehr fest an einer positiv geladenen Glasoberfläche haften, verändert sich ihre Form von diskusförmig zu der Form eines mexikanischen Sombreros.

Einführung in die Nanobiomechanik. Atsushi Ikai.

ISBN: 978-3-527-40954-9

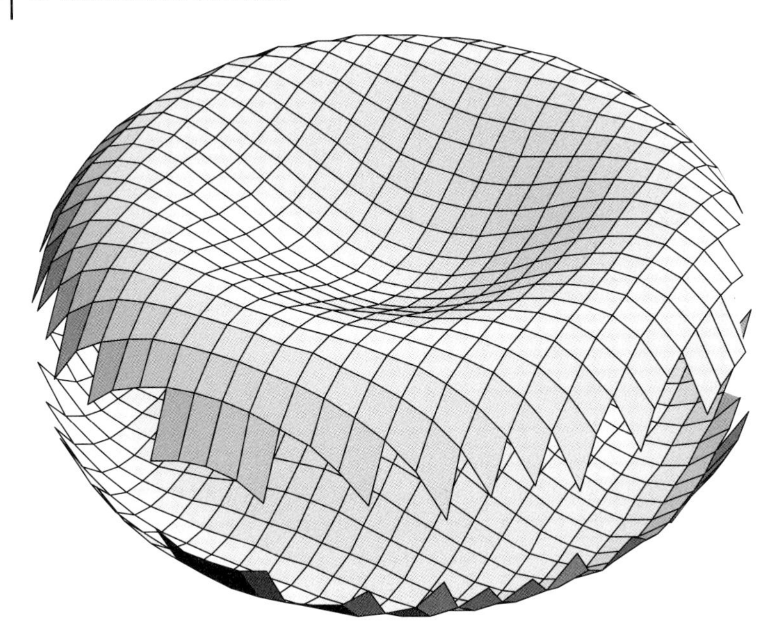

Abbildung 10.1 Form eines roten Blutkörperchens nach der von Evans und Fung vorgeschlagenen Gleichung [4]. Die Kante ist aufgeschnitten.

Wir hatten bereits erwähnt, dass rote Blutkörperchen einen größeren Durchmesser besitzen als manche Kapillaren. Ein Blutkörperchen muss daher eine projektilähnliche Form annehmen, wenn es eine solche Kapillare durchqueren will (Abbildung 10.3).

10.2 Membran und Zytoskelett

Die Form der Zelle wird überwiegend durch das intrazelluläre Zytoskelett bestimmt. Die Lipid-Doppelschichtmembran ist sehr belastbar, aber da sie auch sehr biegsam ist, kann sie ohne die Unterstützung der Zytoskelettstruktur keine definierte Form halten. Wie wenig Widerstand die Lipiddoppelschicht einer Verbiegung entgegensetzt, zeigt der niedrige Wert ihres Biegemoduls B, der im Bereich von 10^{-19} J liegt. Obwohl die Membran sehr leicht gebogen werden kann, ist es sehr schwierig, ihre Fläche bei konstanter Zahl von Phospholipiden auszudehnen oder zu verkleinern. Diese Eigenschaft äußerst sich in einem kleinen Wert ihrer lateralen Kompressibilität K_A, die um 0.3 N/m liegt [5, 6]. Sie beschreibt den Widerstand gegenüber einer Vergrößerung oder Verkleinerung der Fläche; ihr Wert ist über 4×10^4 mal

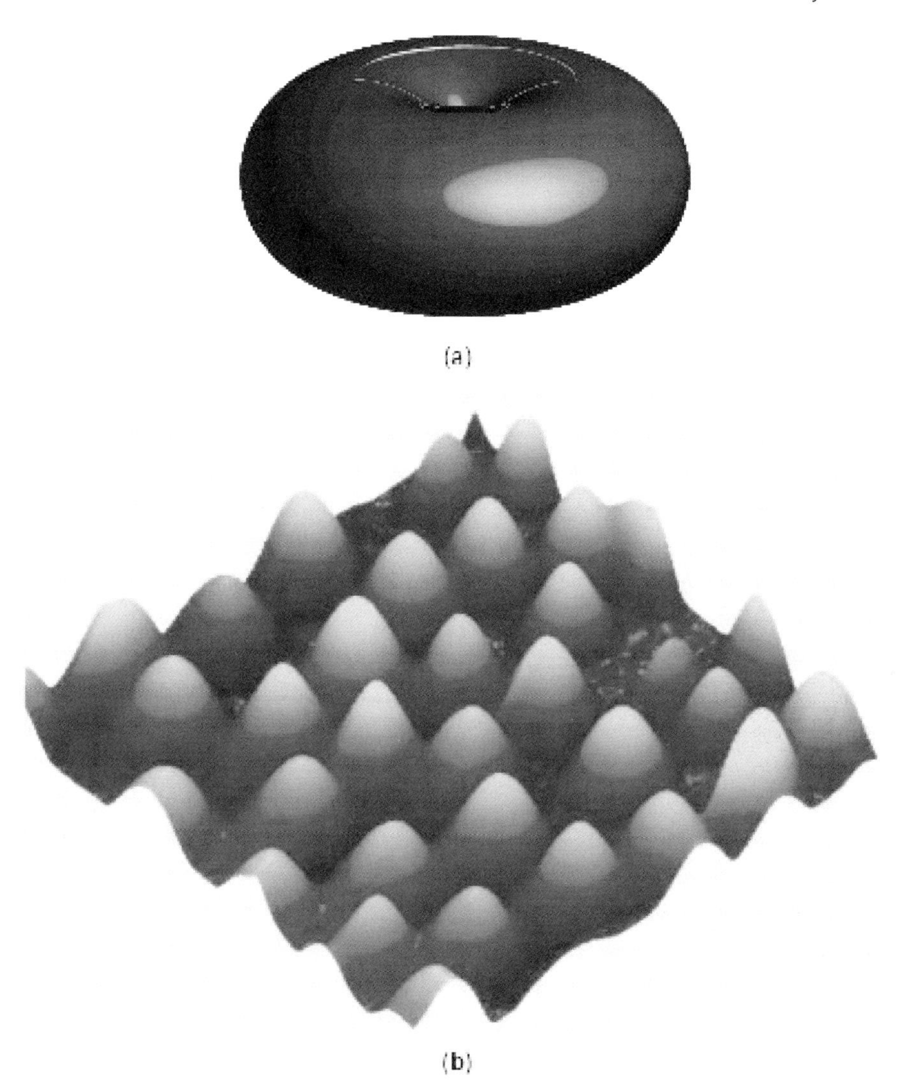

Abbildung 10.2 (a) Ein normales rotes Blutkörperchen. (b) Blutkörperchen haften stark an einem positiv geladenen Polylysinbeschichteten Glas. Wiedergabe mit freundlicher Genehmigung aus Afrin und Ikai [4].

so groß wie der Schermodul der Membran. Die Membran verhält sich daher gegenüber Scher- und Dehnbeanspruchungen wie eine zweidimensional inkompressible Flüssigkeitsschicht. Ihr kleiner Schermodul zeigt, dass die Lipiddoppelschicht als solche keine feste Form aufrechterhalten kann. Der Biegemodul der Membran kann auch wie von Simson et al. beschrieben bestimmt werden [7].

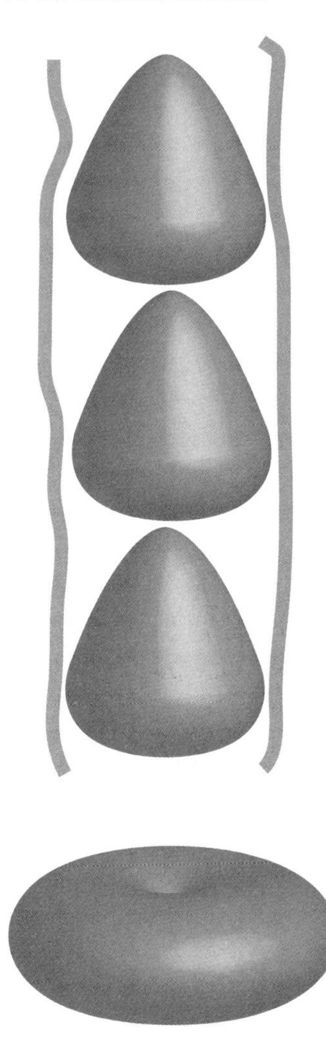

Abbildung 10.3 Ein Blutkörperchen bewegt sich von unten nach oben durch eine Kapillare, deren Durchmesser kleiner ist als sein eigener. Die in dieser Abbildung gezeigte Form wird häufig als „projektilähnlich" beschrieben.

Das Zytoskelett ist eine netzartige Struktur, die direkt unter der Lipiddoppelschicht liegt und aus unterschiedlichen Arten von Proteinen mit einer faserigen Struktur besteht. Im Fall von roten Blutkörperchen ist das Zytoskelett überwiegend aus dem faserigen Protein *Spektrin* und Aktin aufgebaut, die eine dreidimensionale Netzstruktur bilden, welche die gesamte Innenseite der Zelle überzieht (Abbildung 10.4). Da das Zytoskelett nahezu untrennbar mit der Zellmembran verbunden ist, wird es häufig auch als *Membranskelett* bezeichnet.

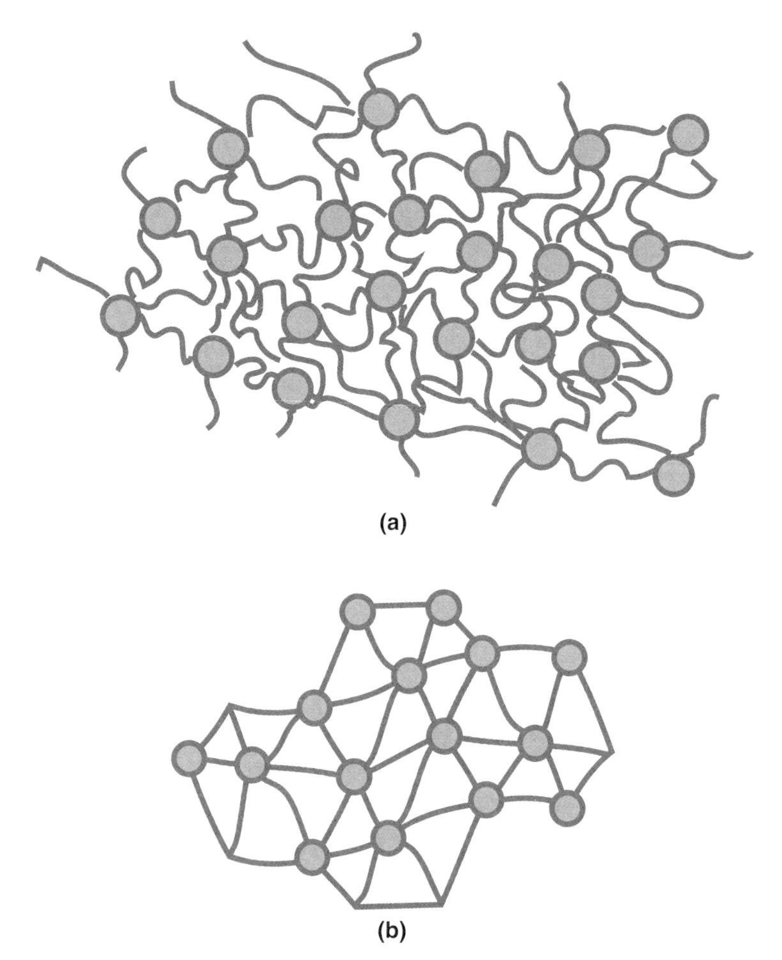

Abbildung 10.4 Schematische Darstellung des Zytoskeletts eines roten Blutkörperchens als hexagonales Gitter aus Aktin und Spektrin in (a) entspanntem und (b) gestrecktem Zustand.

Das Membranskelett besteht aus etwa 33 000 Sechsecken pro Zelle, wobei Aktin das Zentrum jedes Sechsecks besetzt und so die als *Protofilament* bekannte Struktur aufbaut. Das Protofilament ist durch Ankerproteine wie Ankyrin mit der Lipid-Doppelschichtmembran verbunden; seine Orientierung innerhalb der Ebene ist jedoch mehr oder weniger zufällig [8].

Die Tatsache, dass die Form von roten Blutkörperchen durch das Zytoskelett aufrechterhalten wird, kann man beweisen, indem man ein Blutkörperchen mit dem nichtionischen Detergenz Triton behandelt und so seine Phospholipidmembran entfernt. Dabei verliert die Zelle ihre Permeabilitätsbarriere, behält aber ihre Form und die Fähigkeit, ihre Form je nach Pufferung und ATP-Konzentration zwischen diskus- und kugelförmig zu ändern.

10.3 Die Verbindung der Membranproteine mit dem Zytoskelett

Informationen müssen häufig aus dem extrazellulären Raum durch die Zellmembran an die intrazellulären Strukturen übertragen werden. Der offensichtlichste Kandidat für den Mechanismus dieser Informationsübertragung ist eine mechanische Verbindung zwischen Membranproteinen und dem Zytoskelett. Eine wichtige Frage ist daher, ob eine Verbindung zwischen intrinsischen Membranproteinen und der Zytoskelettstruktur existiert. Für die Suche nach einer Antwort auf diese Frage stehen uns eine Reihe von biochemischen oder biophysikalischen Methoden zur Verfügung.

10.3.1 Behandlung mit Detergenzien

Wenn Zellen mit einem nichtionischen Detergenz wie z. B. Triton X-100 behandelt werden, gehen die Phospholipide aus der Zellmembran zusammen mit anderen Membrankomponenten in Lösung, sofern sie nicht in irgendeiner Weise an die Zytoplasmastruktur, beispielsweise an das Zytoskelett, gebunden sind. Nach einer Reinigung der lipidfreien Zellstruktur können die verbleibenden Proteine durch Gelelektrophorese oder die Reaktion mit fluoreszenzmarkierten Antikörpern oder Lektinen identifiziert werden. Wenn man diese Methode auf rote Blutkörperchen anwendet, bleibt eine größere Menge Bande 3 (auch AE 1 oder Anionenaustauscher 1 genannt) sowie das Spektrin enthaltende Zytoskelett zurück, wohingegen der größte Teil des Glykophorin A in Lösung geht. Statt Detergenzien kann man auch Phosphatase verwenden, um die Lipidmembranen zu entfernen.

10.3.2 Diffusionskoeffizienten

Bei diesem Verfahren werden Membranproteine spezifisch mit fluoreszierenden Liganden markiert; anschließend wird ein Teil von ihnen durch Bestrahlung mit einem intensiven Laserstrahl photogebleicht. Nach der Photobleichung wird die Erholung der Fluoreszenz in dem bestrahlten Gebiet als Funktion der Zeit beobachtet. Die Erholung der Fluoreszenz erfolgt aufgrund des Austauschs der Proteinmoleküle durch Diffusion, durch die die Marker zwischen den bestrahlten und unbestrahlten Teilen der Membran ausgetauscht werden. Aus der kinetischen Analyse der Erholung der Fluoreszenz kann man zweidimensionale Diffusionskoeffizienten spezifischer Membranproteine bestimmen. Alle mit einem ungewöhnlich niedrigen Diffusionskoeffizienten betrachtet man als mit dem Zytoskelett verbunden. Die Erholung der Fluoreszenz für normale Membranen zeigt, dass mehr als die Hälfte der markierten Proteine beweglich sind, mit Diffusionskoeffizienten von $4 \times 10^{-15}\ \mathrm{m^2/s}$, was mit den Ergebnissen von anderen Untersuchungen im Einklang steht [9]. Die Diffusionskoeffizienten für Proteine in Membranen, die zu Haltefäden ausgezogen sind, können größer als 1.5×10^{-13} m^2/s sein. Diese dramatische Zunahme des Diffusionskoeffizienten weist darauf hin, dass mit der Überdehnung auch eine Abkoppelung der Lipiddoppelschicht vom Membranskelett einhergeht.

10.3.3 Messung von Kraftkurven

Eine Kraftkurve, die man durch mechanisches Ziehen an Membranproteinen entweder mit einer Biomembran-Kraftsonde (siehe Kapitel 3) oder einem Rasterkraftmikroskop aufgenommen hat, kann Hinweise auf eine Bindung zwischen Membranprotein und Zytoskelett geben. Wenn das Protein nicht an das Zytoskelett gebunden ist, ist die Kraftkurve in der Regel glatt und besitzt oft ein ausgedehntes Kraftplateau entsprechend einer Dehnung der Membran bis zu einigen zehn µm. Wenn man an Proteinen zieht, von denen man weiß, dass sie an das Zytoskelett gebunden sind, zeigt die Kraftkurve mehrere Kraftspitzen am Anfang und/oder Ende der Kurve. Man identifiziert diese Kraftspitzen als Zeichen für das erzwungene Ablösen des Membranproteins vom Zytoskelett. Afrin und Ikai konnten zeigen, dass die Kraftkurven beim Herausziehen von Glykophorin A aus der Oberfläche von roten Blutkörperchen mithilfe eines spezifischen Lektins (WGA)) im Allgemeinen keine Kraftspitzen aufwiesen. Sie interpretierten dieses Ergebnis damit, dass ein Großteil des Glykophorins A nicht mit dem Zytoskelett verbunden war [4]. Beim Herausziehen von Bande 3 mit Concanavalin A waren die Kraftkurven dagegen mit Kraftspitzen übersät, was ältere Arbeiten bestätigte, wonach mehr als 50 % von Bande 3 über das Ankerprotein Ankyrin an das Zytoskelett gebunden ist.

10.4 Deformation einer zweidimensionalen Membran

Nach Landau und Lifschitz [10] kann die Deformation einer zweidimensionalen Membran für kleine Deformationen durch zwei Parameter ausgedrückt werden, den Flächenkompressionsmodul K und den Schermodul μ. Die Deformation eines kleinen Ausschnitts einer zweidimensionalen ($\delta x \times \delta y$) Membran ist in Abbildung 10.5 dargestellt. Es gilt

$$\sigma_{xx} = K(\varepsilon_{xx} + \varepsilon_{yy}) + \mu(\varepsilon_{xx} - \varepsilon_{yy}) \,, \tag{10.2}$$

$$\sigma_{yy} = K(\varepsilon_{xx} + \varepsilon_{yy}) + \mu(\varepsilon_{yy} - \varepsilon_{xx}) \,, \tag{10.3}$$

$$\sigma_{xy} = 2\mu\varepsilon_{xy} \,, \tag{10.4}$$

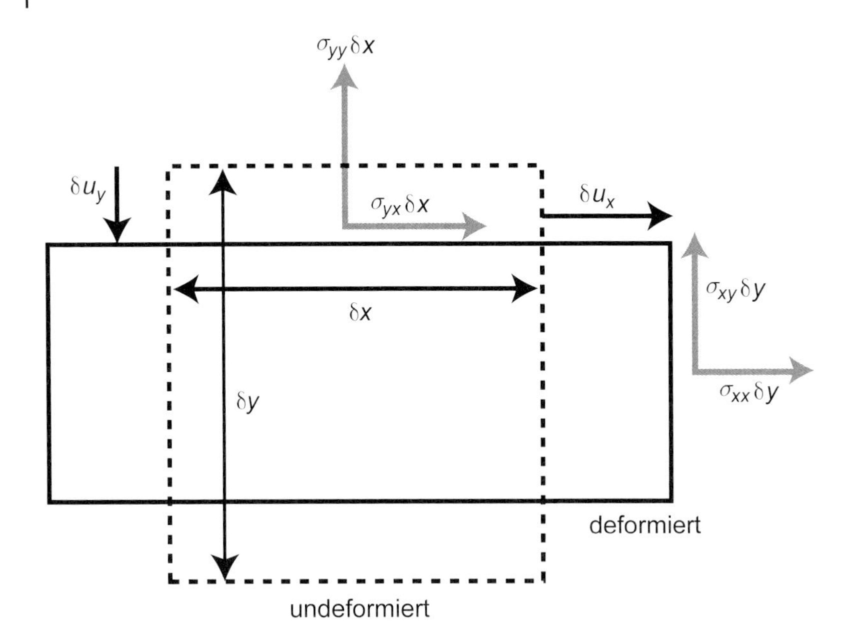

Abbildung 10.5 Schematische Darstellung der Deformation eines kleinen Ausschnitts (punktiertes Quadrat) einer zweidimensionalen ($\delta x \times \delta y$) Membran zu einem Rechteck (durchgezogene Linie) durch unterschiedliche Spannungen in x- und y-Richtung. Wiedergabe mit freundlicher Genehmigung aus Hénon et al. [13].

wobei $\sigma_{ij} = \delta F_i/\delta x_j$ und $\varepsilon_{ij} = 1/2(\delta u_i/\delta x_j + \delta u_j/\delta x_i)$ die Spannung bzw. Dehnung in Richtung der i-ten Koordinate auf der Oberfläche senkrecht zur j-ten Koordinate sind (siehe Abbildung 10.5).

Der Wert von μ wurde mithilfe der Pipetten-Saugmethode bestimmt, da er gemäß

$$P = \left(\frac{\mu}{R_P}\right)\left[\left(\frac{2L}{R_P} - 1\right) + \ln\left(\frac{2L}{R_P}\right)\right] \tag{10.5}$$

mit dem Unterdruck P in der Pipette zusammenhängt, wenn R_P und L der Radius der Pipette und die Länge der Zelle innerhalb der Pipette sind.

Dabei wurden für rote Blutkörperchen von mehreren Gruppen [11,12] Werte des Schermoduls im Bereich von $(6\text{–}9)\times 10^{-6}$ J/m^2 bzw. N/m beobachtet, wohingegen Hénon et al. mit der weiter unten beschriebenen Methode einen Wert von $(2.5 \pm 0.4) \times 10^{-6}$ J/m^2 erhielten [13]. Haarzellen sind viel starrer; ihr effektiver Schermodul von $(1.5 \pm 0.3) \times 10^{-2}$ J/m^2 ist 5000-mal größer als der von roten Blutkörperchen. Für Fibroblasten wurde mithilfe einer magnetischen Perle ein Wert von $(2\text{–}4)\times 10^{-3}$ J/m^2 gemessen [14].

Boal erklärte den kleinen Wert des Schermoduls der Membran von roten Blutkörperchen mit der entropischen Elastizität des Spektrinnetzwerks [15]. Während die Konturlänge eines Spektrin-Tetramers, das benachbarte Verknüpfungspunkte des Netzes mit einer hexagonalen Symmetrie überspannt, 200 nm beträgt, war der tatsächlich *in vivo* gemessene Abstand im Mittel nur 75 nm. Daraus kann man schließen, dass das Spektrinnetzwerk in einem ziemlich lockeren Zustand vorliegt, in dem eine entropische Elastizität zu erwarten ist.

Hénon et al. verwendeten eine optische Falle, um den Schermodul von roten Blutkörperchen zu bestimmen [13]. Sie zogen eine einzelne Zelle mit der Laserpinzette an zwei entgegengesetzten Seiten und bestimmten den äquatorialen Durchmesser D der Zelle als Funktion der angewandten Zugbelastung F.

Das Ergebnis der Analyse im Rahmen der linearen Mechanik lieferte die folgende Beziehung zwischen D und F, wobei D_0 der Durchmesser der unverformten Zelle ist [10]:

$$D = D_0 - \frac{F}{2\pi\,\mu}\left[1 + \left(1 - \frac{\pi}{2}\right)\frac{\mu}{K}\right] . \tag{10.6}$$

Zur Analyse der in Abbildung 10.6 gezeigten Daten nahmen Sie an, dass $\mu \ll K$ gilt, und verwendeten die Gleichung

$$D = D_0 - \frac{F}{2\pi\,\mu} . \tag{10.7}$$

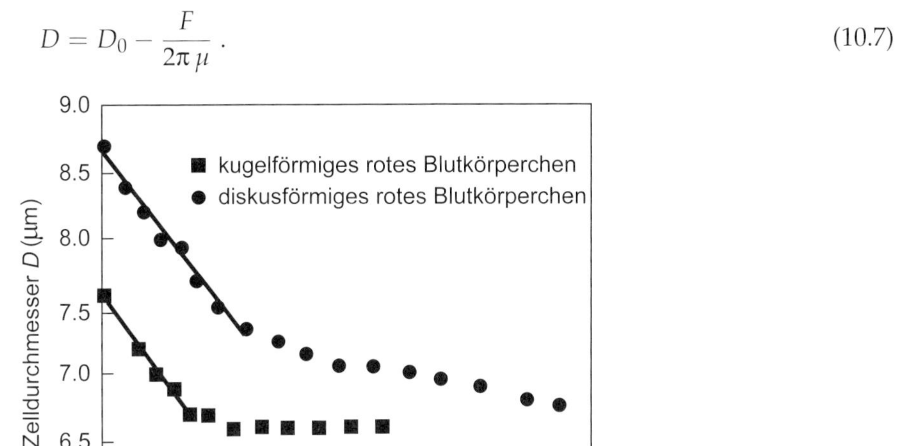

Abbildung 10.6 Experimentelle Daten für den Durchmesser roter Blutkörperchen als Funktion der einwirkenden Kraft für eine diskus- und eine kugelförmige Zelle. Die Steigung des linearen Teils der Auftragung gibt eine Abschätzung für den Schermodul. Wiedergabe mit freundlicher Genehmigung aus [13].

Der von Hénon et al. bestimmte Wert von μ war wesentlich kleiner als die aus anderen Messungen mit anderen Methoden erhaltenen. Der Unterschied wurde mit den kleineren bzw. größeren Deformationen erklärt, die bei den jeweiligen Methoden auftreten.

10.5
Die Helfrichtheorie der Membranmechanik

In diesem Abschnitt führen wir ein theoretisches Modell für rote Blutkörperchen ein, das von Helfrich vorgeschlagen wurde [16, 17]. Zunächst wollen wir die Physik der Entstehung von Blasen kurz rekapitulieren. Wir nehmen an, dass sich in einer Detergenzlösung mit dem Oberflächendruck γ eine kugelförmige Blase mit dem Radius r bildet, wobei die Drücke außerhalb und innerhalb der Blase p_0 bzw. p sind. Die Summe der Volumen- und Oberflächenenergien ist dann

$$\frac{4}{3}\pi r^3 \Delta p + 4\pi r^2 \gamma \qquad \text{mit} \qquad \Delta p = p_0 - p\,. \tag{10.8}$$

Dieser Ausdruck besitzt für $4\pi r^2 \Delta p + 8\pi r \gamma = 0$ ein Minimum.

In der folgenden alternativen Schreibweise zeigt dieses Ergebnis, dass der innere Druck umso größer wird, je kleiner die Blase ist:

$$p - p_0 = \frac{2\gamma}{r}\,. \tag{10.9}$$

Wenn die Membran der Blase dick ist, muss auch die Oberflächenspannung auf beiden Seiten der Membran berücksichtigt werden; das Ergebnis ist dann $p - p_0 = 4\gamma/r$.

Wenn die Blase nicht genau kugelförmig ist, verwenden wir die beiden Hauptkrümmungsradien R_1 und R_2 (Young–Laplace-Gleichung):

$$p - p_0 = \gamma \left(\frac{1}{R_1} + \frac{1}{R_2} \right)\,. \tag{10.10}$$

Für die elastische Energie der flüssigen Membran fand Helfrich durch Betrachtung der elastischen Energie von Flüssigkristallen die Beziehung

$$V = \frac{\kappa_B}{2} \iint (c_1 + c_2 - c_0)^2 \,\mathrm{d}x\,\mathrm{d}y + \kappa_G \iint c_1 c_2 \,\mathrm{d}x\,\mathrm{d}y\,, \tag{10.11}$$

wobei c_1, c_2, c_0, κ_B und κ_G die beiden Hauptkrümmungsradien, die spontane Krümmung, der Biegemodul und der gaußsche Biegemodul der Membran sind [16]. Der zweite Term, der die Energie der Biegung mit der gaußschen Krümmung verknüpft, ist konstant, so lange die Topologie der Zelle unverändert bleibt.

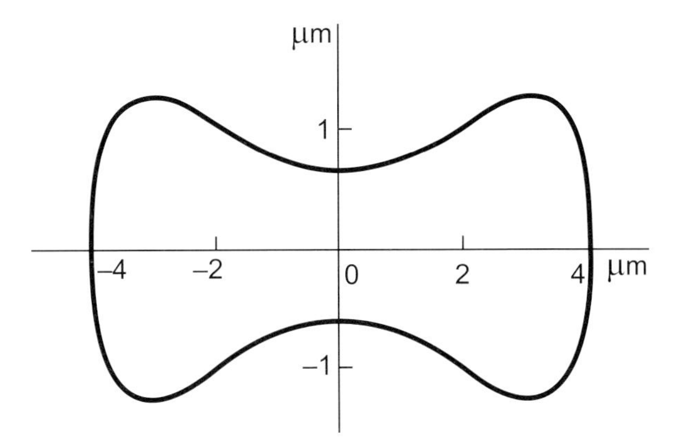

Abbildung 10.7 Zweidimensionales Modell eines roten Blutkörperchens nach Helfrich.

Deuling und Helfrich verwendeten diese Gleichung, um die bekannte bikonkave Form der normalen roten Blutkörperchen zu erklären [17], indem sie zuerst die Gesamtenergie der Biegung der Zellmembran berechneten und diese dann unter den Randbedingungen konstantes Volumen und konstante Fläche minimierten. Da das mittlere Volumen eines roten Blutkörperchens von 95 μm^3 kleiner ist als das einer Kugel mit derselben Fläche von 135 μm^2 [18], kann die Zelle entweder ein abgeplattetes oder ein gestrecktes Ellipsoid sein. Die Helfrichtheorie sagte die bikonkave Form der Zelle als die thermodynamisch stabilste Form voraus, offensichtlich in Übereinstimmung mit dem Experiment. Abbildung 10.7 zeigt das von Deuling und Helfrich vorgeschlagene Modell. Das ursprüngliche Modell beschrieb ein Viertel des Querschnitts durch die Zelle und setzte Rotationssymmetrie um die z-Achse und Spiegelsymmetrie bezüglich der x-Achse voraus. Diese Form soll mit der von Evans und Fung bestimmten mittleren Form des roten Blutkörperchens [1] übereinstimmen.

10.6 Zytoplasma und subzelluläre Strukturen

Das Zytoplasma der eukaryotischen Zellen wird vom Zytoskelett ausgefüllt, insbesondere von den komplizierten Strukturen der Mikrotubuli, die unter anderem als Schienen für molekulare Motorproteine beim intrazellulären Transport von funktionellen Molekülen dienen. Funktionelle Moleküle sind häufig in Lipidvesikel eingeschlossen, deren Oberfläche mit dem Protein Kinesin bedeckt sind, einem typischen Transportprotein. Es besitzt zwei Protrusionen (Ausstülpungen), die nicht nur optisch, sondern auch in ihrer Funktion menschlichen Beinen ähneln. Sie binden abwechselnd an die Schienen der

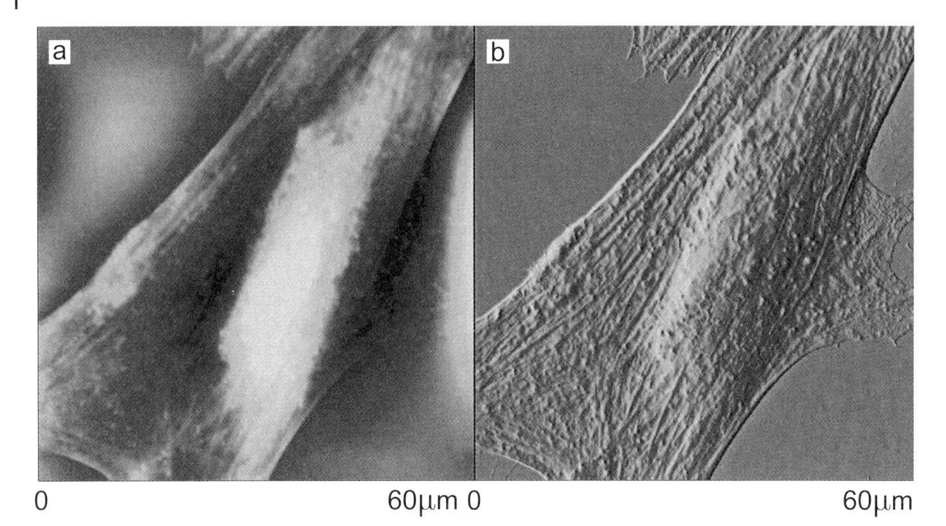

Abbildung 10.8 Rasterkraftmikroskopische Aufnahme von lebenden Zellen. Bild: S. Zohora.

Mikrotubuli und lösen sich wieder von ihnen, wobei sie sich mithilfe der von der ATP-Hydrolyse gelieferten Freien Energie in einer bestimmten Richtung an ihnen entlang bewegen.

Wenn man die ruhenden Zellen mit einem Rasterkraftmikroskop abbildet, sind sie in einiger Entfernung vom Kern weniger als etwa 1 μm dick, im Bereich des Kerns dagegen 3–5 μm. Der Rand der Zelle hat eine unregelmäßige Form mit zahlreichen Strukturen, die nach Erscheinungsbild und Funktion als *Scheinfüßchen* oder *Pseudopodien* bezeichnet werden. In zeitaufgelösten Aufnahmen einer dieser Strukturen, der *Filopodien*, kann man eine langsame, aber energetische Bewegung erkennen. Abbildung 10.8 zeigt die Aufnahme einer lebenden Zelle auf einer Glasplatte.

Eine Schnittanalyse des Bilds zeigt die Änderung der Dicke über die Zelle. Es gibt zahlreiche Struktureinheiten im Zytoplasma wie z. B. Mitochondrien, Lyosomen, Polysomen und eine große Zahl von Lipidmembranen, die als *endoplasmatisches Retikulum* bezeichnet werden und eigentlich Erweiterungen der Kernmembran sind. Das endoplasmatische Retikulum hat die Funktion, Proteine zu ihren Bestimmungsorten in der Zelle oder an den Zellmembranen zu transportieren und neu gebildete Proteine bei der korrekten Faltung zu unterstützen (z. B. stellt es die *Disulfidisomerase* bereit). Eine spezielle Membranstruktur hat die Aufgabe, Proteine zu glykosylieren; sie wird *Golgiapparat* genannt. Vom biomechanischen Gesichtspunkt aus sind die Rollen des Zytoskeletts und des endoplasmatischen Retikulums als Infrastruktur für die mechanische Übertragung von Information am interessantesten.

Das Innere des Kerns ist mit DNA und Kernproteinen gefüllt. Das Gesamtvolumen der DNA des Genoms, die bei Menschen eine Länge von 1 m hat, beträgt ungefähr 3×10^{-18} m^3; im Vergleich dazu haben typische Zellkerne von Tieren ein Volumen von etwa (1 000–8 000) $\times 10^{-18}$ m^3. Obwohl die DNA selbst nur einen kleinen Teil des Kerns einnimmt, führt sie in ihrem Gefolge eine große Menge von Proteinen wie z. B. Histone (etwa dieselbe Menge wie die DNA selbst) und andere DNA-Bindungsproteine mit sich; das Gesamtvolumen des DNA–Protein-Komplexes, des *Chromatins*, ist wahrscheinlich hundertmal größer als das der DNA und nimmt einen großen Teil des Kerns ein.

10.7 Mechanische Eindrückung und die sneddonschen Gleichungen

10.7.1 Die sneddonschen Gleichungen

Die Untersuchung der Härte von lebenden Zellen unterschiedlicher Herkunft und in unterschiedlichen physiologischen Zuständen war in den letzten beiden Jahrzehnten ein Schwerpunkt der biomechanischen Forschung [19–22]. Dazu wird eine AFM-Sonde in die Zelle gestoßen und man registriert Kraftkurven wie die in Abbildung 10.9 gezeigte [23].

Der erste Teil der Kraftkurve, der die Annäherung der AFM-Sonde an die Zelle beschreibt, wird nach den Methoden der makroskopischen Mechanik

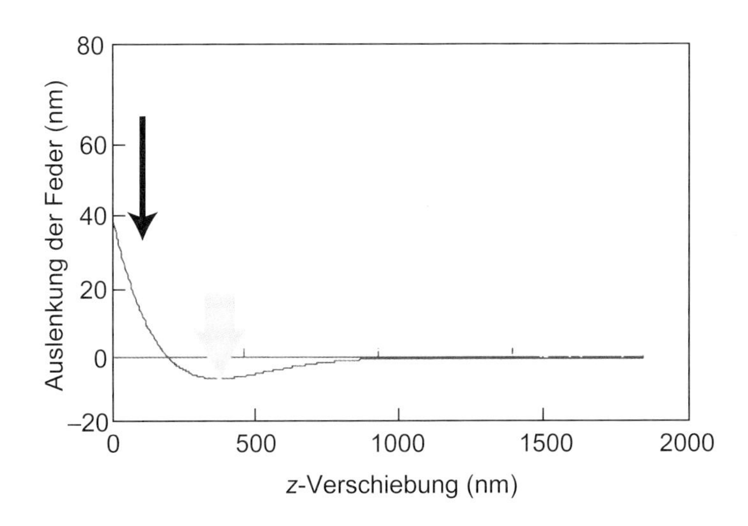

Abbildung 10.9 Gemessene Kraftkurve bei der Eindrückung einer Zelle. Die obere Kurve zeigt die Annäherung, die untere das Zurückziehen der AFM-Sonde. Bei der Annäherung verhält sich die Zelle wie ein sehr weiches Material; der durch die Pfeile gekennzeichnete unterschiedliche Verlauf der beiden Kurven spiegelt die viskoelastische Natur der Zelle auf der Zeitskala des Experiments. Wiedergabe mit freundlicher Genehmigung aus Afrin et al. [23].

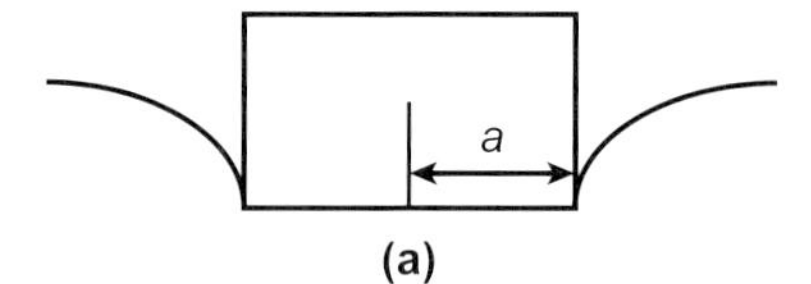

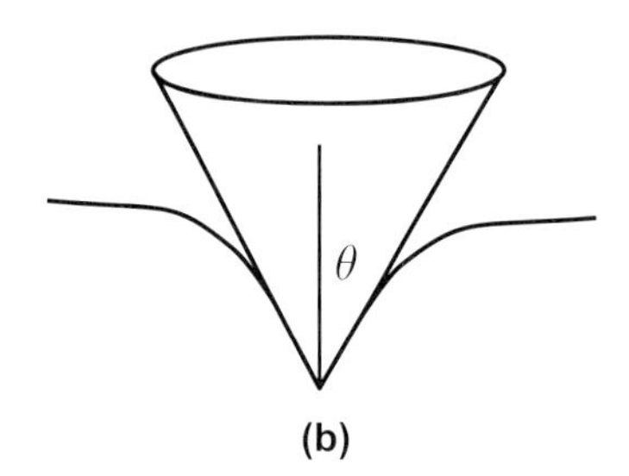

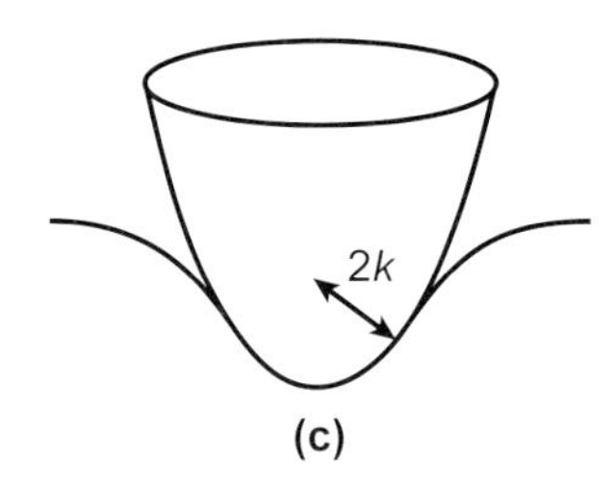

Abbildung 10.10 Die von Sneddon behandelten Sondengeometrien: (a) ein flacher Zylinder mit dem Radius a, (b) ein konischer Stift mit einem Öffnungswinkel θ, (c) ein parabolischer Stift mit einem Krümmungsradius $2k$.

analysiert, indem man die Tiefe der Eindrückung mit der angewandten Kraft korreliert. Die Proportionalitätskonstante zwischen den funktionellen Formen der beiden Variablen wird durch den Elastizitätsmodul und die Poissonzahl der Zelle ausgedrückt.

Für den Fall der Einrückung einer axialsymmetrischen Sonde in eine Halbebene mit unendlicher Ausdehnung leitete Sneddon analytische Gleichungen her. Explizit behandelte er folgende Sondengeometrien [24]: (a) einen flachen zylindrischen Stift mit einem Radius a, (b) einen konischen Stift mit einem Öffnungswinkel θ und (c) einen parabolischen Stift mit einem Krümmungsradius $2k$. Seine Gleichung für den Fall (c) kann auch für eine kugelförmige Sonde mit dem Radius $R = 2k$ verwendet werden, solange die Tiefe I der Eindrückung nicht größer wird als R.

Die Formen der drei Arten von Sonden sind in Abbildung 10.10 zusammen mit den relevanten geometrischen Parametern dargestellt. Sneddon erhielt folgende Gleichungen für die drei Fälle:

(a) *Flacher zylindrischer Stift:*

$$F = \frac{4GaI}{1-\nu} = \frac{2Ya}{(1-\nu^2)} I \,, \tag{10.12}$$

wobei G der Schubmodul ist [zur Erinnerung: $Y = 2G(1+\nu)$].

(b) *Konischer Stift:*

$$F = \frac{4G \tan\theta}{\pi(1-\nu)} I^2 = \frac{2Y \tan\theta}{\pi(1-\nu^2)} I^2 \,; \tag{10.13}$$

θ ist in Abbildung 10.10 definiert.

(c) *Parabolischer Stift:*

$$F = \frac{8G}{3(1-\nu)} (2kI^3)^{1/2} = \frac{4Y\sqrt{R}}{3(1-\nu^2)} I^{3/2} \,. \tag{10.14}$$

Diese Gleichungen, vor allem die zweite und dritte, werden üblicherweise für die Analyse von Kompressionsexperimenten an lebenden Zellen verwendet, um ihre Steifheit und deren Veränderung unter verschiedenen physiologischen Bedingungen zu untersuchen. Beispielsweise wurde die Änderung der Steifheit von Zellen durch Mizutani et al. untersucht [25].

10.7.2
Korrektur für dünne Proben

Wenn die Probe im Vergleich zur Größe der Sonde dünn ist, ist der Effekt des harten Substrats nicht vernachlässigbar; der nach den sneddonschen Gleichungen bestimmte scheinbare Wert des Elastizitätsmoduls nimmt in diesem Fall mit steigender Eindringtiefe zu. Solche Artefakte müssen bei der Analyse ausgeschlossen werden, sonst gelangt man stets zu dem Ergebnis, dass die Härte der Probe mit steigender Eindringtiefe zunimmt. Es gibt viele Ansätze zur Entfernung solcher Artefakte aus Kompressionsanalysen; wir beschreiben im Folgenden die Methode von Dimitriadis et al. und zitieren die Endergebnisse aus ihrer Arbeit [26].

Wenn die Probenschicht nicht auf der Substratoberfläche immobilisiert ist, gilt für eine kugelförmige Sondenspitze mit dem Radius R die folgende Beziehung zwischen der angewandten Kraft und der Tiefe der Einrückung:

$$F = \frac{16Y}{9} R^{1/2} I_{\mathrm{H}}^{3/2} \left[1 + 0.884\chi + 0.781\chi^2 + 0.386\chi^3 + 0.0048\chi^4\right] \tag{10.15}$$

mit

$$\chi = \frac{\sqrt{RI_{\mathrm{H}}}}{h} \,. \tag{10.16}$$

Es wird empfohlen, eine Sonde mit einem möglichst großen Radius von etwa 10 μm zu verwenden, um Komplikationen aufgrund der unbekannten Form und Rauheit der Sonde zu vermeiden.

Wenn die dünne Probe auf der Substratoberfläche immobilisiert ist, wird die folgende Gleichung empfohlen, die im Vergleich zur letzten Gleichung eine höhere Kraft für dieselbe Einrückung ergibt:

$$F = \frac{16Y}{9} R^{1/2} I_{\mathrm{H}}^{3/2} \left[1 + 1.133\chi + 1.283\chi^2 + 0.769\chi^3 + 0.0975\chi^4 \right] . \quad (10.17)$$

10.8 Die Mechanik der Deformation einer dünnen Platte

Ein mechanisches Modell der Deformation einer Zellmembran ist die Deformation einer dünnen Platte, die beispielsweise durch Landau und Lifschitz beschrieben wurde [10]. Die Biegesteifheit D einer zweidimensionalen dünnen Platte als Funktion des Elastizitätsmoduls und der Poissonzahl des Plattenmaterials und ihrer Dicke h ist

$$D = \frac{Yh^3}{12(1-\nu^2)} . \quad (10.18)$$

Nach Landau und Lifschitz [10] ist die Freie Energie der Deformation ϕ eines linear elastischen Materials allgemein durch Gleichung (10.19) gegeben, wobei der zweite bzw. der dritte Term auf der rechten Seite die Dehnung/Kompression bzw. die Scherung beschreiben, d. h. $u_i = x_i' - x_i$ für $i = 1, 2, 3$ ist die Deformation eines kleinen Volumenelements in drei Achsen 1, 2, und 3 von der ursprünglichen Position x_i zu x_i'; Summation über doppelt auftretende Indizes in einem Term ist impliziert, d. h. $u_{ii} = u_{11} + u_{22} + u_{33}$ (diese Notation ist als *einsteinsche Summenkonvention* bekannt):

$$\phi = \phi_0 + \frac{1}{2}\lambda u_{ii}^2 + G u_{ik}^2 \quad (10.19)$$

mit

$$u_{ik} = \frac{1}{2}\left(\frac{\partial u_i}{\partial x_k} + \frac{\partial u_k}{\partial x_i} \right) .$$

λ und G werden *Lamékoeffizienten* genannt. Wenn das Volumen sich nicht ändert, ist der zweite Term auf der rechten Seite null, und die Deformation ist eine reine Scherdeformation. G ist der Schermodul, $G = Y/[2(1+\nu)]$, und es gilt $\lambda = 2G\nu/(1-2\nu) = Y\nu/[(1-2\nu)(1+\nu)]$.

Als Funktion des Elastizitätsmoduls und der Poissonzahl lautet der Ausdruck für die Freie Energie somit

$$\phi = \frac{Y}{2(1+\nu)} \left(u_{ik}^2 + \frac{\nu}{1-2\nu} u_{ii}^2 \right) . \quad (10.20)$$

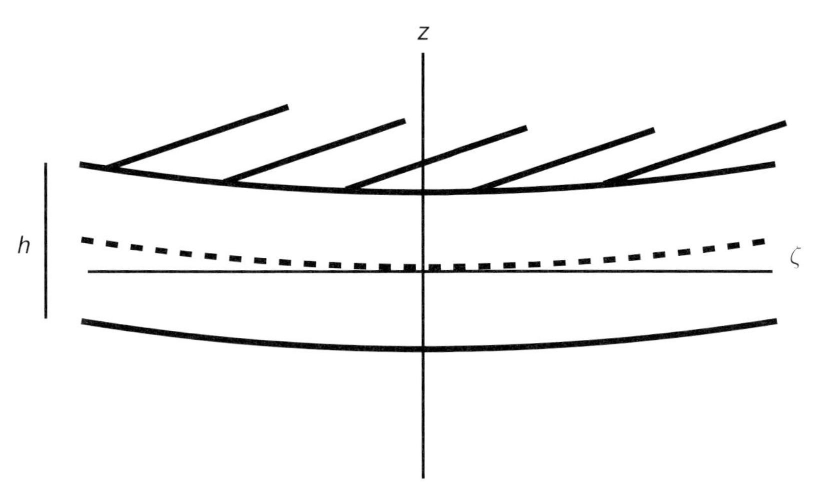

Abbildung 10.11 Eine Platte der Dicke h wird um einen Betrag ζ aus der Horizontalen ausgelenkt.

Wenn eine Platte sich unter einer Kraft P um einen Betrag ζ aus der Horizontalen verbiegt (siehe Abbildung 10.11), sind u_{ik} und u_{ii} in kartesischen Koordinaten

$$u_{xy} = -z\frac{\partial^2\zeta}{\partial x\partial y} \tag{10.21}$$

und

$$u_{zz} = z\frac{\nu}{1-\nu}\left(\frac{\partial^2\zeta}{\partial x^2}+\frac{\partial^2\zeta}{\partial y^2}\right) . \tag{10.22}$$

Wenn wir diese Beziehung in den Ausdruck für ϕ einsetzen, erhalten wir

$$\phi = z^2\frac{Y}{1+\nu}\left\{\frac{1}{2(1-\nu)}\left(\frac{\partial^2\zeta}{\partial x^2}+\frac{\partial^2\zeta}{\partial y^2}\right)^2+\left[\left(\frac{\partial^2\zeta}{\partial x\partial y}\right)^2-\frac{\partial^2\zeta}{\partial x^2}\frac{\partial^2\zeta}{\partial y^2}\right]\right\} . \tag{10.23}$$

Die gesamte Freie Energie der Verbiegung erhalten wir durch Integration über das ganze Volumen der Platte. Die Integration über z erstreckt sich von $-h/2$ bis $+h/2$, wenn h die Dicke der Platte ist, und die Integration von x und y erfolgt über die gesamte Oberfläche der Platte. Die gesamte Freie Energie der verformten Platte, $\phi_{\mathrm{Pl}} = \int \phi \, \mathrm{d}V$, ist dann

$$\phi_{\mathrm{Pl}} = \frac{Yh^3}{24(1-\nu^2)}\iint\left[\left(\frac{\partial^2\zeta}{\partial x^2}+\frac{\partial^2\zeta}{\partial y^2}\right)^2+ 2(1-\nu)\left\{\left(\frac{\partial^2\zeta}{\partial x\partial y}\right)^2-\frac{\partial^2\zeta}{\partial x^2}\frac{\partial^2\zeta}{\partial y^2}\right\}\right]\mathrm{d}x\,\mathrm{d}y . \tag{10.24}$$

Nun setzen wir die Variation $\delta\phi_{\mathrm{Pl}}$ von ϕ_{Pl} gleich der von der äußeren Kraft F bei einer Verschiebung der Punkte auf der Platte um $\delta\zeta$ geleisteten Arbeit $P = \int F\delta\zeta\, \mathrm{d}f$,

$$\delta\phi_{\mathrm{Pl}} - \int F\delta\zeta\, \mathrm{d}f = 0\,. \tag{10.25}$$

Damit das dabei auszuwertende Integral null wird, muss

$$D\Delta^2\zeta - F = 0 \tag{10.26}$$

gelten, da $\delta\zeta$ beliebig ist. Das wird als Gleichgewichtsbedingung für eine durch die äußere Kraft F gebogene Platte bezeichnet. Die Größe

$$D = \frac{Yh^3}{12(1-\nu^2)} \tag{10.27}$$

wird die „Biegesteifheit" der Platte genannt. Diese Definition von D ist in der Literatur über die physikalische Beschreibung von Biomembranen zu finden.

Literaturverzeichnis

1 Evans, E., Fung, Y. C. (1972) Improved measurements of the erythrocyte geometry, *Microvascular Research*, **4**, 335–347.

2 McMillan, D. E., Mitchell, T. P., Utterback, N. G. (1986) Deformational strain energy and erythrocyte shape, *Journal of Biomechanics*, **19**, 275–286.

3 Nakao, M. (2002) New insights into regulation of erythrocyte shape, *Current Opinions in Hematology*, **9**, 127–132.

4 Afrin, R., Ikai, A. (2006) Force profiles of protein pulling with or without cytoskeletal links studied by AFM, *Biochemical and Biophysical Research Communications*, **348**, 238–244.

5 Evans, E. A. (1983) Bending elastic modulus of red blood cell membrane derived from buckling instability in micropipet aspiration tests, *Biophysical Journal*, **43**, 27–30.

6 Evans, E., Yeung, A. (1989) Apparent viscosity and cortical tension of blood granulocytes determined by micropipet aspiration, *Biophysical Journal*, **56**, 151–160.

7 Simson, R., Wallraff, E., Faix, J., Niewöhner, J., Gerisch, G., Sackmann, E. (1998) Membrane Bending Modulus and Adhesion Energy of Wild-Type and Mutant Cells of Dictyostelium Lacking Talin or Cortexillins, *Biophysical Journal*, **74**, 514–522.

8 Picart, C., Dalhaimer, P., Discher, D. E. (2000) Actin protofilament orientation in deformation of the erythrocyte membrane skeleton, *Biophysical Journal*, **79**, 2987–3000.

9 Berk, D. A., Hochmuth, R. M. (1992) Lateral mobility of integral proteins in red blood cells tethers, *Biophysical Journal*, **61**, 9–18.

10 Landau, L. D. und Lifschitz, E. M. (1989) *Elastizitätstheorie* (6. Auflage), Akademie-Verlag, Berlin.

11 Evans, E. A., Waugh, R., Melnik, L. (1976) Elastic area compressibility modulus of red cell membrane, *Biophysical Journal*, **16**, 585–595.

12 Waugh, R., Evans, E. A. (1979) Thermoelasticity of red blood cells membrane, *Biophysical Journal*, **26**, 115–131.

13 Hénon, S., Lenormand, G., Richert, A., Gallet, F. (1999) A new determination fo

the shear modulus of the human erythrocyte membrane using optical tweezers, *Biophysical Journal*, **76**, 1145–1151.

14 Bausch, A. R., Ziemann, F., Boulbitch, A. A., Jacobson, K., Sackmann, E. (1998) Local measurements of viscoelastic parameters of adherent cell surfaces by magnetic bead micro- rheometry, *Biophysical Journal*, **75**, 2038–2049.

15 Boal, D. (2002) *Mechanics of the Cell*, Kapitel 3, S. 59–95, Cambridge University Press, Cambridge.

16 Helfrich, W. (1973) Elastic properties of lipid bilayers: theory and possible experiments, *Zeitschrift für Naturforschung C*, **28**, 693–703.

17 Deuling, H. J., Helfrich, W. (1976) Red blood cell shapes as explained on the basis of curvature elasticity, *Biophysical Journal*, **16**, 861–868.

18 Fung, Y. C. (1993) *Biomechanics: Mechanical Properties of Living Tissues*, Springer, New York.

19 Rotsch, C., Radmacher, M. (2000) Drug-induced changes of cytoskeletal structure and mechanics in fibroblasts: an atomic force microscopy study, *Biophysical Journal*, **78**, 520–535.

20 Radmacher, M. (2002) Measuring the elastic properties of living cells by the atomic force microscope, *Methods in Cell Biology*, **68**, 67–90.

21 A-Hassan, E., Heinz, W. F., Antonik, M. D., D'Costa, N. P., Nageswaran, S., Schoenenberger, C. A. et al. (1998), Relative microelastic mapping of living cells by atomic force microscopy, *Biophysical Journal*, **74**, 1564–1578.

22 Tao, N. J., Lindsay, S. M., Lees, S. (1992) Measuring the microelastic properties of biological material, *Biophysical Journal*, **63**, 1165–1169.

23 Afrin, R., Yamada, T., Ikai, A. (2004) Analysis of force curves obtained on the live cell membrane using chemically modified AFM probes, *Ultramicroscopy*, **100**, 187–195.

24 Sneddon, I. N. (1965) The relation between load and penetration in the axisymmetric Boussinesq problem for a punch of arbitrary profile, *International Journal of Engineering Science* 3, 47–57.

25 Mizutani, T., Haga, H., Kawabata, K. (2007) Development of a device to stretch tissue-like materials and to measure their mechanical properties by canning probe microscopy, *Acta Biomaterialia*, **3**, 485–493.

26 Dimitriadis, E. K., Horkay, F., Maresca, J., Kachar, B., Chadwick, R. S. (2002) Determination of elastic moduli of thin layers of soft material using the atomic force microscope, *Biophysical Journal*, **82**, 2798–2810.

11
Manipulation einzelner Moleküle

Wenn wir die mechanischen Eigenschaften von Proteinen, DNA, Organellen und Zellen kennen, können wir sie durch Anwendung von Kräften manipulieren. Wie in den vorherigen Kapiteln beschrieben wurde, können wir Proteine, DNA und RNA mechanisch strecken und wieder falten oder Zellen eindrücken, um ihre Reaktion auf mechanische Beanspruchungen zu untersuchen.

11.1
Zukunftsmusik: Praktische Anwendungen der Nanomechanik

Eine aufregende Möglichkeit für den Einsatz von mechanischen Kräften wäre die Erhöhung der Geschwindigkeit von ansonsten sehr langsamen natürlichen Vorgängen wie dem Öffnen doppelstrangiger DNA, der Entfaltung von globulären Proteinen, der Trennung von gebundenen Ligand–Rezeptor-Paaren, der Entfernung intrinsischer Membranproteine aus der Lipiddoppelschicht, des Entwirrens nukleosomaler DNA aus Histonkernen oder der Erzeugung eines Loches in der Zellmembran, um nur einige Ideen aufzuzählen. Wenn wir solche Techniken nutzen könnten, wären wir im Stande, mit einzelnen DNA- oder Proteinmolekülen oder mit Zellmembranen und dem Zytoplasma zu arbeiten – und schließlich Operationen an lebenden Zellen durchzuführen.

11.2
Operationen an Zellen

Das offensichtliche Ziel einer Anwendung der Nanobiomechanik ist eine Art Chirurgie an einzelnen Zellen. Damit ist gemeint, dass wir mit einem mikrochirurgischen „Skalpell" eine spezifische Region auf einer lebenden Zelle bearbeiten und die Aktivität oder Position von Membranproteinen verändern oder in die Zelle eindringen und die intrazellulären Strukturen manipulieren können, um Fehler zu korrigieren. Es könnte möglich sein, kleine Men-

Einführung in die Nanobiomechanik. Atsushi Ikai.

ISBN: 978-3-527-40954-9

gen von Proteinen aus der Zellmembran oder den Mitochondrien zu entnehmen oder andere subzelluläre Strukturen aus dem Kern herauszuholen. Durch Veränderung des genetischen Materials im Kern und den Mitochondrien könnte der Zellchirurg die Eigenschaften der Nachkommen der operierten Zelle verändern. Wenn es sich um eine embryonale Stammzelle handelt, könnte man die Eigenschaften der daraus entstehenden Gewebe und Organe modifizieren. Das Potenzial einer solchen Chirurgie an Zellen ist kaum abzuschätzen.

Das erste Problem, das auf dem Weg dorthin gelöst werden muss, ist die Frage, wie man ein Loch in die Zellmembran bohren kann, ohne die Zelle schwer zu verletzen. Über die Heilungsprozesse einer verletzten Zelle oder über die kritische Größe von Löchern in der Zellmembran ist kaum etwas bekannt. Erst relativ kürzlich haben Experimente in mehreren Labors zu ersten Erkenntnissen über diese Prozesse geführt [1].

11.3
Operationen an Chromosomen und Genmanipulationen

Da es inzwischen möglich ist, mit einem Rasterkraftmikroskop Plasmid-DNA in eine lebende Zelle einzufügen [2, 3], gibt es eine gute Chance, dass wir eines Tages in der Lage sein werden, die in der DNA des Genoms gespeicherte Information mit nanotechnologischen Verfahren zu verändern – auch wenn noch viele Schranken zu überwinden sein werden, bevor solche Operationen routinemäßig durchgeführt werden können. Die folgenden Fragen müssen geklärt werden, bevor wir im Stande sind, dem Genom in lebenden Zellen mit unserem mikrochirurgischen Skalpell zu Leibe zu rücken:

1. Wir müssen die DNA des Genoms in einer intakten Form aus dem Kern entnehmen und auf einem Operationstisch ausstrecken können.

2. Wir müssen den zu operierenden Teil der DNA auf dem ausgestreckten Molekül eindeutig identifizieren können.

3. Wir müssen in der Lage sein, einen Abschnitt der DNA, der fehlerhafte Basensequenzen enthält, aus dem Molekül herauszuschneiden und aus dem Gen zu entfernen.

4. Wir müssen in der Lage sein, ein Ersatzsegment für die DNA zu positionieren und in die gerade operierte DNA einzubinden.

5. Wir müssen die DNA ohne Beschädigung der restlichen Basensequenz wieder in den Kern zurückbringen können.

6. Die Zelle, in die operierte DNA eingefügt wird, muss unverletzt und ohne Einschränkung ihrer Fähigkeit zur Differenziation überleben und sich teilen können.

Es wird noch lange dauern, bis alle aufgezählten Forderungen erfüllt sein werden, aber wenn sie erfüllt sind, wird die gezielte Korrektur genetischer Fehler in einzelnen Zellen eine Vielzahl nützlicher Anwendungen finden. Das ethische Problem, ob wir an unserem genetischen Erbe, einem Produkt der Evolutionsgeschichte und einem Geschenk unserer Vorfahren, in dieser Weise herumspielen sollten, muss dringend diskutiert werden, bevor die technischen Voraussetzungen dafür geschaffen sind. Heute können wir zu diesem Thema nur feststellen, dass das Genom in seiner aktuellen Form durch zufällige Mutationen seiner Basensequenz und die Verbreitung spezieller Mutationen gemäß dem Gesetz der Zuchtwahl geformt wurde.

11.4 Operationen an Geweben

Chirurgie an Geweben mithilfe nanomechanischer Methoden wurde in der Kniechirurgie bereits erprobt. Dabei wurde ein kleiner AFM-basierter mechanischer Sensor ins Kniegelenk eingeführt, um die mechanischen Eigenschaften von verhärtendem Gewebe zu messen [4]. Zur Untersuchung der Osteoarthritis in einem frühen Stadium wurde ein miniaturisiertes Rasterkraftmikroskop in ein arthroskopisches Standardgerät integriert, wie Abbildung 11.1 zeigt. Dieses Instrument ermöglicht dem Chirurgen, die mechanischen Eigenschaften des Gelenkknorpels während einer Routinearthroskopie mit einer Auflösung im Bereich von Nano- bis Mikrometern *in vivo* zu messen. Ähnliche Entwicklungen werden auf anderen Gebieten der Medizin folgen und den Chirurgen die minimal-invasive Beobachtung und gezielte Reparatur von kleinen Teilen verletzten Gewebes erlauben.

11.5 Liposomtechnologie

Liposome sind kleine Taschen aus Phospholipid-Doppelschichten. Es gibt Einschicht- und Mehrschichtliposomen. Einschichtliposomen können als Modelle einer Zelle verwendet werden. Für uns ist die Einfügung von Proteinen oder Anlagen zur Proteinsynthese in ein Liposom von besonderem Interesse, weil wir diesen Versuch als Vorstufe zur Konstruktion einer künstlichen Zelle ansehen können. Der Einschluss von Aktin- oder Tubulinmolekülen in ein Einzelschichtliposom, das die Polymerisation von Monomeren ermöglichte, wurde als Modell für die Zytoskelettstruktur verwendet. Durch das Wachs-

(a)

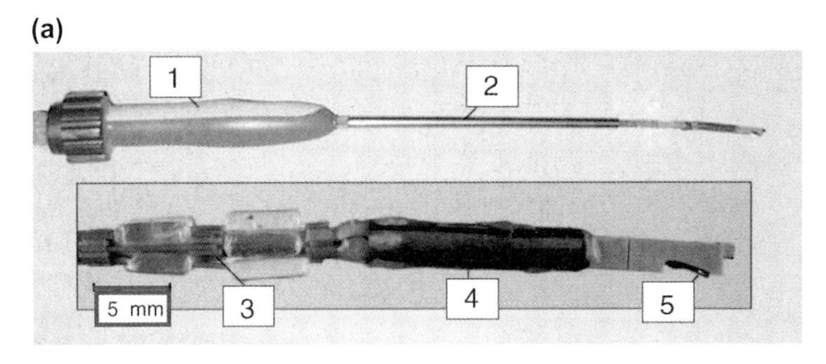

(b)

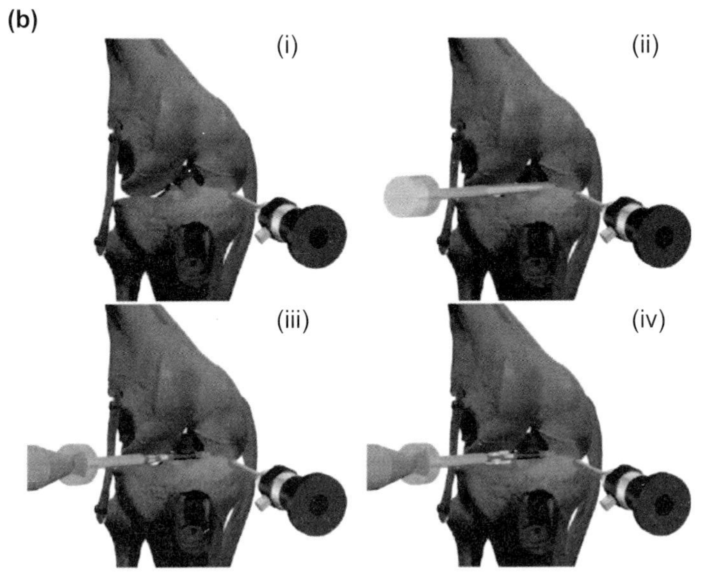

Abbildung 11.1 (a) Das Rasterkraftarthroskop (SFA). Die Vergrößerung die Spitze des Instruments mit der Rastereinheit (3), dem Röhrenscanner (4) und dem AFM-Sensor (5). (b) Das für die sichere Positionierung und Stabilisierung des SFA eingesetzte Verfahren: (i) Sichtprüfung des Knies durch ein optisches Arthroskop. (ii) Schaffung eines Zugangs für das Instrument. (iii) Einführen des SFA. (iv) Positionierung und Stabilisierung des Instrumentes durch Aufblasen von Ballons. Wiedergabe mit freundlicher Genehmigung aus Imer et al. [4].

tum von faserigen Strukturen innerhalb des Liposoms verlängerte sich seine Form allmählich und imitierte beinahe die Strukturänderungen, die in einer sich bewegenden Zelle beobachtet werden [5].

Nomura et al. konnten demonstrieren, dass die in ein Liposom eingeschlossenen Strukturen zur Proteinsynthese ein spezielles Protein produzierten [6]. Mehrere Liposome können durch hohle Lipid-Nanoröhrchen, die sich als Ausstülpungen einer Phospholipid-Doppelschicht bilden, zu größeren Funktionseinheiten verbunden werden. Akiyoshi et al. zeigten, dass eine Mischung von

Cholesterin und Phospholipiden als Ausgangsmaterial für die Liposombildung die Entstehung von röhrenförmigen Strukturen unterstützte, durch die Fluoreszenzmarker durch Diffusion von einem Liposom in ein anderes gelangen konnten [7,8].

11.6 Freisetzung von Wirkstoffen

Die gezielte Freisetzung von Wirkstoffen ist eine sehr spezielle Anwendung der Nanobiologie. Wirkstoffe müssen im Körper zu den spezifischen Orten transportiert werden, an denen sie ihre heilende Wirkung entfalten sollen. Dabei ist der Wirkstoff selbst nicht in der Lage, krankes – z. B. von Krebs befallenes – Gewebe zu erkennen. Wenn er jedoch mit einem spezifischen Marker versehen wird, der spezielle Arten von Krebszellen erkennen kann, kann der Wirkstoff effizient und sparsam eingesetzt werden, was dem Patienten unter Umständen viele Nebenwirkungen ersparen kann. Dieses Grundprinzip der intelligenten Freisetzung von Wirkstoffen wurde in vielen Arbeitsgruppen überall auf der Welt intensiv erforscht. In den meisten Fällen wird ein spezifischer Wirkstoff in kleine Behälter verpackt, deren äußere Oberfläche mit einem speziell hergestellten Marker versehen ist, der eine spezifische Affinität für Moleküle auf der Oberfläche der Krebszellen besitzt. Häufig ist dieser Marker ein Antikörper gegen Membranproteine, die ausschließlich auf Krebszellen zu finden sind.

Wo kommt in diesem durchdachten System der Freisetzung von Wirkstoffen nun die Mechanik ins Spiel? Park et al. berichteten von einer interessanten Variante der transdermalen Wirkstofffreisetzung, bei der mit mit einer Anordnung von Mikronadeln aus biologisch abbaubaren Polymeren Löcher in die Haut gestochen wurden [9]. Sie fanden, dass die mechanischen Eigenschaften und die Biokompatibilität der aus Polymilchsäure (PLA), Polyglykolsäure (PGA) und ihrem Copolymer PLGA hergestellten Nadeln für den beabsichtigten Zweck geeignet waren. Diese Polymere wurden wegen ihrer bekannten Biokompatibilität ausgewählt und waren mechanisch hoch belastbar (die Elastizitätsmoduln reichen von 1 GPa für niedermolekulares PLGA bis 10 GPa für PGA). Die Kraft zur Erzeugung der Löcher in der Haut lag in der Größenordnung von 0.1 N; der Wirkungsgrad der Wirkstofffreisetzung stieg durch diese Verabreichung des Wirkstoffs um drei Größenordnungen. Die Kraft zur Freisetzung des Wirkstoffs unter der Haut lag deutlich unter der Streckgrenze der Polymernadeln. Ein ähnlicher Ansatz ist auch für die Freisetzung von Wirkstoffen in individuelle lebende Zellen denkbar und sollte untersucht werden.

11.7
Gewinnung von DNA und RNA aus Chromosomen und Zellen

Um den biochemischen Status einer Kultur von lebenden Zellen zu überwachen, muss man die Veränderung der Zellsubstanz als Funktion der Zeit verfolgen, ohne die Zellen abzutöten oder ernstlich zu beschädigen. Zur Einführung in dieses Thema werden wir einige Experimente zur Auskopplung von DNA aus Chromosomen sowie von mRNA aus dem Zytoplasma beschreiben. Auch das Herausziehen von Membranproteinen aus lebenden Zellen, das wir zuvor beschrieben hatten, gehört im weiteren Sinn in diesen Kontext.

Die AFM kann verwendet werden, um DNA aus Chromosomen oder mRNA aus dem Zytoplasma herauszuziehen. Xu und Ikai konnten zeigen, dass man ein einziges Exemplar einer Genom-DNA aus einem isolierten Mauschromosom extrahieren, durch PCR verstärken und sequenzieren kann [10]. Dazu wurde zuerst ein Teil des Chromosoms mithilfe einer AFM-Sonde abgebildet, die bei pH = 10 aminosilanisiert worden war; bei diesen Bedingungen sind die Aminogruppen nicht protoniert. Nach der Abbildung wurde die Sonde an die gewünschte Position auf dem Chromosom gebracht und der pH der Lösung wurde auf ungefähr 7 gesenkt, wodurch die Sonde vollständig protoniert wurde. Dadurch wurden die elektrostatischen Wechselwirkungen zwischen der nun positiv geladenen Sonde und der negativ geladenen DNA maximiert. Die Sonde wurde nun ins Chromosom gestoßen und dann mit einigen anhängenden DNA-Segmenten wieder herausgezogen. Das Herausziehen der Sonde wurde im Kraftmodus des AFM als anhaltende Ablenkung der Blattfeder nach unten registriert, wie Abbildung 11.2 zeigt.

Die Sonde mit der anhängenden DNA wurde als Ausgangsmaterial für die Verstärkung durch PCR verwendet, und die verstärkte DNA wurde benutzt, um die Stelle der Auskopplung mittels Fluoreszenz-in-situ-Hybridisierung (FISH) zu identifizieren. Die verstärkte DNA wurde anschließend sequenziert.

Uehara et al. konnten zeigten, dass mRNA aus dem Zytoplasma von lebenden Zellen extrahiert werden kann, wenn es an einer AFM-Sonde adsorbiert war, die man unter Anwendung einer großen Kraft in die Zelle gestoßen hatte [11, 12]. Nach dem Zurückziehen der Sonde brachten sie sie direkt in ein Probenröhrchen mit den Zutaten für die RT-PCR-Verstärkung und führten eine Verstärkung durch. Sie wiesen an 173 von insgesamt 176 in lebende Zellen eingeführten Sonden das Vorhandensein der mRNA für das Protein β-Aktin nach (Erfolgsquote 97 %). Sie konnten auch die Verteilung der β-Aktin-mRNA innerhalb der Zelle kartieren und die Abhängigkeit ihres Vorkommens vom physiologischen Status der Zelle verfolgen (Abbildung 11.3). In ruhenden Zellen war die β-Aktin-mRNA näher am Kern lokalisiert. Wenn die Zelle dagegen durch Zufuhr von Nährstoffen aktiviert wurde, konnten merkliche Men-

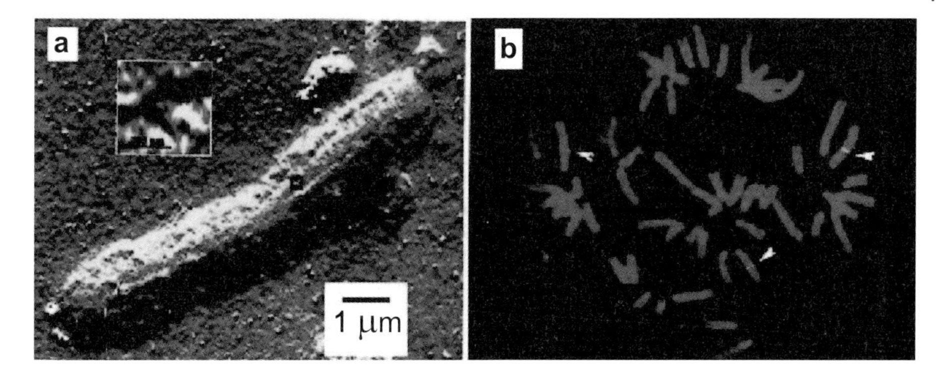

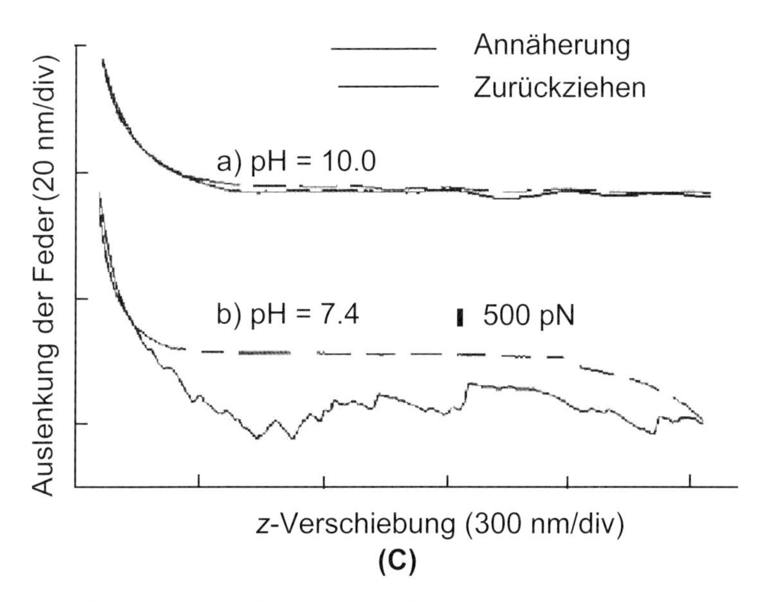

Abbildung 11.2 Extraktion von DNA aus einem isolierten Stück Mauschromosom. Die bei pH = 10 aufgenommenen Kraftkurven zeigen keine Ablenkung nach unten, wenn die Sonde aus dem Chromosom herausgezogen wurde. Bei pH = 7 ist dagegen eine ausgedehnte Ablenkung nach unten zu erkennen, die das Herausziehen der DNA anzeigt. Wiedergabe mit freundlicher Genehmigung aus [10]. Für eine farbige Version der Abbildung siehe Anhang E.

gen von β-Aktin-mRNA in einiger Entfernung vom Kern nachgewiesen werden, aber nur in dem Teil der Zelle, der in Fortbewegungsrichtung lag. Diese Methode kann weiterentwickelt werden, um die genaue intrazelluläre örtliche Verteilung bestimmter Arten von mRNA als Funktion der Zeit zu bestimmen, weil das Verfahren die Zellen nicht schädigt.

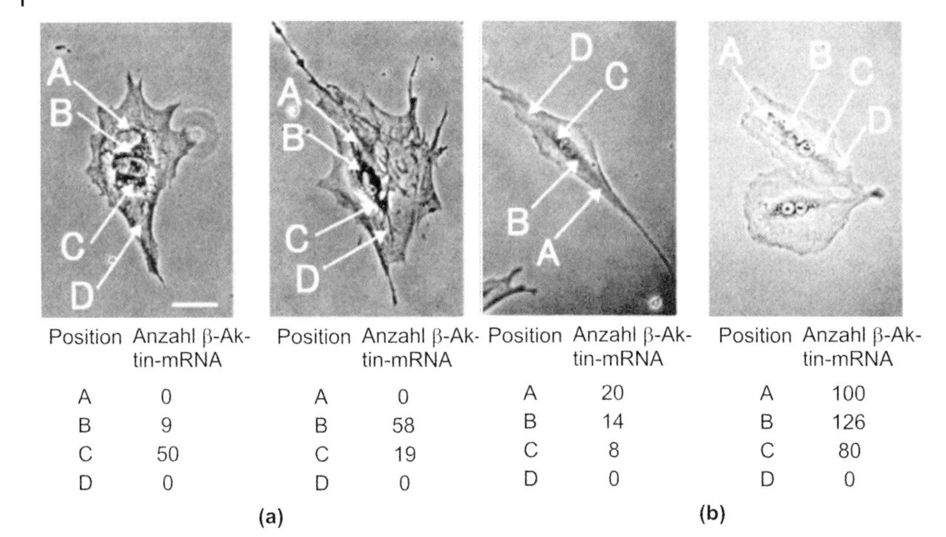

Position	Anzahl β-Aktin-mRNA
A	0
B	9
C	50
D	0

Position	Anzahl β-Aktin-mRNA
A	0
B	58
C	19
D	0

Position	Anzahl β-Aktin-mRNA
A	20
B	14
C	8
D	0

Position	Anzahl β-Aktin-mRNA
A	100
B	126
C	80
D	0

Abbildung 11.3 Mit jeweils neuen AFM-Sonden wurde mRNA für β-Aktin von unterschiedlichen Orten A, B, C und D aus dem Zytoplasma einzelner Zellen extrahiert. Die an den Sonden adsorbierte mRNA wurde dann durch RT-PCR und PCR verstärkt. Die Zellen in (a) sind in Ruhe, während die in (b) durch Zugabe von Kälberserum zum Kulturmedium aktiviert wurden. Wiedergabe mit freundlicher Genehmigung aus Uehara et al. [12].

Literaturverzeichnis

1 Zohora, U. S. (2007) Atomic Force Microscope (AFM) studies for single cell manipulation, Masterarbeit, Tokyo Institute of Technology, Tokyo.

2 Han, S., Nakamura, C., Obataya, I., Nakamura, N., Miyake, J. (2005) Gene expression using an ultrathin needle enabling accurate displacement and low invasiveness, *Biochemical and Biophysical Research Communications*, **332**, 633–639.

3 Obataya, I., Nakamura, C., Han, S., Nakamura, N., Miyake, J. (2005) Nanoscale operation of a living cell using an atomic force microscope with a nanoneedle, *Nano Letters*, **5**, 27–30.

4 Imer, R., Akiyama, T., de Rooij, N. F., Stolz, M., Aebi, U., Kilger, R. et al. (2007) In situ measurements of human articular cartilage stiffness by means of a scanning force microscope, *Journal of Physics Conference Series*, **61**, 467–471.

5 Inaba, T., Ishijima, A., Honda, M., Nomura, F., Takiguchi, K., Hotani, H. (2005) Formation and maintenance of tubular membrane projections require mechanical force, but their elongation and shortening do not require additional force, *Journal of Molecular Biology*, **348**, 325–333.

6 Nomura, S. M., Tsumoto, K., Hamada, T., Akiyoshi, K., Nakatani, Y., Yoshikawa, K. (2003) Gene expression within cell-sized lipid vesicles, *Chemical Biology – Biological Chemistry*, **4**, 1172–1175.

7 Akiyoshi, K., Itaya, A., Nomura, S. M., Ono, N., Yoshikawa, K. (2003) Induction of neuron-like tubes and liposome networks by cooperative effect of gangliosides and phospholipids, *FEBS Letters*, **534**, 33–38.

8 Nomura, S. M., Mizutani, Y., Kurita, K., Watanabe, A., Akiyoshi, K. (2005) Changes in the morphology of cell-size liposomes in the presence of cholesterol: formation of neuron-like tubes and liposome networks, *Biochimica et Biophysica Acta*, **1669**, 164–169.

9 Park, J. H., Allen, M. G., Prausnitz, M. R. (2005) Biodegradable polymer microneedles: fabrication, mechanics and transdermal drug delivery, *Journal of Controlled Release*, **104**, 51–66.

10 Xu, X. M., Ikai, A. (1998) Retrieval and amplification of single-copy genomic DNA from a nanometer region of chromosomes: a new and potential application of atomic force microscopy in genomic research, *Biochemical and Biophysical Research Communications*, **248**, 744–748.

11 Osada, T., Uehara, H., Kim, H., Ikai, A. (2003) mRNA analysis of single living cells, *Journal of Nanobiotechnology*, **1**, 2.

12 Uehara, H., Osada, T., Ikai, A. (2004) Quantitative measurement of mRNA at different loci within an individual living cell, *Ultramicroscopy*, **100**, 197–201.

12
Finite-Elemente-Analyse von mikroskopischen biologischen Strukturen

Sandor Kasas, Thomas Gmür, Giovanni Dietler

12.1
Einführung

Heutzutage werden Finite-Elemente-Methoden in fast allen Bereichen der Technik eingesetzt; jeden Tag werden Tausende von strukturellen, thermischen, fluiddynamischen, elektrischen und elektromagnetischen Modellen mit diesem Verfahren gelöst. Dieser Erfolg liegt in der Fähigkeit der Methode begründet, stationäre und dynamische, lineare und nichtlineare Aufgabenstellungen behandeln zu können, die mehr als nur eine einzige physikalische Erscheinung umfassen, z. B. Wechselwirkungen zwischen einer Flüssigkeit und einem Festkörper oder zwischen Wärme und einem elektromagnetischen Feld. Auch auf kleineren Längenskalen setzen Wissenschaftler inzwischen Finite-Elemente-Methoden ein, um ihre Messungen vorauszusagen oder zu überprüfen. Erst in letzter Zeit beginnen Biologen und Ärzte, das enorme Potenzial der Methode zu verstehen. Die noch existierende Lücke zwischen der Technik und den Biowissenschaften schließt sich dank der steigenden Geschwindigkeit der Mikroprozessoren und der besseren Verfügbarkeit von erschwinglicher Computerhardware und Finite-Elemente-Software schnell. Die offensichtlichste biomedizinische Anwendung der Finite-Elemente-Modellierung betrifft das Muskel–Skelett-System. Eine zunehmende Zahl von Analysen richtet sich jedoch auch auf mikrobiologische Strukturen. Nach einer kurzen historischen Einführung in das Prinzip und einer Beschreibung der Methode wird sich dieses Kapitel auf die mikrobiomedizinischen Anwendungen dieses Werkzeugs konzentrieren.

12.2
Eine kurze Geschichte der Finite-Elemente-Methode

Das Verhalten von einfachen Bauteilen wie Stäben oder Balken lässt sich recht einfach auf der Grundlage einiger elementarer Prinzipien beschreiben. Die Beziehungen zwischen den Kräften auf solche Systeme und den resultierenden

Einführung in die Nanobiomechanik. Atsushi Ikai.

ISBN: 978-3-527-40954-9

Verformungen sind im Prinzip fast trivial. Eine große Zahl solcher Bauelemente kann zu einer komplexeren Struktur kombiniert werden. Eine Analyse auf der Grundlage der Verformung solcher komplexen Strukturen wurde zuerst 1826 von Louis Navier vorgeschlagen. Richardson verwendete 1910 einen ähnlichen Ansatz (die Finite-Differenzen-Methode), um die ebenen Spannungen in einem gemauerten Damm näherungsweise zu berechnen. Für die notwendigen numerischen Berechnungen rekrutierte er Schüler aus der örtlichen Highschool, die er als seine „Computer" bezeichnete. Er bezahlte sie nach der Zahl der durchgeführten Berechnungen von Koordinatenpunkten und der Zahl der verwendeten Ziffern; wenn seine „Computer" Fehler machten, strich er ihnen das Honorar! Dreizehn Jahre später, im Jahr 1923, unterteilte Courant die Aufgabe in eine Vielzahl von Dreiecken [1]. 1943 veröffentlichte er seine Ergebnisse; es handelt sich hierbei um die erste Veröffentlichung zur Verwendung von Dreieckselementen zum Aufbau eines Modells einer mechanischen Struktur, an dem Torsionsprobleme numerisch berechnet werden konnten. Ein wesentlicher Durchbruch kam 1956, als Turner zeigte, wie komplexe Aufgaben an ebenen Platten mithilfe von finiten Dreieckselementen modelliert werden konnte. 1960 konnte Clough [2] mathematisch erklären, weshalb die Unterteilung einer Aufgabenstellung in kleine Elemente funktionierte. Er zeigte, wie die Näherungslösung mit abnehmender Größe der Elemente gegen die mathematisch exakte Lösung konvergierte. Während der 1960er Jahre wurden ausgefeiltere finite Elemente entwickelt. 1963 erkannte Melosh [3], dass die Finite-Elemente-Methode mithilfe der Variationsrechnung auch auf Felder erweitert werden konnte. Seine Arbeit war ein wichtiger Beitrag, weil sie zu einer viel breiteren Anwendung der Finite-Elemente-Methode führte, beispielsweise auf zahlreiche Aufgabenstellungen im Zusammenhang mit stationären oder transienten Zuständen von Feldern. Anfang der 1960er Jahre wurden integrierte Schaltkreise entwickelt, und 1970 erfand Intel den ersten Mikroprozessor. Während dieser Phase kamen mehrere kommerzielle Finite-Elemente-Pakete auf den Markt (Sadsam 1960, Nastran 1965, Ansys 1970, Marc 1972), wodurch die Methode für die wissenschaftliche Community allgemein verfügbar wurde. Seit dieser Zeit hat die Rechenleistung dramatisch zugenommen und wurde viel billiger, sodass Finite-Elemente-Programme heute auch auf gewöhnlichen PCs laufen. Übersichtsartikel zur Geschichte der Finite-Elemente-Methode wurden von Samuelson und Zienkiewicz [4] und Clough [5] veröffentlicht. Eine eher mathematische Behandlung des Prinzips ist in Thomée [6] zu finden.

12.3 Die Finite-Elemente-Methode

Viele physikalische Phänomene werden durch Differenzialgleichungen mit speziellen Anfangs- oder Randbedingungen beschrieben. Diese Gleichungen können durch Anwendung grundlegender physikalischer Gesetze wie beispielsweise der Erhaltung von Masse, Kraft oder Energie auf die jeweilige Situation hergeleitet werden. Manchmal können diese Differenzialgleichungen analytisch exakt gelöst werden. In der Mehrzahl der praktisch interessierenden Fälle ist dies jedoch nicht möglich, weil entweder die Differenzialgleichungen zu komplex sind oder die Anfangs- und Randbedingungen Schwierigkeiten bereiten. Um solche Aufgabenstellungen zu lösen, muss man auf numerische Näherungsverfahren zurückgreifen. Im Gegensatz zu analytischen Lösungen, die das genaue Verhalten des Systems an jedem Punkt seines Volumens beschreiben, liefern numerische Näherungen nur an diskreten Punkten, den so genannten *Knoten*, eine genaue Lösung. Die zwei am häufigsten eingesetzten numerischen Methoden sind die Finite-Differenzen- und die Finite-Elemente-Methode (FEM). Bei der ersten werden die Differenzialgleichungen für jeden Knoten des Systems formuliert und die Differentiale werden durch Differenzgleichungen ersetzt. Anschließend löst man den Satz von simultanen linearen Gleichungen, die das System beschreiben. Finite-Differenzen-Methoden sind intuitiv und leicht zu verstehen, sie sind aber nicht ohne weiteres auf Strukturen mit komplexen Geometrien, anisotropen Materialeigenschaften oder komplexen Randbedingungen anwendbar. Die FEM unterteilt das System ebenfalls in Knoten (und Elemente). Sie verwendet jedoch eine Integralformulierung, um das System von algebraischen Gleichungen zu erzeugen. Außerdem wird eine kontinuierliche Funktion als Näherungslösung für jedes Element angesetzt. Die Lösung wird dann bestimmt, indem die einzelnen Näherungslösungen für jedes Element so kombiniert werden, dass die Stetigkeit an den Übergängen zwischen ihnen sichergestellt ist.

Die Finite-Elemente-Methode besteht somit aus den folgenden elementaren Schritten:

- *Definition der geometrischen Form und der Materialeigenschaften des untersuchten Objekts,*
- *Diskretisierung des Objekts in Knoten und Elemente (Gitterbildung),*
- Wahl einer Formfunktion, die das physikalische Verhalten der Elemente beschreibt,
- Herleitung von Gleichungen zur Beschreibung eines Elements,
- Zusammenbauen der Elemente zur Beschreibung der gesamten Aufgabenstellung,

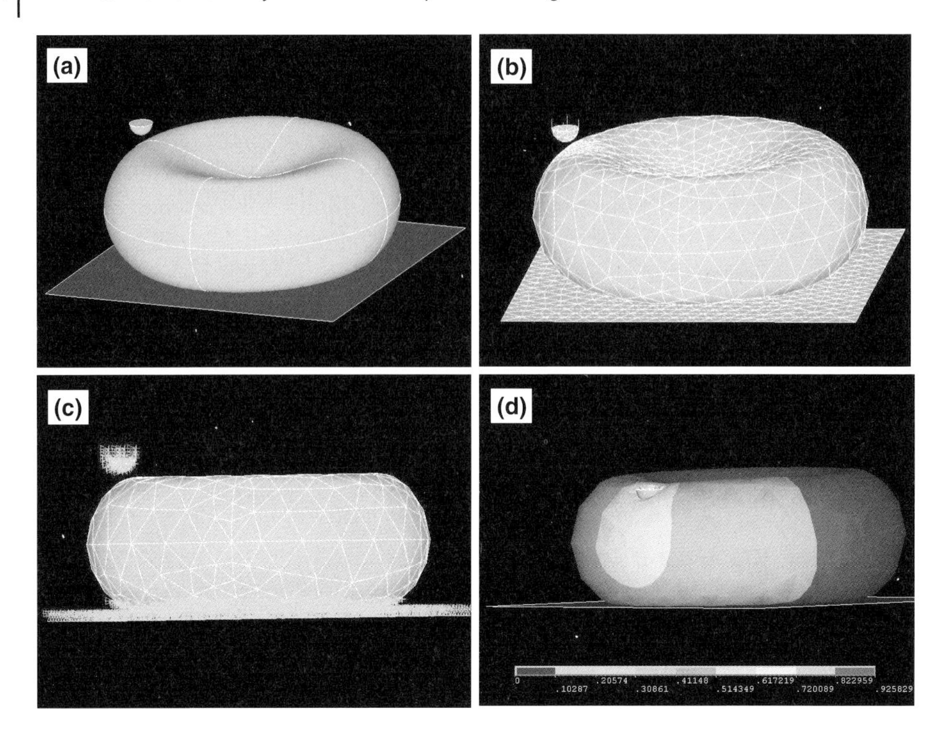

Abbildung 12.1 Die wesentlichen Schritte, die eine typische Finite-Elemente-Analyse ausmachen (hier mit der kommerziellen Software ANSYS 10.0): (a) Definition der Geometrie, (b) Diskretisierung der Spitze, ihrer Lagerung, der Probe und des Substrats in Knoten und Elemente (Gitterbildung), (c) Definition der Randbedingungen (kleine Dreiecke zeigen die Punkte, an denen Randbedingungen eingesetzt wurden: Die Bewegung der Spitze wurde auf die z-Richtung eingeschränkt, und die Unterseite des Erythrozyten sowie das Substrat wurde in x- und y-Richtung fixiert), (d) Visualisierung des globalen Verschiebungsvektors in Falschfarbendarstellung. Für eine farbige Version der Abbildung siehe Anhang E.

– *Anwendung der Randbedingungen,*

– simultane Lösung eines Systems von linearen oder nichtlinearen algebraischen Gleichungen zur Berechnung der Ergebnisse für die Knoten,

– *Visualisierung der Daten.*

Einzelheiten zu jedem dieser Schritte sind in praktisch jedem Buch zu diesem Thema zu finden [7,8]. Wenn man ein kommerziell oder frei verfügbares Finite-Elemente-Programmpaket einsetzt, anstatt seine eigenen Programme zu entwickeln, müssen nur die kursiv gedruckten Schritte durchgeführt werden. Abbildung 12.1 zeigt ein Beispiel für die Finite-Elemente-Simulation der Eindrückung eines Erythrozyten mit einem Rasterkraftmikroskop.

In der Abbildung sind nur die kursiv gedruckten Schritte des Verfahrens gezeigt. Die scheinbare Einfachheit des Prozesses sollte aber niemanden zu der Ansicht verführen, eine Finite-Elemente-Analyse könne ohne ein tiefgreifendes Verständnis der physikalischen Erscheinungen, die der Aufgabenstellung zugrundeliegen, oder der Art und Weise, wie die Computerprogramme die Lösung berechnen, durchgeführt werden. Nicht zuletzt muss der Wissenschaftler in der Lage sein, die hoch spezialisierte Finite-Elemente-Software korrekt anzuwenden. Aus diesen Gründen werden solche Analysen in den meisten Ingenieurbüros einem in dieser Methode erfahrenen Mitarbeiter übergeben. Adams und Askenazi [9] schildern die Fallstricke, die zu vermeiden sind, die Einschränkungen der Methode an sich sowie eine geeignete Strategie, um zuverlässige Finite-Elemente-Modelle zu erzeugen.

12.4 Anwendung der FEM auf mikrobiologische Proben

Wir werden uns jetzt auf Arbeiten konzentrieren, in denen die Finite-Elemente-Methode verwendet wurde, um die mechanischen Eigenschaften oder das Verhalten von komplexen biologischen Proben im Nano- oder Mikromaßstab zu simulieren. Die einschlägigen Veröffentlichungen beginnen in der Regel mit einer Beschreibung der zur Messung der mechanischen Eigenschaften der Probe verwendeten experimentellen Verfahren. Eine umfassende Übersicht über die verschiedenen eingesetzten Methoden und Werkzeuge (z. B. die Rasterkraftmikroskopie oder die optische Laserpinzette) geben Van Vliet und Bao [10]. Wir werden im Folgenden keine Simulationen von elektromagnetischen oder thermischen Eigenschaften diskutieren, da sie nur dürftig in der Literatur vertreten sind.

12.4.1 Proteine

Die Simulation von einzelnen Proteinmolekülen mithilfe der FEM ist ein relativ neues Arbeitsgebiet, das sich in der nahen Zukunft vermutlich schnell entwickeln wird. Der Grund dafür ist, dass die üblicherweise zu diesem Zweck verwendete *Molekulardynamik* das Verhalten von großen Proteinen nicht über die ganze Spanne ihrer physiologischen Funktionsdauer simulieren kann, die in der Größenordnung von Millisekunden liegen kann. Außerdem ist die Molekulardynamik nicht geeignet, um die Deformation von großen Proteinen unter einer Last zu simulieren. Finite-Elemente-Näherungen sind daher in vielen Beispielen wie den im Folgenden beschriebenen eine wertvolle Ergänzung.

Spektrin ist gemeinsam mit Aktin ein Hauptbestandteil des Zytoskeletts in menschlichen Erythrozyten. Während ihrer Lebensdauer von 120 Tagen wird jede dieser Zellen mit einem Durchmesser von etwa 8 µm viele tausende Mal elastisch deformiert, während sie enge Kapillaren mit Durchmessern von gerade einmal 3 µm durchquert. Dabei erhält das normalerweise bikonkave rote Blutkörperchen jedes Mal eine projektilähnliche Form [11]. Dieses physiologische Phänomen ist jedoch nur einer von mehreren Gründen, weshalb die Deformation von menschlichen roten Blutkörperchen lange ein Thema von großem wissenschaftlichen Interesse war [12]. Ein anderer Anreiz bestand darin, dass bestimmte vererbte (Sichelzellenanämie) und parasitische (Sumpffieber) Krankheiten mit der Deformation von roten Blutkörperchen in Verbindung gebracht werden. Die mechanischen Eigenschaften eines Erythrozyten werden überwiegend durch sein Zytoskelett bestimmt, und daher wurden die elastischen Eigenschaften von Spektrin und seines Netzes intensiv untersucht.

1997 entwickelten Hansen et al. ein Finite-Elemente-Modell, das die intrinsischen elastischen Eigenschaften von Spektrin und die geometrische Organisation des Zytoskelettnetzes in roten Blutkörperchen zusammenfasste [13]. In diesem Modell des Netzes wurden die Spektrinmoleküle durch Federn und elastische Stäbe dargestellt, während die Knoten den Proteinverknüpfungen im Zytoskelett entsprachen. Mit diesem Modell berechneten sie die makroskopischen mechanischen Eigenschaften des Erythrozyten-Plasmalemmas. Umfassende Übersichtsartikel über die Struktur und Funktion von Spektrin sind bei De Matteis und Morrow [14] zu finden. Die mechanischen Eigenschaften von Spektrinnetzen werden im Detail in [12] beschrieben.

In neuerer Zeit wurde ein fortgeschrittenes Finite-Elemente-Modell entwickelt, um die Funktion mechanisch sensitiver Kanäle in Bakterien zu simulieren [15]. In diesem Modell werden die Transmembranproteine als elastische Stäbe und die Lipiddoppelschicht, in der sie verankert sind, als elastische Platte dargestellt. Die Kräfte auf dieses Modell der Kanäle wurden aus molekulardynamischen Simulationen abgeleitet. Solche Finite-Elemente-Untersuchungen ermöglichen die Simulation des Verhaltens von großen molekularen Strukturen über längere Zeiträume; ihre Möglichkeiten werden jedoch bisher nur unzureichend genutzt.

Im Folgenden werden einige Beispiele angeführt, um zu zeigen, wie große Proteinstrukturen mit Abmessungen von einigen zehn Nanometern bis zu mehreren Mikrometern mithilfe der Finite-Elemente-Methode modelliert werden können. Solche großen makromolekularen Strukturen sind für eine Behandlung mit der FEM besser geeignet als kleinere Strukturen, da sie aufgrund ihrer Größe weitgehend frei von quantenmechanischen Effekten sind und mit Methoden der makroskopischen Kontinuumsmechanik behandelt werden können. Ein bekanntes und typisches Mitglied dieser Familie von großen Proteinstrukturen sind die Mikrotubuli. Sie sind eine Hauptkomponente des Zytoskeletts und spielen eine wesentliche Rolle in vielen grundlegenden Zellprozessen. Sie geben der Zelle ihre mechanische Stabilität und dienen als Infrastruktur für den Transport von Vesikeln, Organellen und Chro-

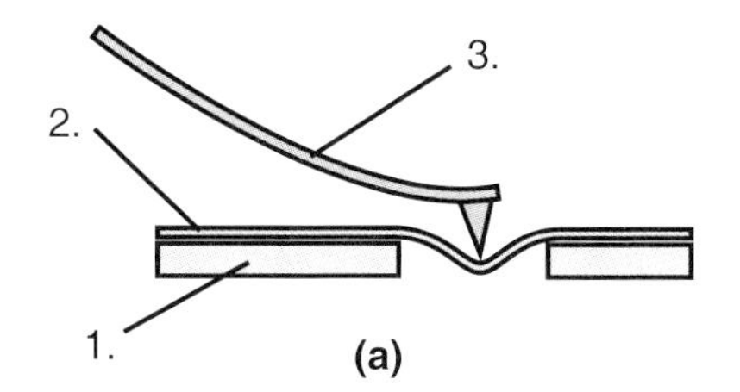

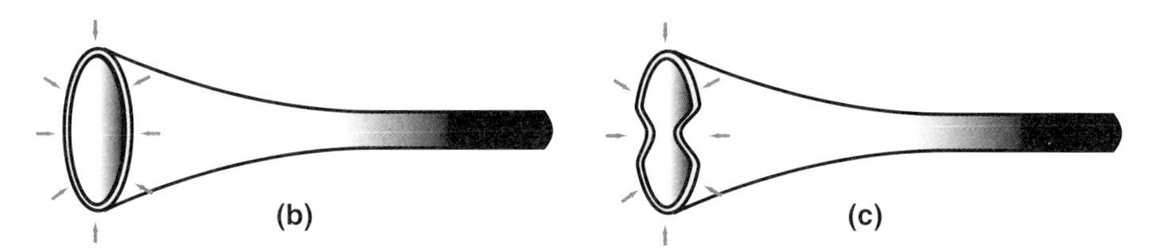

Abbildung 12.2 (a) Experimentelle Anordnung für die Messung der mechanischen Eigenschaften von Mikrotubuli: 1) Substrat mit Löchern, 2) Mikrotubulus, 3) Blattfeder und Spitze des Rasterkraftmikroskops. (b) Zwei Schwingungsmoden der Mikrotubuli, die durch FEM-Analyse gefunden wurden.

mosomen durch Motorproteine. Diese Funktionen spiegeln die eigentümliche Struktur der Mikrotubuli, die gründlich untersucht wurde [16], sowie ihre mechanischen Eigenschaften, die noch Gegenstand von Debatten sind.

Die mechanische Stabilität der Mikrotubuli wurde seit 1979 mit verschiedenen Techniken gemessen. Man fand dabei ganz unterschiedliche Werte von 1 MPa [17] bis 7 GPa [18]. Diese große Diskrepanz ist vermutlich eine Folge unserer veränderten Wahrnehmung dieser Strukturen. Bis etwa 2002 wurden Mikrotubuli als einfache, homogene, isotrope Röhren aufgefasst. Die Messung ihrer Elastizitäts- und Schermoduln mithilfe der Rasterkraftmikroskopie [19] erlaubte jedoch die Erstellung von zuverlässigeren Modellen. Kis et al. [19] verwendeten die gemessenen Werte, um ein Finite-Elemente-Modell von Mikrotubuli zu erstellen, in dem die Protofilamente und ihre Verbindungen als Streben dargestellt wurden, deren mechanische Eigenschaften an die experimentellen Ergebnisse angepasst werden konnten. Mit diesem Modell wurden anschließend die experimentellen Methoden validiert, ihre Randbedingungen bestimmt und verschiedene Eigenschaften von Mikrotubuli wie z. B. ihre Oszillation (siehe Abbildung 12.2), ihre Reaktion auf die Entfernung einzelner Tubulineinheiten und die mechanischen Eigenschaften von exotischen Mikrotubuli vorhergesagt [20, 21]. Vor kurzem konnten Schaap et al. AFM-Messungen an Mikrotubuli mithilfe der FEM validieren [22].

12.4.2
Axoneme und Zilien

Ein Axonem ist die aktive axiale Struktur des Zytoskeletts von eukaryotischen Geißeln und Zilien. Es besteht aus einem zentralen Paar von Einzel-Mikrotubuli umgeben von neun Doppel-Mikrotubuli, wie Abbildung 12.3 illustriert. Die Mikrotubuli-Paare sind an verschiedenen Punkten zu einem Bündel vernetzt; außerdem sind sie durch molekulare Motoren aus Dynein verbunden. Da die Mikrotubuli vernetzt und an ihren Enden fixiert sind, bewirkt die Bildung von Dyneinverknüpfungen eine Biegung der Filamente. Diese Biegung sorgt dafür, dass Geißeln und Zilien sich wellen, was die Bewegung von Spermien, die Reinigung der Atemwege und eine flüssige Bewegung der Eizelle in den Eileitern ermöglicht. Im Zusammenhang mit der Bewegung von Geißeln und Zilien werden einige Punkte noch diskutiert; Computersimulationen könnten bei der Lösung der offenen Fragen helfen. Ein Beispiel für die Verwendung der FEM zur Modellierung der Verbiegung von Axonemen ist die Arbeit von Cibert und Heck [23]. Sie untersuchten die „abgelenkte Verbiegung" von Axonemen im Hinblick auf die Geometrie der Doppelaxoneme. Im Innenohr der Säugetiere sind Stereozilien an der mechanisch-elektrischen Umwandlung von akustischen Wellen (mechanische Schwingungen der Basilarmembran des Cortiorgans) in Nervensignale beteiligt. Die Zellen, die diese Stereozilien tragen, werden Haarzellen genannt. Bei der Signalumwandlung spielen mechanisch gesteuerte Ionenkanäle in der Nähe der Spitzen der Stereozilien eine zentrale Rolle. Die Wahrscheinlichkeit ihrer Öffnung wird durch die Ablenkung der Haarbündel (der Stereozilien) geregelt. Die Ablenkung ist wiederum eine Funktion der geometrischen und Materialeigenschaften des Bündels. Eine Reihe von Messungen aus Stoß- oder Zugexperimenten haben Informationen über die Steifheit von Stereozilien ge-

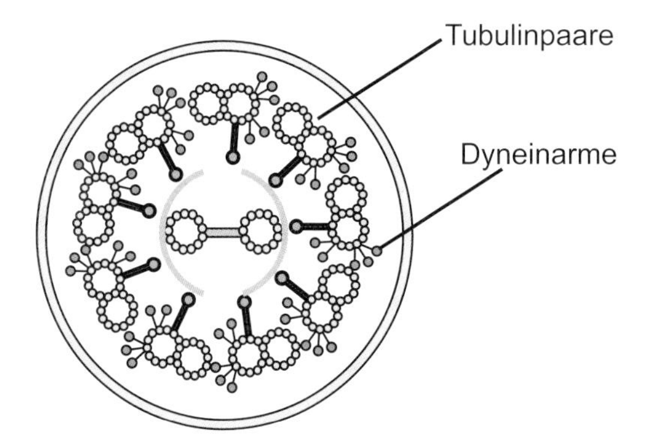

Abbildung 12.3 Schematische Darstellung eines Abschnitts aus einem Axonem aus neun Doppel- und zwei zentralen Einzel-Mikrotubuli.

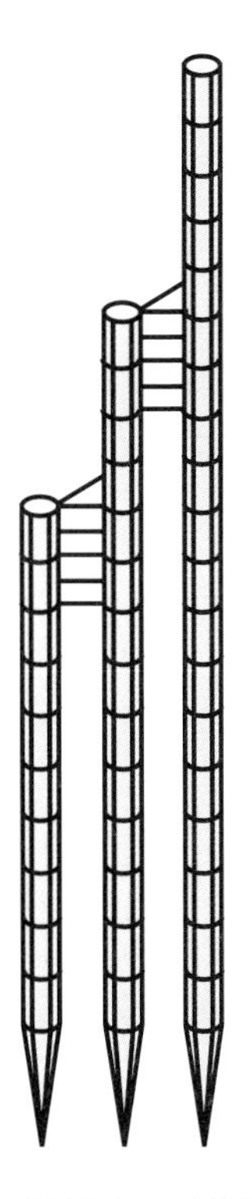

Abbildung 12.4 Die Grundeinheit der Stereozilien des Innenohrs und ihre Verknüpfung, wie sie in FEM-Analysen verwendet wurde. Die Simulation half bei der Identifikation der Beiträge individueller Komponenten des Bündels zu seiner gesamten Steifheit.

liefert. Aber leider können wir die Steifheit nicht mit anderen Parametern wie der Zahl der Reihen von Stereozilien, Abstufungen in ihrer Höhe oder mit ihrem Abstand korrelieren. Die FEM-Analyse ist eine geeignete Methode zur Untersuchung der Mikromechanik solcher Systeme, da sie sowohl komplizierte Geometrien als auch komplexe Materialeigenschaften gut beschreiben kann. Mehrere derartige Untersuchungen wurden unter anderem von Duncan und Grant sowie Silber et al. durchgeführt [24, 25]. Dabei wurden nicht nur einzelne Stereozilien, sondern auch vollständige und miteinander verbundene Haarbündel modelliert (Abbildung 12.4).

Der Einfluss verschiedener geometrischer, Verknüpfungs- und Materialparameter auf die Steifheit des Bündels und seine Form nach einer Deformation wurde berechnet. Eine umfassende Übersicht über die Verwendung der FEM in der Biologie inklusive einer detaillierten Beschreibung der Simulation der Mechanik des Innenohrs gibt Kolston [26]. Eine neuere Übersicht über die Mechanik des Innenohrs ist bei Fettiplace und Hackney [27] zu finden.

12.4.3
Zellkerne

Im Unterschied zu Bakterien sind eukaryotische Zellen durch die Anwesenheit eines von einer Membran umschlossenen Kerns gekennzeichnet, der die DNA aufnimmt und eng mit dem Zytoskelett verknüpft ist. Wenn die Zellmembran unter Spannung steht oder das Zytoskelett einen Umbau erfährt, wird der Kern verzerrt. Es wurde vorgeschlagen, dass diese Deformation des Kerns eine Änderung der Packung der DNA im Kern mit Auswirkungen auf die Genregulation bewirken könnte [28]. Um die Deformation des Kerns besser verstehen zu können, wurden zahlreiche Experimente zu den mechanischen Eigenschaften von Zellkernen entweder durch Ansaugen mit Mikropipetten oder durch Erzeugen lokaler Dehnungen mit der Mikropipette an der Zellwand durchgeführt. 2002 wurden bei ähnlichen Untersuchungen einzelne Endothelzellen zwischen Glasmikroplatten komprimiert [29]. Mithilfe dieser Messungen konstruierten die Wissenschaftler ein Finite-Elemente-Modell, dessen Empfindlichkeit gegenüber Veränderungen der Materialeigenschaften untersucht wurde. Die FEM-Simulationen erlaubten den Wissenschaftlern, den Ursprung des beobachteten nichtlinearen Verhaltens zu verfolgen. Indem sie einen ähnlichen Elastizitätsmodul für das Zytoplasma und den Kern auswählten, konnten sie zeigen, dass die Nichtlinearität der Kraftkurven dem Verhalten der Zellmaterialien und nicht der Anwesenheit eines Kerns zuzuschreiben war.

12.4.4
Mikroorganismen

Da die mechanischen Eigenschaften von ansteckenden Organismen wie Viren oder Bakterien die molekulare Zusammensetzung ihrer Hüllen widerspiegeln, tragen sie wahrscheinlich wesentlich zu ihrem infektiösen Potenzial bei. Dennoch verstehen wir diese Eigenschaften nur schlecht. Zwar können wir die Steifheit von Mikroorganismen relativ leicht z. B. per AFM messen; das Problem ist jedoch, dass die Interpretation der Daten und die Bestimmung ihres Elastizitätsmoduls aufgrund ihrer komplizierten Form praktisch unmöglich ist. Wenn wir aber die Geometrie der AFM-Spitze und die Federkonstante der Blattfeder kennen, ist es nicht weiter schwierig, die dreidimensionale Form eines Mikroorganismus aus seinem Bild im Rasterkraftmikroskop abzuleiten. Diese Information können wir dann in Verbindung mit der FEM verwenden, um den Elastizitätsmodul seiner Hülle aus einer Simulation zu bestimmen (Abbildung 12.5).

Beispielsweise bestimmten Kol et al. [30] zunächst die Steifheit von murinen Leukämieviren mithilfe der AFM. Sie modellierten dann die Form des Virus durch die FEM und simulierten die Eindrückung der Sonde. Dann passten

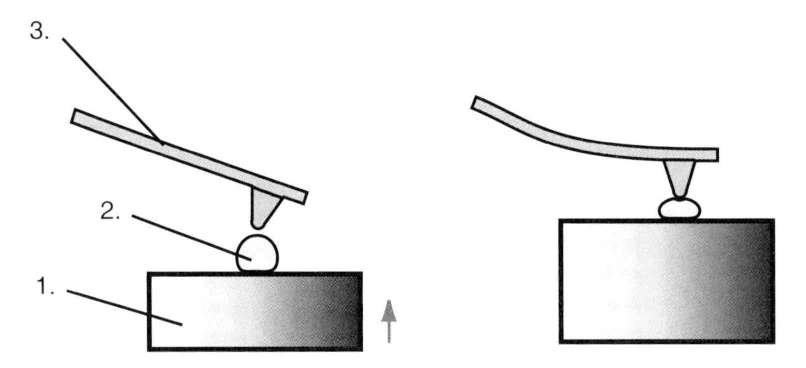

Abbildung 12.5 Messung der mechanischen Eigenschaften einer mikroskopischen Probe durch Rasterkraftmikroskopie. Der piezoelektrische Kristall (1), der die Probe (2) hält, wird ausgedehnt, bis die Auslenkung der AFM-Blattfeder (3) einen bestimmten Wert erreicht. Wenn wir die Auslenkung der Feder und die Position des Piezoschlittens kennen, können wir die Eindrückung der Spitze in die Probe berechnen.

sie den Elastizitätsmodul des Virus an und wiederholten die Analyse so lange, bis die berechnete Steifheit mit der gemessenen übereinstimmte. Auf diese Weise konnten sie Unterschiede zwischen den mechanischen Eigenschaften von entwickelten und unreifen Viren nachweisen. Mit einem ähnlichen Ansatz (FEM in Verbindung mit Rasterkraftmikroskopie) konnten die Elastizitätsmoduln von chlorotischen Blattscheckungsviren, ϕ-Phagen und der Hyphen von *Aspergillus niduland* und *Saccaromyces cerevisiae* bestimmt werden.

12.4.5 Einzelne Zellen

Hamm et al. [31] beschreiben eine elegante Anwendung der FEM-Analyse zur Erklärung der komplexen Form bestimmter einzelliger Organismen. Die Untersuchung war durch bemerkenswerte Ähnlichkeiten zwischen bestimmten Kieselalgen und statisch ausgefeilten technischen Konstruktionen motiviert, die große Steifheit mit geringem Gewicht verbanden. Kieselalgen sind einzellige Algen mit zwei harten silikathaltigen Deckeln (Frusteln), die wie Schachtel und Deckel zusammenpassen und wahrscheinlich als physischer Schutz gegen mechanische Belastungen dienen. Man vermutete, dass die Form der Frusteln durch die Evolution so optimiert worden war, dass sie mit der kleinstmöglichen Menge an Material größtmögliche Belastungen aushalten können. Um diese Vermutung zu überprüfen, bestimmten Hamm et al. zunächst die Kräfte, die erforderlich waren, um einzelne Zellen zu zerbrechen. Dann verwendeten Sie die FEM zur Modellierung der Frusteln. Durch Simulation des Zerstörungsprozesses erhielten sie die Materialeigenschaften der Frusteln, darunter die maximale Spannung vor dem Zerbrechen, und bestimmten das Spannungsprofil als Funktion der mechanischen Belastung.

Einen ähnlichen experimentellen und analytischen Ansatz verwendeten Peeters et al. [32], um die mechanischen Eigenschaften von Säugetierzellen auf harten Substraten zu analysieren. Unter physiologischen Bedingungen werden lebende Zellen andauernd durch mechanische Kräfte verformt, wodurch Prozesse wie ihr Wachstum, die Differenziation, ihr Überleben und die Genexpression beeinflusst werden können. Um die biologische Aktivität von Zellen verstehen zu können, muss man daher auch ihre mechanischen Eigenschaften verstehen. Um diese mechanischen Eigenschaften und die Bedingungen für ein mechanisches Versagen zu untersuchen, kombinierten Peeters et al. Kompressionsexperimente mit einer FEM-Analyse [32]. Durch Vergleich der experimentellen Daten mit den Ergebnissen der Simulation konnten sie die Materialeigenschaften der Probe ableiten.

Auch viele andere Veröffentlichungen zeigen, wie die FEM helfen kann, die Wechselwirkungen zwischen einzelnen Zellen und einem Messinstrument wie einem Rasterkraftmikroskop, einem Zellprüfstempel oder einem magnetischen Torsionszytometer zu untersuchen. Ein weiterentwickeltes Finite-Elemente-Modell von lebenden Zellen wurde von Herant et al. [33] aufgestellt. Sie simulierten nicht nur die mechanischen Eigenschaften, sondern auch das dynamische Verhalten von Neutrophilen unter dem Einfluss verschiedener physikalischer Parameter. Ihr Zellmodell bestand aus einer wässrigen Lösungsmittelphase (dem Zytoplasma), dem Zytoskelett und der Plasmamembran. Es erlaubte ihnen, das Verhalten von Neutrophilen beim Ansaugen in eine Mikropipette einschließlich ihrer Bewegung und der Dynamik der Pseudopodien-Entstehung zu simulieren. Mithilfe der Daten aus ihrer Simulation waren die Wissenschaftler in der Lage, ihre Hypothesen zu bestätigen oder zu widerlegen.

Vor kurzem haben Herant et al. [34] die Phagozytose in Neutrophilen ebenfalls unter Verwendung eines ausgefeilten Finite-Elemente-Modells simuliert (Abbildung 12.6).

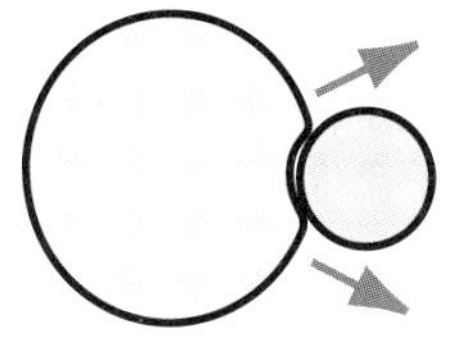
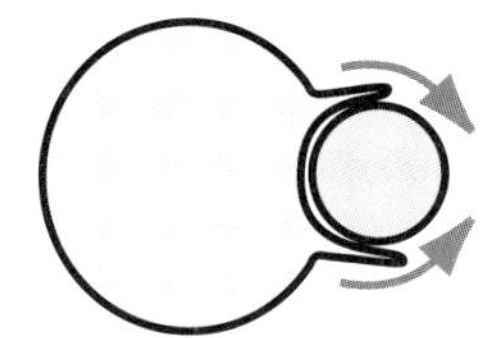
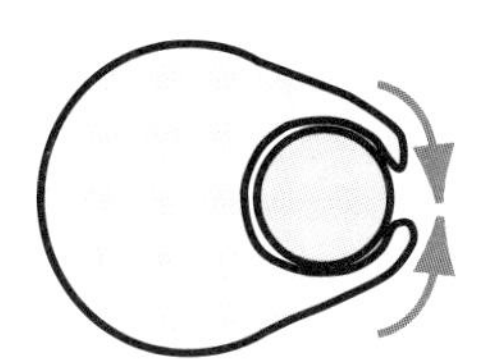

Abbildung 12.6 Schematische Darstellung der Phagozytose entsprechend der Simulation von Herant et al. [34]. Die Simulation erlaubte unter anderem die Beobachtung der elastischen und viskosen Beiträge zur Oberflächenspannung.

Zwei andere bemerkenswerte Beispiele für die Komplexität der Modelle, die durch eine FEM-Analyse erstellt werden können, sind in den Veröffentlichungen von Rubinstein und Jacobson sowie Bottino et al. [35, 36] zu finden. In diesen Untersuchungen wurden frei bewegliche Zellen unter Verwendung von Parametern wie der Adhäsion der Zelle am Substrat, dem Transport von Zytoskelettproteinen, der Polymerisation bzw. Depolymerisation von Elementen des Zytoskeletts oder den Kontraktions- und Protrusionsprozessen des Zytoskeletts simuliert. In diesen Simulationen wurden die beobachteten Formen, Kräfte und Bewegungen der lebenden Zellen reproduziert.

Tracqui [37] gibt eine gute Übersicht über die Auslösung dynamischer Zellprozesse durch biochemische und mechanische Signale und die Methoden zur Simulation solcher Signalumwandlungen im Computer. Die FEM wurde zur Simulation des mechanischen Verhaltens vieler Zelltypen eingesetzt, u.a. von Pflanzenzellen, Leukozyten, Osteoblasten, Myoblasten, Chondrozyten und Endothelzellen; die Simulationen umfassen verschiedene Arten von mechanischen Deformationen wie z. B. Stoßen (Pflanzenzellen), scherende Strömungen (Endothelzellen und Leukozyten) oder die Eindrückung mit der Spitze eines Rasterkraftmikroskops (Osteoblasten und Endothelzellen).

12.4.6
Embryologie und Zellteilung

Dieser letzte Abschnitt befasst sich mit der Finite-Elemente-Modellierung von dynamischen Prozessen, die während der embryonalen Entwicklung auftreten, beispielsweise der Zellteilung und -wanderung. Die Abfolge von Ereignissen, die mit einer einzigen befruchteten Eizelle beginnt und mit einem komplexen Organismus endet, ist im Detail noch ein Rätsel. Die Lücken in unserem Wissen erstrecken sich von der Genetik und der Molekularbiologie über die Biochemie bis zur Biomechanik. Im Anfangsstadium der Entwicklung verwandelt sich die befruchtete Eizelle (Zygote) durch Furchung – eine Variante der Mitose, durch die alle Zellen entstehen – in einen Zellhaufen, die Blastula. Zellteilung und Furchung werden vermutlich durch die Bildung eines kontraktilen Rings unter der Zelloberfläche initiiert. In Zusammenarbeit mit molekularen Motoren verursacht dieser kontraktile Ring aus Aktin-Mikrofilamenten die Entstehung einer Spalte zwischen den beiden entstehenden Tochterzellen und klemmt sie schließlich voneinander ab. Dieses Modell entstand während des letzten Jahrhunderts und wurde seither verfeinert und erweitert [38]. Wie das Zytoplasma während der Zellteilung geteilt wird, ist jedoch im Detail noch unverstanden, da unterschiedliche Mechanismen durchaus zu ähnlichen Ergebnissen führen können (Abbildung 12.7).

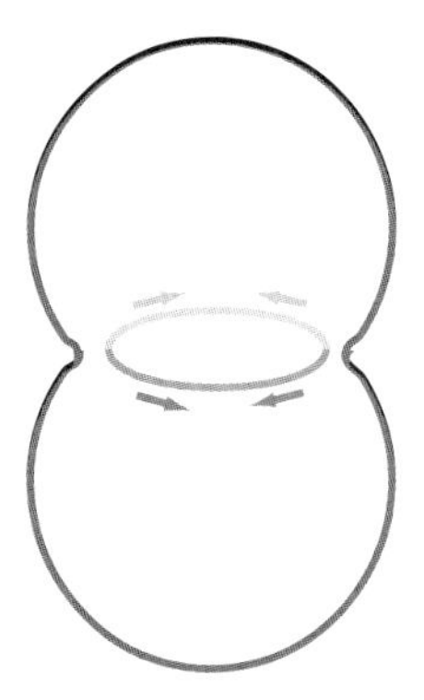
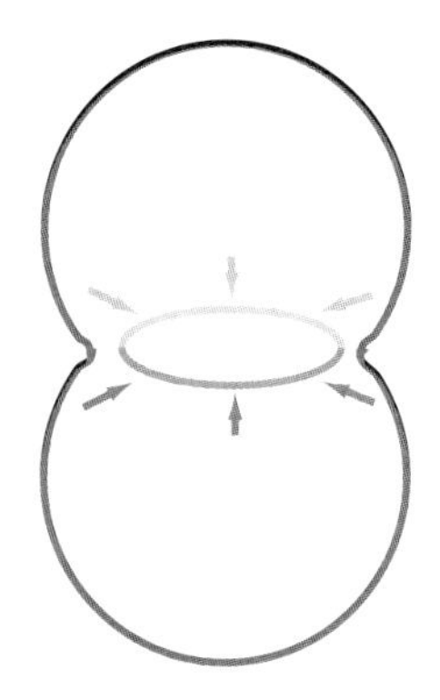
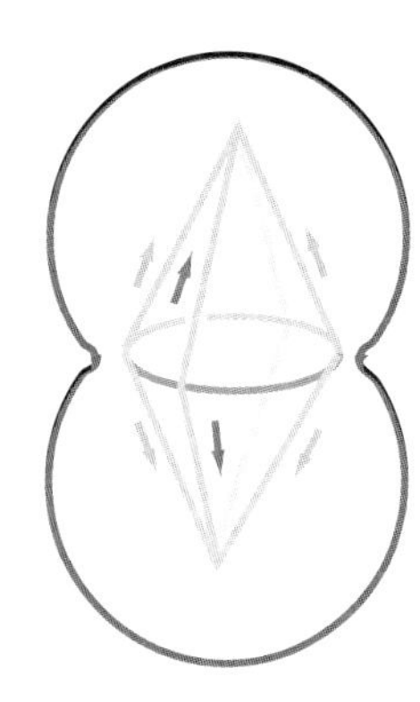

Abbildung 12.7 Modell der Zellteilung durch Entstehung eines Aktinrings (Mitte) und Bündel von Mikrotubuli. Die unterschiedlichen Modelle für den Mechanismus der Zellteilung wurden durch Simulation überprüft.

Häufig werden FEM-Analysen verwendet, um unterschiedliche Hypothesen zu testen. Die Zuverlässigkeit solcher Analysen hängt natürlich davon ab, wie viel man über die Materialeigenschaften der untersuchten Zelle und die Randbedingungen weiß. Aus diesem Grund wurden die physikalischen Eigenschaften von Zellen und Embryos mit verschiedenen Methoden ausführlich untersucht. Beispielsweise wurden zu diesem Zweck die Ansaugung mit Mikropipetten, die Rasterkraftmikroskopie, die lasergestützte Mikrorheologie, Stoßexperimente mit Nadeln und die magnetische Torsionszytometrie eingesetzt. Eine sehr detaillierte FEM-Simulation der ersten Zellteilung in Seeigel-Embryos wurde von He und Dembo [38] durchgeführt. Sie simulierten die Strömung des Zytoplasmas, die Polymerisation und Depolymerisation des Zytoskeletts, die Reibung zwischen dem Zytoskelett und der wässrigen Phase des Zytoplasmas und die Viskosität und Kontraktilität des Zytoskelettnetzes. Mit diesem Modell konnten verschiedene Fragen wie z. B. nach der Rolle der Strömung im Zytoskelett während der Entstehung des kontraktilen Rings und dessen Mechanik geklärt werden.

Wenn der Prozess der Furchung fortschreitet und die Gesamtzahl der Zellen zunimmt, entsteht eine nahezu sphärische Blastula, die sich schließlich einstülpt und die Gastrula bildet (Abbildung 12.8).

Es wurden mehrere Mechanismen vorgeschlagen, um die Änderungen der Form des Zellhaufens während der Gastrulation zu erklären [39]. Die Untersuchung von Davidson et al. illustriert das Potenzial der FEM-Analyse auf diesem Gebiet besonders gut. Sie simulierten die dreidimensionale Form einer Blastula von *Lytechinus pictus*. Da die Materialeigenschaften der unterschiedlichen Komponenten der Epithelschablone nicht vollständig bekannt waren, wurden dafür Annahmen auf der Grundlage von Werten gemacht, die andere

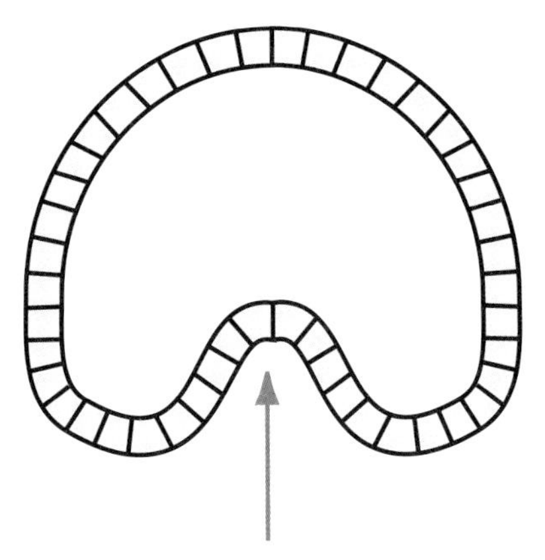

Abbildung 12.8 Die Einstülpung während der Gastrulation und Neurulation. Mithilfe der FEM-Simulation wurden unterschiedliche Hypothese über die Invagination getestet.

Arbeitsgruppen mit unterschiedlichen Methoden an verschiedenen Systemen bestimmt hatten. Beispielsweise gehörten dazu die Kompression von lebenden Zellen zwischen parallelen Platten, das Ansaugen von Neutrophilen und Endothelzellen und die Messung von niederfrequenten dynamischen Moduln von gereinigten Komponenten des Zytoskeletts. Die so vervollständigte Epithelschablone wurde dann benutzt, um fünf vorgeschlagene Mechanismen der Invagination zu prüfen. Durch Anpassung der mechanischen Eigenschaften der unterschiedlichen Bestandteile des Embryos konnte nach jedem der getesteten Mechanismen eine Invagination erreicht werden. Die Simulationen zeigten so, dass zu jeder Hypothese auch eine spezifische Kombination von mechanischen Eigenschaften gehören sollte. Durch Bestimmung der erforderlichen Materialeigenschaften für andere potenzielle Mechanismen konnte ihre Zahl auf einige wenige reduziert werden, die tatsächlich zu einer Invagination führten. Für eine umfassende, biomechanisch orientierte Übersicht über die Gastrulation in unterschiedlichen Spezies verweisen wir auf [40].

In Spezies mit einem zentralen Nervensystem folgt auf die Gastrulation die Neurulation, die unter anderem zur Entstehung der röhrenförmigen Anlage des Rückenmarks führt. Sowohl Gastrulation als auch Neurulation beinhalten eine Faltung und Umgestaltung der embryonalen Epithelplatten (Abbildung 12.8). Obwohl das Ergebnis der Bewegung und Umordnung des Gewebes bei Gastrulation und Neurulation unterschiedlich ist, sind die zu Grunde liegenden Mechanismen wahrscheinlich vergleichbar und ähnlichen Einschränkungen unterworfen. Aus diesem Grund wurden dieselben Verfahren zur Simulation dieser beiden Prozesse verwendet. 1993 simulierten Clausi und Brodland [41] die Neurulation mit einem ähnlichen Ansatz, wie er auch für die Gastrulation eingesetzt wurde. Die Neuralplatte, d. h. der Teil des embryonalen Epithels, aus dem durch die Neurulation das Neuralrohr wird, besteht aus Tausenden von Zellen. Da die individuelle Modellierung der einzelnen Zellen rechentechnisch nicht praktikabel ist, simulierten die Wissenschaftler kleine Flicken von ihnen mit ähnlichen Volumina. Jeder simulierte Flicken enthielt apikal und proximal kontraktile Strukturen als Ersatz für die Aktin- und Tubulinfilamente. Die Simulation erfolgte sowohl in der dorsalen als auch in der transversalen Ebene. Es wurden mehrere Simulationen durchgeführt, die jeweils dafür maßgeschneidert wurden, eine spezielle Hypothese in Bezug auf die Kräfte zu testen, die Neurulation verursachen, sowie die Empfindlichkeit des mechanischen Systems gegenüber Änderungen der Eigenschaften des Gewebes zu beobachten.

Finite Elemente wurden auch verwendet, um embryologische Erscheinungen wie die Zellsortierung oder die Schachbrettmusterung zu untersuchen. Wenn zwei unterschiedliche Arten von embryonalen Zellen künstlich getrennt und anschließend zufällig vermischt werden, lagern sie sich spontan wieder zu einem kohärenten homogenen Gewebe zusammen. Eine mögliche Erklärung dieses Phänomens bietet die *Hypothese der differenziellen Adhäsion*, die davon ausgeht, dass die Zellbewegung durch Unterschiede in der Adhäsion zwischen Zellen angetrieben wird (eine Übersicht dazu findet man in [42]). Eine alternative Erklärung versucht die *Hypothese der differenziellen Spannungen*, die aufgrund von FEM-Simulationen der mechanischen Wechselwirkungen zwischen Zellen innerhalb von Zellhaufen entwickelt wurde [43]. Nach diesem Modell können Mikrofilamente in der Nähe der Zelloberfläche eine kontraktile Kraft erzeugen, die die Adhäsion zwischen den Zellen beeinflusst [44].

12.5 Zusammenfassung

Dank der Weiterentwicklung der Rasterkraftmikroskopie und verwandter Methoden ist es inzwischen möglich, die mechanischen Eigenschaften biologischer Materialien im Nano- bis Mikrometermaßstab einfacher und mit weniger Aufwand zu messen als je zuvor. Die dabei erhaltenen Daten sind jedoch selten einer einfachen Interpretation zugänglich oder mit den üblichen analytischen Werkzeugen beschreibbar. Teilweise liegt dies an der komplexen Geometrie der Proben und der Messwerkzeuge, aber auch an Inhomogenitäten in der Struktur der Proben. Dies hat gravierende Nichtlinearitäten im mathematischen Modell zur Folge, die nur durch eine aufwändige numerische Behandlung beherrschbar sind. Unter den Werkzeugen, die für diesen Zweck zur Verfügung stehen (wie z. B. Monte Carlo, finite Differenzen oder Molekulardynamikrechnungen), bietet die Finite-Elemente-Methode mehrere Vorteile. Sie ist zur Modellierung fast jeder Geometrie oder Materialeigenschaft geeignet und kann sowohl dynamische als auch statische Bedingungen simulieren. Sie kann Grenzflächen beschreiben und Wechselwirkungen zwischen mechanischen, thermischen oder elektromagnetischen Prozessen behandeln. Außerdem sind eine Reihe von erschwinglichen Programmpaketen für Finite-Elemente-Analysen verfügbar (siehe http://homepage.usask.ca/~ijm451/finite/fe_resources/fe_resources.html), deren Verwendung in der Regel keine speziellen Programmier- oder Technikkenntnisse erfordert. Vor allem der letzte Punkt hat wohl am meisten zum Erfolg der Methode in der wissenschaftlichen Community außerhalb der Ingenieurswelt beigetragen.

Literaturverzeichnis

1 Courant, R. (1922) Über ein konvergenzerzeugendes Prinzip in der Variationsrechnung, *Nachrichten von der Gesellschaft der Wissenschaften zu Göttingen, Mathematisch-Physikalische Klasse*, 144.

2 Clough, R. W. (1960) The finite element in plan stress analysis, *Proceedings of the 2nd ASCE Conference on Electronic Computation*, Pittsburgh.

3 Melosh, R. J. (1963) Basis for derivation of matrices for the direct stiffness method, *AIAA Journal*, **1**, 1631–1637.

4 Samuelson, A. and Zienkiewicz, O. C. (2006) History of the stiffness method, *International Journal of Numerical Methods in Engineering*, **67**, 149–157.

5 Clough, R. W. (2004) Early history of the finite element method from the view point of a pioneer, *International Journal of Numerical Methods in Engineering*, **60**, 283–287.

6 Thomée, V. (2001) From finite differences to finite elements – a short history of numerical analysis of partial differential equations, *Journal of Computational and Applied Mathematics*, **128**, 1–54.

7 Moaveni, S. (1999) *Finite Element Analysis*, Prentice Hall. Upper Saddle River.

8 Gmür, T. (2000) *Methode des elements finis en mecanique des structures*, Presses Polytechniques et Universitaires Romandes.

9 Adams, V. und Askenazi, A. (1999) *Building Better Products with Finite Element Analysis*, OnWord Press, Santa Fe.

10 Van Vliet, K. J., Bao, G. (2003) The biomechanics toolbox, experimental approaches for living cells and biomolecules, *Acta Materialia*, **511**, 5881–5905.

11 Bao, G., Suresh, S. (2003) Cell and molecular mechanics of biological materials, *Nature Materials*, **211**, 715–725.

12 Boal, D. (2002) *Mechanics of the Cell*, Cambridge University Press, Cambridge.

13 Hansen, J. C., Skalak, R., Chien, S., Hoger, A. (1997) Spectrin properties and the elasticity of the red blood cell membrane skeleton, *Biorheology*, **34**, 327–348.

14 De Matteis, M. A., Morrow, J. S. (2000) Spectrin tethers and mesh in the biosynthetic pathway, *Journal of Cell Science*, **113**, 2331–2343.

15 Tang, Y., Cao, G., Chen. X., Yoo, J., Yethiraj, A., Cui, Q. (2006) A finite element framework for studying the mechanical response of macromolecule, Application to the gating of the mechanosensitive channel MscL, *Biophysical Journal*, **91**, 1248–1263.

16 Nogales, E., Whittaker, M., Milligan, R. A., Downing, K. H. (1999) High-resolution model of the microtubule, *Cell*, **96**, 79–88.

17 Vinckier, A., Dumortier, C., Engelborghs, Y., Hellemans, L. (1996) Dynamical and mechanical study of immobilized microtubules with atomic force microscopy, *Journal of Vacuum Science and Technology B*, **14**, 1427–1431.

18 Kurachi, M., Hoshi, M., Tashiro, H. (1995) Buckling of a single microtubule by optical trapping forces – direct measurement of microtubule rigidity, *Cell Motility and Cytoskeleton*, **30**, 221–228.

19 Kis, A., Kasas, S., Babic, B., Kulik, A. J., Benoit, W., Briggs, G. A. et al. (2002) Nanomechanics of microtubules, *Physical Reviews Letters*, **89**, 248101, 1–4.

20 Kasas, S., Cibert, C., Kis, A., De Los Rios, P., Riederer, B. M., Forro, L. et al. (2004) Oscillation modes of microtubules, *Biology of the Cell*, **96**, 697–700.

21 Kasas, S., Kis, A., Riederer, B. M., Forro, L., Dietler, G., Catsicas, S. (2004) Mechanical properties of microtubules explored using the finite elements method, *Chemical Physics – Physical Chemistry*, **5**, 252–257.

22 Schaap, I. A., Carrasco, C., de Pablo, P. J., MacKintosh, F. C., Schmidt, C. F. (2006) Elastic response, buckling, and instability of microtubules under radial indentation, *Biophysical Journal*, **91**, 1521–1531.

23 Cibert, C., Heck, J. V. (2004) Geometry drives the deviated-bending of the bi-tubular structures of the 9+2 – axoneme in the flagellum, *Cell Motility and Cytoskeleton*, **59**, 153–168.

24 Duncan, R. K., Grant, J. W. (1997) A finite-element model of inner ear hair bundle micromechanics, *Hearing Research*, **104**, 15–26.

25 Silber, J., Cotton, J., Nam, J. H., Peterson, E. H., Grant, W. (2004) Computational models of hair cell bundle mechanics, III. three-dimensional utricular bundles, *Hearing Research*, **197**, 112–130.

26 Kolston, P. J. (2000) Finite-element modelling, a new tool for the biologist, *Philosophical Transactions of the Royal Society of London Series A – Mathematical, Physical and Engineering Sciences*, **358**, 611–631.

27 Fettiplace, R., Hackney, C. M. (2006) The sensory and motor roles of auditory hair cells, *Nature Revires in Neuroscience*, **7**, 19–29.

28 Gimbrone, M. A., Jr, Resnick, N., Nagel, T., Khachigian, L. M., Collins, T., Topper, J. N. (1997) Hemodynamics, endothelial gene expression, and atherogenesis. *Annals of the New York Academy of Sciences*, **811**, 1–10.

29 Caille, N., Thoumine, O., Tardy, Y., Meister, J. J. (2002) Contribution of the nucleus to the mechanical properties of endothelial cells, *Journal of Biomechanics*, **35**, 177–187.

30 Kol, N., Gladnikoff, M., Barlam, D., Shneck, R. Z., Rein, A., Rousso, I. (2006) Mechanical properties of murine leukemia virus particle: effect of maturation, *Biophysical Journal*, **91**, 767–774.

31 Hamm, C. E., Merkel, R., Springer, O., Jurkojc, P., Maier, C., Prechtel, K. et al. (2003) Architecture and material properties of diatom shells provide effective mechanical protection, *Nature*, **421**, 841–843.

32 Peeters, E. A., Oomens, C. W., Bouten, C. V., Bader, D. L., Baaijens, F. P. (2005) Mechanical and failure properties of single attached cells under compression, *Journal of Biomechanics*, **38**, 1685–1693.

33 Herant, M., Marganski, W. A., Dembo, M. (2003) The mechanics of neutrophil: synthetic modeling of three experiments, *Biophysical Journal*, **84**, 3389–3413.

34 Herant, M., Heinrich, V., Dembo, M. (2006) Mechanics of neutrophil phagocytosis, experiments and quantitative models, *Journal of Cell Science*, **119**, 1903–1913.

35 Rubinstein, B., Jacobson, K. (2005) Multiscale two-dimensional modeling of a motile simple-shaped cell, *Multiscale Modeling and Simulation*, **3**, 413–439.

36 Bottino, D., Mogilner, A., Roberts, T., Stewart, M., Oster, G. (2002) How nematode sperm crawl, *Journal of Cell Science*, **115**, 367–384.

37 Tracqui, P. (2006) Mechanical instabilities as a central issue for insilico analysis of cell dynamics, *Proceedings of the IEEE*, **94**, 710–724.

38 He, X. Y., Dembo, M. (1997) On the mechanics of the first cleavage division of the sea urchin egg, *Experimental Cell Research*, **233**, 252–273.

39 Davidson, L. A., Koehl, M. A., Keller, R., Oster, G. F. (1995) How do sea-urchins invaginate – using biomechanics to distinguish between mechanisms of primary invagination, *Development*, **121**, 2005–2018.

40 Keller, R., Davidson, L. A., Shook, D. R. (2003) How we are shaped: the biomechanics of gastrulation, *Differentiation*, **71**, 171–205.

41 Clausi, D. A., Brodland, G. W. (1993) Mechanical evaluation of theories of neurulation using computer-simulations, *Development*, **118**, 1013–1023.

42 Foty, R. A., Steinberg, M. S. (2004) Cadherin-mediated cell–cell adhesion and tissue segregation in relation to malignancy, *International Journal of Developmental Biology*, **48**, 397–409.

43 Brodland, G. W., Chen, H. H. (2000) The mechanics of heterotypic cell aggregate: insights from computer simulations, *Journal of Biomechanical Engineering – Transactions of the ASME*, **122**, 402–407.

44 Brodland, G. W. (2002) The differential interfacial tension hypothesis (DITH): a comprehensive theory for the self-rearrangement of embryonic cells and tissues, *Journal of Biomechanical Engineering – Transactions of the ASME*, **124**, 188–197.

Anhänge

A
Grundzüge der linearen Mechanik nach Landau und Lifschitz

Das bekannte Lehrbuch von Landau und Lifschitz [1] gibt eine knappe und klare Darstellung der linearen Mechanik, die für alle nützlich ist, die mit ihrer Anwendung befasst sind. In der Mechanik wird eine allgemeine Deformation eines massiven Körpers durch den Verschiebungsvektor u_i gegenüber dem ursprünglichen Ortsvektor r_i mit den Komponenten x_i ($i = 1, 2, 3$) zu einem neuen Ortsvektor r'_i mit den Komponenten x'_i ausgedrückt (in der folgenden Darstellung wird die einsteinsche Summenkonvention verwendet),

$$u_i = x'_i - x_i \ . \tag{A.1}$$

Wenn die u_i für alle i als Funktion von x_i gegeben sind, ist die Deformation des Körpers gelöst. Wenn zwei Punkte nahe beieinander liegen und der Abstand zwischen ihnen zu Beginn $\mathrm{d}x_i$ und nach der Deformation $\mathrm{d}x'_i$ ist, gilt $\mathrm{d}x'_i = \mathrm{d}x_i + \mathrm{d}u_i$. Der Abstand der beiden Punkte vor der Deformation ist $\mathrm{d}L^2$ und nach der Deformation $\mathrm{d}L'^2$, es gilt also

$$\mathrm{d}x'_i = \mathrm{d}x_i + \mathrm{d}u_i \ , \tag{A.2}$$

$$\mathrm{d}L^2 = \mathrm{d}x_1^2 + \mathrm{d}x_2^2 + \mathrm{d}x_3^2 \qquad \mathrm{d}L^2 = \mathrm{d}x_i\,\mathrm{d}x_i \ , \tag{A.3}$$

$$\mathrm{d}L'^2 = \mathrm{d}x_1'^2 + \mathrm{d}x_2'^2 + \mathrm{d}x_3'^2 \qquad \mathrm{d}L'^2 = \mathrm{d}x'_i\,\mathrm{d}x'_i = (\mathrm{d}x_i + \mathrm{d}u_i)^2 \ . \tag{A.4}$$

Wegen $\mathrm{d}u_i = (\partial u_i/\partial x_k)\mathrm{d}x_k$ ist

$$\mathrm{d}L'^2 = \mathrm{d}L^2 + 2\frac{\partial u_i}{\partial x_k}\,\mathrm{d}x_i\,\mathrm{d}x_k + \frac{\partial u_i}{\partial x_k}\frac{\partial u_i}{\partial x_l}\,\mathrm{d}x_k\,\mathrm{d}x_l \ . \tag{A.5}$$

Da die Summation im zweiten Term rechts über beide Indizes i und k erfolgt, kann dieser Term in der explizit symmetrischen Form

$$\left(\frac{\partial u_i}{\partial x_k} + \frac{\partial u_k}{\partial x_l}\right)\mathrm{d}x_i\,\mathrm{d}x_k \tag{A.6}$$

geschrieben werden. Im dritten Term vertauschen wir die Indizes i und l. Damit bekommt $\mathrm{d}L'^2$ die endgültige Form

$$\mathrm{d}L'^2 = \mathrm{d}L^2 + 2u_{ik}\,\mathrm{d}x_i\,\mathrm{d}x_k \tag{A.7}$$

Einführung in die Nanobiomechanik. Atsushi Ikai.

ISBN: 978-3-527-40954-9

mit dem Tensor

$$u_{ik} = \frac{1}{2}\left(\frac{\partial u_i}{\partial x_k} + \frac{\partial u_k}{\partial x_l} + \frac{\partial u_l}{\partial x_i}\frac{\partial u_l}{\partial x_k}\right) . \tag{A.8}$$

u_{ik} wird *Deformationstensor* genannt; er ist per Definition ein symmetrischer Tensor:

$$u_{ik} = u_{ki} . \tag{A.9}$$

Wie jeder symmetrische Tensor kann u_{ik} an jedem beliebigen Punkt diagonalisiert werden. Das bedeutet, dass wir an jedem Punkt Koordinatenachsen (die Hauptachsen des Tensors) so wählen können, dass nur die diagonalen Komponenten u_{11},u_{22} und u_{33} des Tensors von null verschieden sind. Diese sind die Hauptwerte des Tensors und werden als u^1, u^2 und u^3 bezeichnet. Wenn der Deformationstensor diagonalisiert wird, ist die Länge $\mathrm{d}L'^2$

$$\mathrm{d}L'^2 = (\delta_{\mathrm{ik}} + 2u_{ik})\,\mathrm{d}x_i\,\mathrm{d}x_k \tag{A.10}$$

$$= (1 + 2u^1)\,\mathrm{d}x_1^2 + (1 + 2u^2)\,\mathrm{d}x_2^2 + (1 + 2u^3)\,\mathrm{d}x_3^2 . \tag{A.11}$$

Wenn die Beanspruchung nur in x_1-Richtung erfolgt, gilt

$$\mathrm{d}x_1'^2 = (1 + 2u^1)\,\mathrm{d}x_1^2 , \tag{A.12}$$

$$\mathrm{d}x_1' = \sqrt{(1 + 2u^1)}\,\mathrm{d}x_1 \approx (1 + u^1)\mathrm{d}x_1 . \tag{A.13}$$

Die Größe u^1 ist folglich gleich der relativen Dehnung $(\mathrm{d}x_1' - \mathrm{d}x_1)/\mathrm{d}x_1$ entlang der ersten Hauptachse.

Literaturverzeichnis

1 Landau, L. D. und Lifschitz, E. M. (1989) *Elastizitätstheorie* (6. Auflage), Akademie-Verlag, Berlin.

B
Die Mechanik von Balken

B.1
Biegung

B.1.1
Beidseitig unterstützter Balken

Der Kraftwandler in einem AFM ist ein Auslegerarm; der Winkel seiner Auslenkung ist eine Funktion seiner Durchbiegung aus der Ruhelage. Für alle, die mit der Mechanik der Durchbiegung von Balken (Trägern) nicht vertraut sind, geben wir zuerst eine kurze Einführung in dieses Thema.

Wir stellen uns einen rechteckigen Balken der Länge L, der Breite w und der Dicke t vor, der auf zwei Unterstützungen an seinen beiden Enden A und B ruht. Auf ihn wirke eine Punktlast P in einer Entfernung $x = a$ von A, wie Abbildung B.1 zeigt.

Eine Punktlast ist die Idealisierung der Wirkung einer Kraft (oder eines Gewichts) auf eine kleine Fläche. Wenn die Kraft über eine größere Fläche wirkt, müssen wir sie als eine verteilte Kraft mit einer Intensität $q(x)$ am Ort x behandeln. Wir wollen wissen, wie wir die Auslenkung des Balkens in einer Entfernung x vom seinem linken Ende bestimmen können. Das ist eine Routineaufgabe der Mechanik, bei der man die Scherkraft und das Moment an jedem Punkt des Balkens betrachten muss. Die Unterstützungen bei A und B können in drei Arten eingeteilt werden: *bewegliche Auflager*, bei denen die vertikale Re-

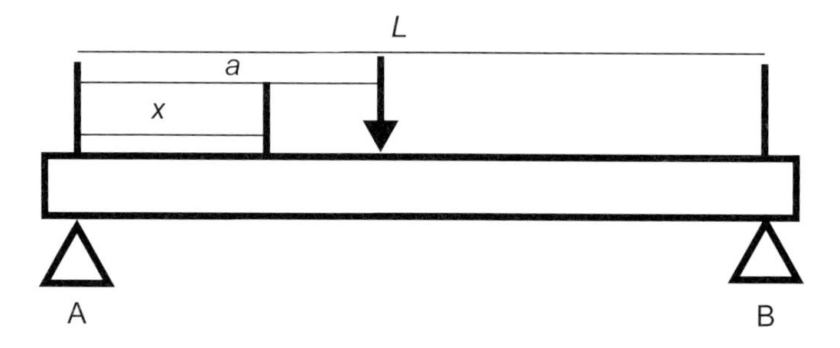

Abbildung B.1 Ein Träger (Balken) ist an beiden Enden A und B unterstützt und wird in einer Entfernung a von A belastet.

Einführung in die Nanobiomechanik. Atsushi Ikai.

ISBN: 978-3-527-40954-9

aktion R_A einen endlichen Wert besitzt, *feste Auflager*, bei denen die vertikalen und horizontalen Reaktionen R_A und H_A endlich sind, und *Einspannungen*, bei denen zusätzlich zu den vertikalen und horizontalen Reaktionen auch das Kraftmoment M_A endlich ist. Für den in der Abbildung gezeigten Fall einer Punktlast gilt beispielsweise:

bewegliches Auflager: Hier kann sich der Balken horizontal auf der Unterstützung bewegen. Die vertikale Spannung bei A ist endlich, aber sowohl die horizontale Spannung als auch das Kraftmoment sind null:

$$R_A = -F\frac{L-a}{L}, \qquad R_B = -F\frac{a}{L}. \tag{B.1}$$

festes Auflager: Der Balken kann sich horizontal nicht bewegen. Sowohl die vertikale als auch die horizontale Spannung sind endlich, aber das Moment bei A ist null:

$$R_A = -F\frac{L-a}{L}, \qquad H_A = -F\sin\theta, \tag{B.2}$$

wobei θ der Auslenkungswinkel des Balkens aus der Horizontalen bei A ist.

Einspannung: Der Balken hat keine Bewegungsfreiheit bei A, weder horizontal noch für eine Drehung. Die vertikalen und horizontalen Spannungen sind ebenso von null verschieden wie das Kraftmoment bei A:

$$R_A = -F\frac{L-a}{L}, \qquad H_A = -F\sin\theta, \tag{B.3}$$

$$M_A = Fa, \qquad M_B = F(L-a), \tag{B.4}$$

wobei θ der Auslenkungswinkel des Balkens aus der Horizontalen bei A ist.

Die Beziehung zwischen dem Moment und der Krümmung des Balkens am Ort x kann aus Gleichgewichtsüberlegungen bestimmt werden, wie Abbildung B.2 erläutert.

Wenn R der Krümmungsradius des Balkens ist und der θ Winkel, den die Konturlänge eines exemplarischen Abschnitts des Balkens aufspannt, dann ist die ursprüngliche Länge des Abschnitts $R\theta$, und die Verlängerung der Linien oberhalb und unterhalb der Neutrallinie sind $y\theta$ und $-y\theta$ bzw. als Funktion der Dehnung y/R und $-y/R$. Die Spannung σ ist daher yY/R bzw. $-yY/R$, wobei Y der Elastizitätsmodul des Balkens ist. Die Spannung gleicht sich folglich zwischen der oberen und unteren Hälfte des Balkens aus. Obwohl der Balken frei von Biegespannung ist, ist das Moment bei x endlich; es ist $y \times yY/R$ in der oberen bzw. $(-y) \times (-yY/R)$ in der unteren Hälfte des Balkens. Wir

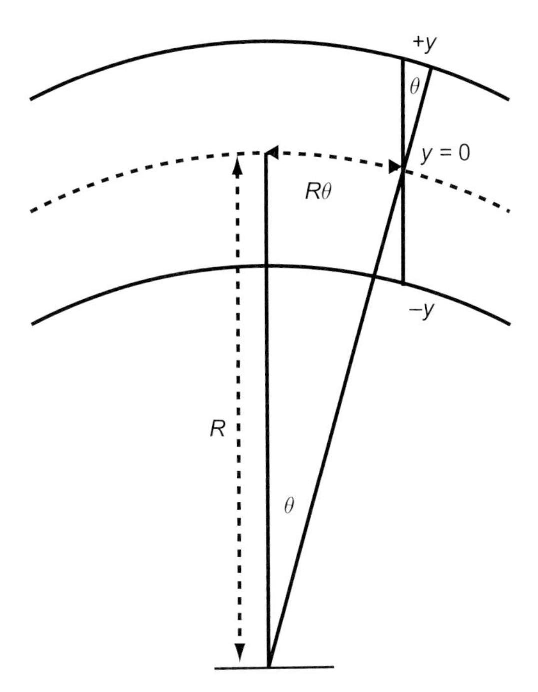

Abbildung B.2 Zweidimensionale geometrische Darstellung der Durchbiegung eines Balkens. Ein gerader Balken(Länge *L*) mit rechteckigem Querschnitt (Breite *w* und Dicke *t*) biegt sich unter einem Gewicht *P* an einer Position $x = 0$. Wir nehmen an, dass sich der Balken kreisförmig mit einem Krümmungsradius *R* biegt. Die gestrichelte Linie verläuft im Zentrum des Balkens; sie wird *Neutrallinie* genannt. Oberhalb der Neutrallinie wird der Balken gedehnt, unter ihr wird er komprimiert. Entlang der Neutrallinie wird der Balken nicht deformiert. Wir betrachten die Kompression und Dehnung des Balkens an einem Ort *x*, wobei der Winkel θ die Länge des Kreisbogens von $x = 0$ bis *x* definiert.

integrieren das resultierende Moment $y^2 Y/R$ über die Querschnittsfläche des Balkens und erhalten

$$M = \frac{Y}{R} \int_{-w/2}^{w/2} \int_{-t/2}^{t/2} y^2 \, \mathrm{d}y \, \mathrm{d}z = \frac{YI}{R}\,, \tag{B.5}$$

wobei w und t die Breite und die Dicke des Balkens sind. Die Größe

$$I = \int_{-w/2}^{w/2} \int_{-t/2}^{t/2} y^2 \, \mathrm{d}y \, \mathrm{d}z \tag{B.6}$$

wird *Flächenträgheitsmoment* genannt.

Der Krümmungsradius ist der Kehrwert der Krümmung, die durch

$$\frac{1}{R} = \frac{\dfrac{d^2y}{dx^2}}{\left\{1 + \left(\dfrac{dy}{dx}\right)^2\right\}^{3/2}} \tag{B.7}$$

gegeben ist. Wenn wir annehmen, dass der Balken zu Beginn stets horizontal liegt, reduziert sich dieser Ausdruck auf d^2y/dx^2.

Die Auslenkung erhalten wir durch Lösen der folgenden Differenzialgleichung:

$$\frac{d^2y}{dx^2} = \frac{M}{YI} . \tag{B.8}$$

Als Nächstes bestimmen wir die Scherkraft sowie das zugehörige Moment, die bei x auf den Querschnitt des Balkens wirken. Die Scherkraft ist die Summe der Wirkung und der Reaktion, also gleich null. Das Moment bei x ist gleich dem Unterschied zwischen dem durch R_A am Ort x ausgeübten Moment und dem durch F bei a in einem Abstand $-(x-a)$ ausgeübten Moment. Es gilt

$$R_A = \frac{F(L-a)}{L} , \tag{B.9}$$

$$R_B = -\frac{Fa}{L} . \tag{B.10}$$

Da das Moment per Definition gleich Kraft mal Entfernung ist, gilt für kleine Auslenkungen dx für das Moment $dM = M\,dx$. Damit ist die grundlegende Beziehung zwischen F und M

$$\frac{dM}{dx} = F(x) \qquad \text{und daher} \qquad M = \int_0^x F(x)\,dx . \tag{B.11}$$

Mit diesen Beziehungen erhalten wir für den in Abbildung B.2 gezeigten Fall

$$F_S = \frac{F(L-a)}{L} \qquad \text{für} \qquad 0 \le x \le a , \tag{B.12}$$

$$F_S = \frac{F(L-a)}{L} - F \qquad \text{für} \qquad a \le x \le L , \tag{B.13}$$

$$M = \frac{F(L-a)}{L}x \qquad \text{für} \qquad 0 \le x \le a , \tag{B.14}$$

$$M = \frac{F(L-a)}{L}x - F(x-a) \qquad \text{für} \qquad a \le x \le L . \tag{B.15}$$

Die Beziehungen für das Biegemoment sind in je nach Gebiet unterschiedlich; es gilt

$$YI\frac{\mathrm{d}^2y}{\mathrm{d}x^2} = \frac{F(L-a)}{L}x \qquad \text{für} \qquad 0 \le x \le a\,, \tag{B.16}$$

$$YI\frac{\mathrm{d}^2y}{\mathrm{d}x^2} = \frac{F(L-a)}{L}x - F(x-a) \qquad \text{für} \qquad a \le x \le L\,. \tag{B.17}$$

Durch Integration erhalten wir

$$YI\frac{\mathrm{d}y}{\mathrm{d}x} = \frac{F(L-a)}{2L}x^2 + C_1 \qquad \text{für} \qquad 0 \le x \le a\,, \tag{B.18}$$

$$YI\frac{\mathrm{d}y}{\mathrm{d}x} = \frac{F(L-a)}{2L}x^2 - \frac{F(x-a)^2}{2} + C_2 \qquad \text{für} \qquad 0 \le x \le a\,. \tag{B.19}$$

Da die beiden Teile des Balkens bei $x = a$ nahtlos verbunden sind, ist $C_1 = C_2 = C$ und daher

$$YIy = \frac{F(L-a)}{6L}x^3 + Cx + C_3 \qquad \text{für} \qquad 0 \le x \le a\,, \tag{B.20}$$

$$YIy = \frac{F(L-a)}{6L}x^3 - \frac{F(x-a)^3}{6} + Cx + C_4 \qquad \text{für} \qquad a \le x \le L\,. \tag{B.21}$$

Die Auslenkungen für $x = a$ müssen gleich sein, also ist $C_3 = C_4 = C'$, und bei $x = 0$ und $x = L$ muss $y = 0$ gelten; damit ergibt sich

$$C = -\frac{F(L-a)[L^2-(L-a)^2]}{6L} \qquad \text{und} \qquad C' = 0\,. \tag{B.22}$$

Schließlich erhalten wir für den Betrag der vertikalen Auslenkung des Balkens

$$y = \frac{F(L-a)x}{6LYI}(L^2-(L-a)^2-x^2) \qquad \text{für} \quad 0 \le x \le a\,, \tag{B.23}$$

$$y = \frac{F(L-a)x}{6LYI}(L^2-(L-a)^2-x^2) + \frac{F(x-a)^3}{6YI} \qquad \text{für} \quad a \le x \le L\,, \tag{B.24}$$

und für seine Neigung

$$\frac{\mathrm{d}y}{\mathrm{d}x} = \frac{F(L-a)}{6LYI}(L^2-(L-a)^2-3x^2) \qquad \text{für} \quad 0 \le x \le a\,, \tag{B.25}$$

$$\frac{\mathrm{d}y}{\mathrm{d}x} = \frac{F(L-a)}{6LYI}(L^2-(L-a)^2-3x^2) + \frac{F(x-a)^2}{2YI} \qquad \text{für} \quad a \le x \le L\,. \tag{B.26}$$

B.1.2
Frei tragender Ausleger

Ein Ausleger ist an einem Ende fest unterstützt, während das andere Ende frei schwebt. Wir denken uns einen Ausleger der Länge L, der Breite w und der Dicke t, auf den eine Punktlast F in einem Abstand x vom freien Ende wirkt. Auf das freie Ende wirkt keine Reaktion und kein Moment. Am festen Ende gilt

$$R_\mathrm{A} = F_\mathrm{S} \qquad \text{und} \qquad M_\mathrm{A} = F(L - x) \,, \tag{B.27}$$

und am Punkt x gleicht sich die Scherkraft aus, aber es gilt

$$M = Fx \,. \tag{B.28}$$

Somit bekommen wir die folgende Differenzialgleichung

$$\frac{\mathrm{d}^2 y}{\mathrm{d}x^2} = \left(\frac{1}{YI}\right) Fx \tag{B.29}$$

mit den Randbedingungen $y(L) = 0$ und $(\mathrm{d}y/\mathrm{d}x)_{x=L} = 0$.

Wenn wir diese Gleichung von $x = 0$ bis x integrieren, erhalten wir

$$y = \frac{FL^3}{6YI}\left[2 - 3\left(\frac{x}{L}\right) + \left(\frac{x}{L}\right)^3\right] , \tag{B.30}$$

$$\frac{\mathrm{d}y}{\mathrm{d}x} = \frac{FL^3}{6YI}\left[-\left(\frac{3}{L}\right) + \left(\frac{3x^2}{L^3}\right)\right] . \tag{B.31}$$

Die Auslenkung und die Steigung am freien Ende sind d und $(\mathrm{d}y/\mathrm{d}x)_{x=0})$,

$$(y)_{x=0} = d = \frac{FL^3}{3YI} , \tag{B.32}$$

$$\left(\frac{\mathrm{d}y}{\mathrm{d}x}\right)_{x=0} = \frac{-FL^2}{2YI} . \tag{B.33}$$

B.1.3
Verteilte Last

Abbildung B.3 zeigt ein über den gesamten Balken verteiltes Gewicht mit einer Verteilung $q(x)$ als Funktion des Ortes x.

In diesem Fall ist die Scherkraft auf dem rechten Segment bei x gleich $F = qx$, wobei eine nach unten gerichtete Scherkraft ein positives Vorzeichen

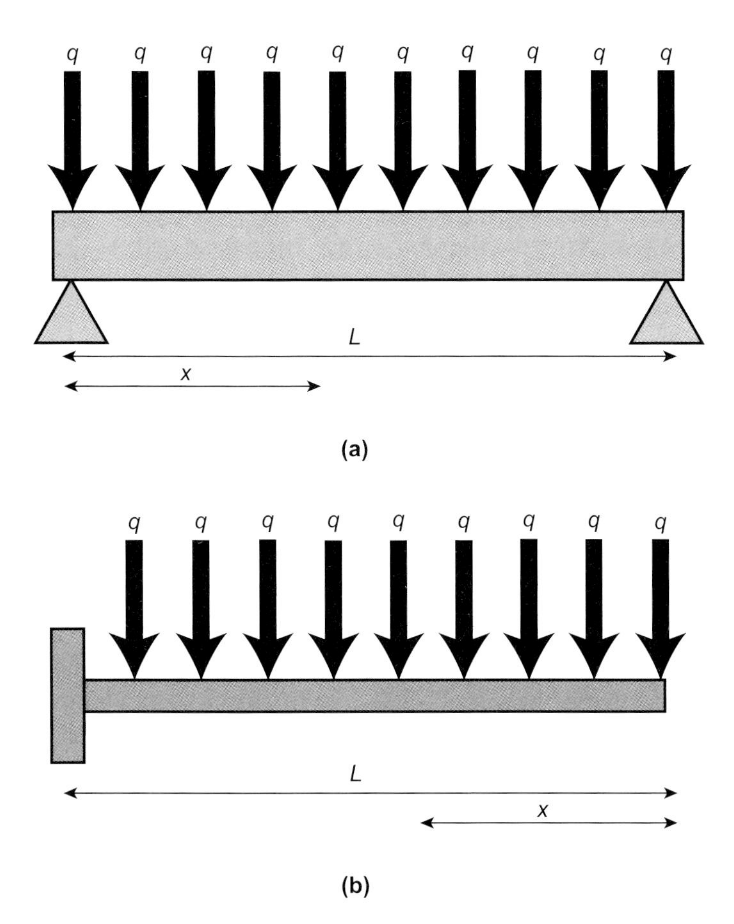

Abbildung B.3 Verteilte Last q (a) auf einem Balken und (b) auf einem Ausleger (b) mit den Definitionen von L und x.

besitzt. Alle Punktkräfte $q(x)$ addieren sich zu einer Scherkraft auf den Querschnitt bei x. Die Herleitung einer Gleichung für die Auslenkung des Balkens folgt dem zuvor gezeigten Weg, indem man mit den passenden Randbedingungen beginnt:

$$\frac{\mathrm{d}^2 y}{\mathrm{d}x^2} = \frac{M}{YI} = \frac{1}{YI} Fx = \frac{1}{YI} qx^2 \,. \tag{B.34}$$

Das Ergebnis ist

$$y = \frac{qL^4}{24YI} \left[\frac{x}{L} - 2\left(\frac{x}{L}\right)^3 + \left(\frac{x}{L}\right)^4 \right] , \tag{B.35}$$

$$\frac{\mathrm{d}y}{\mathrm{d}x} = \frac{qL^3}{24YI} \left[1 - 6\left(\frac{x}{L}\right)^2 + 4\left(\frac{x}{L}\right)^3 \right] , \tag{B.36}$$

und die Maximalwerte sind

$$y_{\max} = \frac{5}{384}\frac{qL^4}{YI} \tag{B.37}$$

$$\left(\frac{dy}{dx}\right)_{\max} = \frac{qL^3}{24YI} . \tag{B.38}$$

Für einen Ausleger mit derselben Geometrie wie oben gilt

$$y = \frac{qL^4}{24YI}\left[3 - 4\left(\frac{x}{L}\right) + \left(\frac{x}{L}\right)^4\right] \tag{B.39}$$

$$\frac{dy}{dx} = \frac{qL^3}{6YI}\left[\left(\frac{x}{L}\right)^3 - 1\right] \tag{B.40}$$

$$y_{\max} = \frac{qL^4}{8YI} \tag{B.41}$$

$$\left(\frac{dy}{dx}\right)_{\max} = -\frac{qL^3}{6YI} . \tag{B.42}$$

B.1.4 Krümmungsradius

Der Krümmungsradius kann wie folgt hergeleitet werden. Abbildung B.4 zeigt die Beziehung zwischen der Länge ds eines infinitesimalen Kreisbogens und dem Krümmungsradius R. Mit $R\,d\theta = ds$ ist

$$R = \frac{ds}{d\theta} = \frac{(ds/dx)}{(d\theta/dx)} . \tag{B.43}$$

Wir müssen also ds/dx und $d\theta/ds$ bestimmen, um R berechnen zu können. Aus $ds = \sqrt{dx^2 + dy^2}$ folgt

$$\frac{ds}{dx} = \sqrt{1 + \left(\frac{dy}{dx}\right)^2} . \tag{B.44}$$

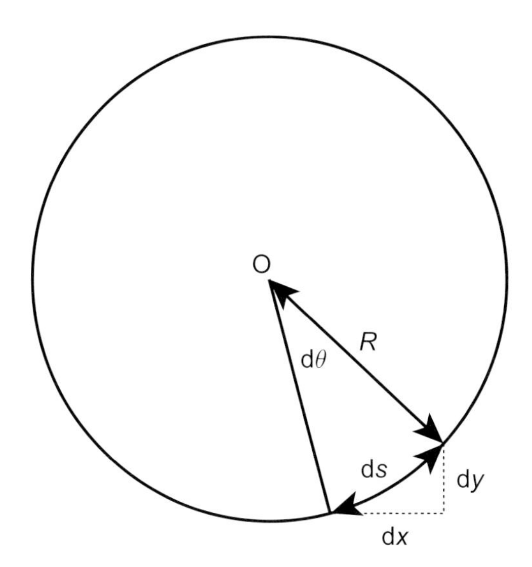

Abbildung B.4 Definition von ds als Produkt von R und dθ.

Aus $\tan\theta = \mathrm{d}y/\mathrm{d}x$ folgt durch Differenziation beider Seiten nach x

$$\frac{\mathrm{d}\tan\theta}{\mathrm{d}\theta}\frac{\mathrm{d}\theta}{\mathrm{d}x} = \frac{\mathrm{d}^2y}{\mathrm{d}x^2} \tag{B.45}$$

$$\frac{1}{\cos^2\theta}\frac{\mathrm{d}\theta}{\mathrm{d}x} = \frac{\mathrm{d}^2y}{\mathrm{d}x^2} \tag{B.46}$$

$$\frac{\mathrm{d}\theta}{\mathrm{d}x} = \cos^2\theta\frac{\mathrm{d}^2y}{\mathrm{d}x^2} = \frac{1}{1+\tan^2\theta}\frac{\mathrm{d}^2y}{\mathrm{d}x^2} = \frac{1}{1+\left(\frac{\mathrm{d}y}{\mathrm{d}x}\right)^2}\frac{\mathrm{d}^2y}{\mathrm{d}x^2} \tag{B.47}$$

$$R = \frac{\mathrm{d}s}{\mathrm{d}\theta} = \frac{\left[1+\left(\frac{\mathrm{d}y}{\mathrm{d}x}\right)\right]^{3/2}}{\frac{\mathrm{d}^2y}{\mathrm{d}x^2}}\,. \tag{B.48}$$

Die Krümmung κ ist der Kehrwert von R,

$$\kappa = \frac{1}{R}\,. \tag{B.49}$$

B.2
Knickung

Im Alltag beobachten wir Knickerscheinungen, wenn wir z. B. eine lange dünne Plastikplatte axial belasten. Solange die Kraft klein ist, bleibt die Platte gerade, schließlich biegt sie sich jedoch plötzlich seitwärts, um der Beanspruchung zu entkommen. Oder ein anderes Beispiel: Wenn Sie an Bord eines Flugzeugs aus einer Plastikflasche trinken und sie dann verschlossen neben sich abstellen, werden sie später beim Landeanflug bemerken, dass Teile der Flasche sich nach innen beulen – das ist ein Beispiel für dreidimensionale Knickung. Knickung tritt plötzlich auf, und man kann sich fragen, wie man für eine solche Erscheinung eine beschreibende Gleichung formulieren kann.

Wir wollen annehmen, dass ein vertikaler Stab der Länge L, der sich am unteren Ende frei drehen kann, an seinem oberen Ende mit einer axialen Druckkraft belastet wird. Es ist bekannt, dass der Balken in eine sinusförmige Form wie in Abbildung B.5(2) knickt, wenn die einwirkende Kraft die eulersche

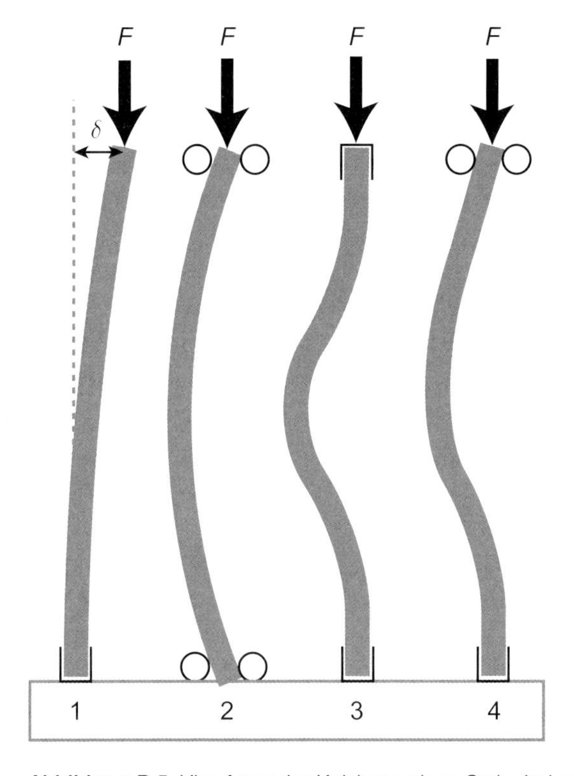

Abbildung B.5 Vier Arten der Knickung eines Stabs bei axialer Druckbelastung: (1) ein Ende fest und das andere frei; (2) an beiden Enden drehbar gelagert; (3) beide Enden fest; (4) ein Ende fest und das andere drehbar gelagert.

Knickkraft

$$F_c = \pi^2 \frac{YI}{L^2} \tag{B.50}$$

überschreitet. Sobald der Stab anfängt sich zu verbiegen, ist nur eine geringe zusätzliche Kraft erforderlich, um die Deformation zu vergrößern; der Stab knickt praktisch sofort zusammen.

Einen Ausdruck für die eulersche Knickkraft können wir herleiten, indem wir einen Stab unter einer axialen Kraft $-F$ für Fall (1) in Abbildung B.5 betrachten. Wenn seine seitliche Auslenkung am freien Ende gleich δ ist, ist das Biegemoment M des Stabs bei einem Abstand x vom festen Ende

$$M = -F(\delta - y) \; . \tag{B.51}$$

Die Gleichung für die Durchbiegung des Stabs ist

$$\frac{d^2y}{dx^2} = -\frac{M}{YI} = \frac{F}{YI}(\delta - y) \; . \tag{B.52}$$

Die allgemeine Lösung dieser Differenzialgleichung ist durch eine Summe von trigonometrischen Funktionen gegeben,

$$y = C_1 \sin \alpha x + C_2 \cos \alpha x + \delta \qquad \text{mit} \qquad \alpha = \sqrt{\frac{F}{YI}} \; . \tag{B.53}$$

Aus den Randbedingungen $y = 0$ und $dy/dx = 0$ für $x = 0$ erhalten wir die beiden Koeffizienten:

$$C_1 = 0 \, , \qquad C_2 = -\delta \; . \tag{B.54}$$

Damit hat die Lösung die folgende einfache Form:

$$y = \delta(1 - \cos \alpha x) \; . \tag{B.55}$$

Für $x = L$ muss $y = \delta$ gelten, daher ist weiterhin

$$\delta = \delta(1 - \cos \alpha L) \, , \qquad \delta \cos \alpha L = 0 \; . \tag{B.56}$$

Abgesehen von dem trivialen Fall $\delta = 0$, in dem es keine Auslenkung gibt, ist

$$\cos \alpha L = 0 \qquad \text{und daher} \qquad \alpha L = (2n+1)\frac{\pi}{2} \qquad (n = 0, 1, 2, \ldots) \; . \tag{B.57}$$

Wenn wir dieses Ergebnis in $\alpha = \sqrt{F/YI}$ einsetzen, erhalten wir

$$F = (2n+1)^2 \frac{\pi^2 YI}{4L^2} \qquad (n = 0, 1, 2, \ldots) \, , \tag{B.58}$$

und da die Knickung beim niedrigsten Wert von F eintritt (den wir mit F_c bezeichnen), ist

$$F_c = \frac{\pi^2 Y I}{4L^2} \qquad \text{(eulersche Knickkraft)} . \tag{B.59}$$

Um verschiedene Randbedingungen berücksichtigen zu können, verwendet man die Gleichung mit passenden Werten des Festigkeitskoeffizienten k in der Form

$$F_c = k \frac{\pi^2 Y I}{L^2} \tag{B.60}$$

oder als Funktion der Spannung

$$\sigma_c = k \frac{\pi^2 Y}{\lambda^2} , \tag{B.61}$$

wobei λ das Achsenverhältnis ist. Für k werden je nach der mechanischen Situation folgende Werte verwendet:

$$\text{ein Ende fest, das andere frei:} \qquad k = \frac{1}{4} , \tag{B.62}$$

$$\text{beide Enden drehbar:} \qquad k = 1 , \tag{B.63}$$

$$\text{beide Enden fest:} \qquad k = 4 , \tag{B.64}$$

$$\text{ein Ende fest, das andere drehbar:} \qquad k = 2.046 . \tag{B.65}$$

B.3 V-förmige Ausleger

Die theoretische Behandlung eines V-förmigen Auslegers hinsichtlich seiner Federkonstante wurde von mehreren Gruppen durchgeführt. Die *Näherung des parallelen Balkens* (engl. *parallel beam approximation*, PBA) wurde zuerst von Albrecht et al. vorgeschlagen [1]; später gab Sader eine theoretische Bestätigung dieses Modells [2]. Der erste V-förmige Ausleger für ein AFM wurde von Albrecht et al. [1] hergestellt; in derselben Arbeit nahmen sie an, dass die Federkonstante des V-förmigen Auslegers gleich der eines rechteckigen Auslegers mit derselben Länge und Dicke, aber der doppelten Breite eines Arms des V-förmigen Auslegers sei. Sader zeigte, dass diese Annahme bis auf einen akzeptablen Fehler korrekt ist, wenn die Länge und Breite wie in Abbildung B.6 gemessen werden. In der Praxis bestimmt man die Federkonstante

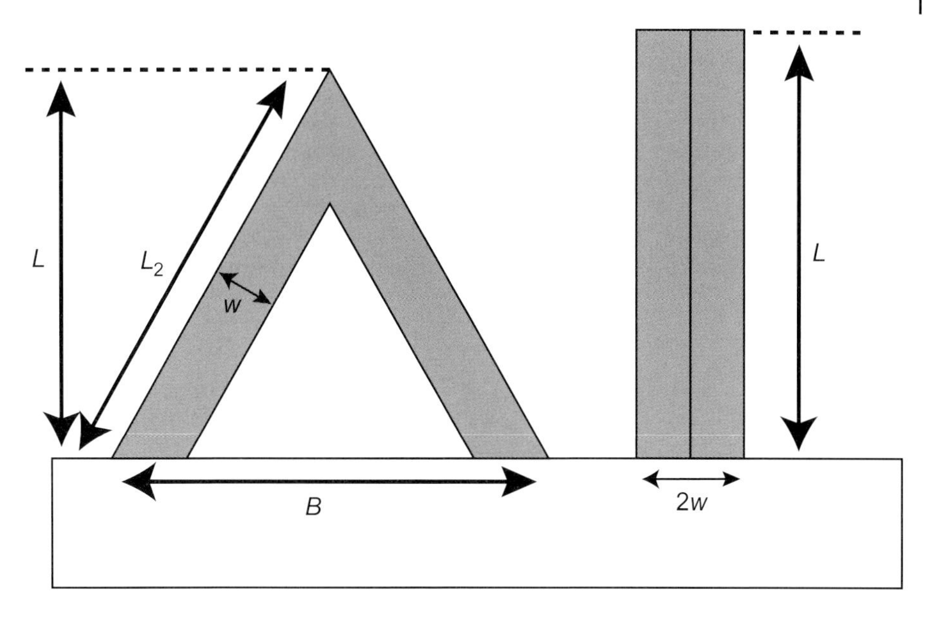

Abbildung B.6 Schematische Darstellung eines V-förmigen Auslegers und des mechanisch äquivalenten rechteckigen.

der Blattfeder, indem man das thermische Rauschen misst und es nach dem von Hutter und Bechhoefer vorgeschlagenen Verfahren analysiert [3] oder indem man eine Kraftkurve mit einer kalibrierten Feder aufzeichnet [4].

Literaturverzeichnis

1 Albrecht, T. R., Akamine, S., Carver, T. E., Quate, C. F. (1990) Microfabrication of cantilever styli for the atomic force microscope, *Journal of Vacuum Science and Technology*, **A8**, 3386–3396.

2 Sader, J. E. (1995) Parallel beam approximation for V-shaped atomic force microscope cantilevers. *Reviews of Scientific Instruments*, **66**, 4583–4587.

3 Hutter, J. L., Bechhoefer, J. (1993) Calibration of atomic-force microscope tips, *Reviews of Scientific Instruments*, **64**, 1868–1873.

4 Torii, A., Sasaki, M., Hane, K., Okuma, S. (1996) A method for determining the spring constant of cantilevers for atomic force microscopy, *Measuring Science and Technology*, **7**, 179–184.

C
Persistenzlänge und Kuhnlänge

Für ein Polymer der Länge L schreiben wir den Verlauf des Polymers entlang der Kette als s und definieren $\boldsymbol{t}(s)$ als Einheits-Tangentenvektor an die Kette am Punkt s. $\boldsymbol{r}$ sei der Ortsvektor entlang der Kette, dann gilt

$$\boldsymbol{t}(s) = \frac{\partial \boldsymbol{r}}{\partial s} , \tag{C.1}$$

und der End-zu-End-Abstand R ist

$$\boldsymbol{R} = \int_0^L \boldsymbol{t}(s)\,\mathrm{d}s . \tag{C.2}$$

Es kann gezeigt werden, dass die Orientierungs-Korrelationsfunktion für eine wurmartige Kette exponentiell abklingt,

$$\langle \boldsymbol{t}(s) \cdot \boldsymbol{t}(0) \rangle = \langle \cos\theta(s) \rangle = \mathrm{e}^{-s/p} , \tag{C.3}$$

wobei p definitionsgemäß die Persistenzlänge des Polymers ist. Ein nützlicher Wert ist der mittlere quadratische End-zu-End-Abstand des Polymers,

$$\left\langle R^2 \right\rangle = \langle \boldsymbol{R} \cdot \boldsymbol{R} \rangle = \left\langle \int_0^L \boldsymbol{t}(s)\,\mathrm{d}s \cdot \int_0^L \boldsymbol{t}(s')\,\mathrm{d}s' \right\rangle \tag{C.4}$$

$$= \left\langle \int_0^L \mathrm{d}s \int_0^L \boldsymbol{t}(s)\boldsymbol{t}(s')\,\mathrm{d}s' \right\rangle \tag{C.5}$$

$$= \left\langle \int_0^L \mathrm{d}s \int_0^L \exp\left[\frac{-|s-s'|}{p}\right] \mathrm{d}s' \right\rangle \tag{C.6}$$

$$= 2pL\left[1 - \frac{p}{L}\left(1 - \mathrm{e}^{p/L}\right)\right] \int_0^L \exp\left[-\frac{|s-s'|}{p}\right] \mathrm{d}s' . \tag{C.7}$$

Im Grenzfall $L \gg p$ ist $\left\langle R^2 \right\rangle = 2pL$. Wegen $\left\langle R^2 \right\rangle = np^2$ und $L = nL_\mathrm{K}$ sowie $np^2 = 2nL_\mathrm{K}p$ folgt daraus

$$p = 2L_\mathrm{K} . \tag{C.8}$$

Einführung in die Nanobiomechanik. Atsushi Ikai.

ISBN: 978-3-527-40954-9

D
Das Hertzmodell

D.1
Punktlast

Zuerst betrachten wir den Fall einer Punktlast auf einen einzelnen Punkt einer flachen, halbseitig unendlichen Oberfläche. Die Funktion, die die z-Deformation in einer radialen Entfernung r als Resultat der Punktlast bei $r = 0$ beschreibt, finden wir durch eine Analyse auf der Grundlage der Boussinesq-Potenzialfunktionen [1]; das Ergebnis ist

$$\bar{u}_z = \frac{1-\nu}{2\pi G}\frac{P}{r} . \tag{D.1}$$

Diese Funktion können wir dann verwenden, um eine Gleichung für die Auslenkung aufgrund einer über eine endliche Fläche auf einer flachen Oberfläche verteilten Last herzuleiten.

D.2
Verteilte Last

Zur Berechnung der z-Auslenkung als Folge einer Last, die auf eine endliche Fläche wirkt, müssen wir die Funktion für die Punktlast mit einer geeigneten Druckverteilung $p(r, \theta)$ über die belastete Fläche integrieren. Um die kumulative Wirkung der verteilten Last auf den in Abbildung D.1 als B bezeichneten Ort zu berechnen, nehmen wir zuerst eine Transformation der Variablen vor, indem wir die Variablen r und θ (die Polarkoordinaten bezüglich des Ursprungs O) durch s und ϕ (die Polarkoordinaten bezüglich des neuen Ursprungs B) ersetzen.

Wenn wir in der obigen Gleichung r ersetzen, $s\,\mathrm{d}\phi\,\mathrm{d}s$ als das Oberflächenelement einführen, über das wir integrieren, und $p(r, \theta)$ durch $p(s, \phi)$ mit den in Abbildung D.1 definierten Größen s und ϕ ersetzen, bekommen wir

$$\bar{u}_z = \frac{1-\nu}{2\pi G}\int_S\int \frac{p(s,\phi)}{s} s\,\mathrm{d}\phi\,\mathrm{d}s = \frac{1-\nu^2}{\pi Y}\int_S\int p(s,\phi)\,\mathrm{d}\phi\,\mathrm{d}s . \tag{D.2}$$

Einführung in die Nanobiomechanik. Atsushi Ikai.

ISBN: 978-3-527-40954-9

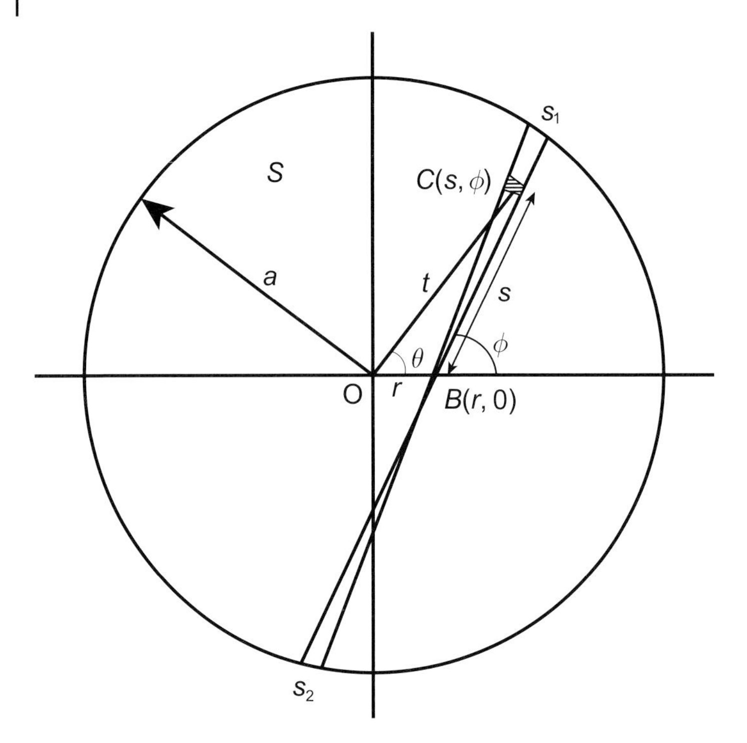

Abbildung D.1 Schema für die Integration der Punktlastfunktion über eine kreisförmige verteilte Last mit Radius *a*. Wiedergabe mit freundlicher Genehmigung nach Abbildung 3.5 aus [1].

Für eine verteilte Last liefert die folgende axial symmetrische Gleichung mit dem an unterschiedliche experimentelle Situationen anpassbaren Parameter n Lösungen in geschlossener Form, wobei a, p_0 und r der Radius des Kreises, die Entfernung vom Zentrum und die Last im Zentrum des Kreises (bei $r = 0$) sind:

$$p = p_0 \left(1 - \frac{r^2}{a^2}\right)^n . \tag{D.3}$$

Geeignete Werte für n für zwei typische Fälle sind

- gleichförmiger Druck: $n = 0$,
- Hertzdruck: $n = 1/2$.

D.2.1 Hertzdruck ($n = 1/2$)

Im Folgenden leiten wir den kumulativen Effekt der Druckverteilung auf einen Punkt B her und integrieren die Gleichung für die Punktlast über das kreisförmige belastete Gebiet. Die Druckverteilung ist

$$p(r) = p_0 \frac{(a^2 - r^2)^{1/2}}{a} \,. \tag{D.4}$$

Um den kumulativen Effekt des ganzen Drucks auf B zu erhalten, integrieren wir den Druck in der Entfernung t vom Zentrum über s und ϕ. Dazu ersetzen wir $(a^2 - r^2)$ in der Gleichung für den Druck durch $(a^2 - t^2)$, was wegen $t^2 = r^2 + s^2 - 2rs\cos(\pi - \phi) = r^2 + s^2 + 2rs\cos\phi$ gleich $(a^2 - r^2) - (s^2 + 2rs\cos\phi)$ ist.

Wir setzen also

$$\alpha^2 = a^2 - r^2 \tag{D.5}$$

und

$$\beta = r\cos\phi \tag{D.6}$$

ein und erhalten

$$a^2 - t^2 = \alpha^2 - 2\beta s - s^2 \,. \tag{D.7}$$

Nun ersetzen wir $p(r)$ durch $p(s, \phi)$, wobei wir beachten, dass s_1 die positive Wurzel der Gleichung

$$\alpha^2 - 2\beta s - s^2 = 0 \tag{D.8}$$

ist. Die Integration ergibt

$$\bar{u}_z(r) = \frac{1 - \nu^2}{\pi Y} \frac{p_0}{a} \int_0^{2\pi} \mathrm{d}\phi \int_0^{s_1} (\alpha^2 - 2\beta s - s^2)^{\frac{1}{2}} \, \mathrm{d}s \,, \tag{D.9}$$

$$\int_0^{s_1} (\alpha^2 - 2\beta s - s^2)^{\frac{1}{2}} \, \mathrm{d}s = -\frac{1}{2}\alpha\beta + \frac{1}{2}(\alpha^2 + \beta^2) \left\{ \frac{\pi}{2} - \tan^{-1}\left(\frac{\beta}{\alpha}\right) \right\} \,. \tag{D.10}$$

D.2.2
Die Integration von Gleichung (D.10)

Um die letzte Integration durchzuführen, formen wir den Integranden um. Es gilt

$$\alpha^2 - 2\beta s - s^2 = (\alpha^2 + \beta^2) - (s + \beta)^2 \tag{D.11}$$

$$= (\alpha^2 + \beta^2) \left[1 - \frac{(s + \beta)^2}{(\alpha^2 + \beta^2)} \right] = c^2 (1 - y^2) . \tag{D.12}$$

Daher führen wir die folgenden Substitutionen durch:

$$c^2 = \alpha^2 + \beta^2 , \tag{D.13}$$

$$y = \frac{s + \beta}{\sqrt{\alpha^2 + \beta^2}} , \tag{D.14}$$

$$\mathrm{d}s = \sqrt{\alpha^2 + \beta^2}\, \mathrm{d}y . \tag{D.15}$$

Die Integration über s wandeln wir wie folgt in eine Integration über y um, wobei s_1 die positive Wurzel der quadratischen Gleichung $s^2 + 2\beta s - \alpha^2 = 0$ ist:

$$\int_0^{s_1} \mathrm{d}s \rightarrow \int_{y_1}^{y_2} \mathrm{d}y , \tag{D.16}$$

$$y_1 = \frac{\beta}{\sqrt{\alpha^2 + \beta^2}} , \tag{D.17}$$

$$y_2 = \frac{s_1 + \beta}{\sqrt{\alpha^2 + \beta^2}} = 1 \tag{D.18}$$

mit

$$s^2 + 2\beta s - \alpha^2 = 0 \qquad \Rightarrow \qquad s_{1,2} = -\beta \pm \sqrt{\alpha^2 + \beta^2} . \tag{D.19}$$

Das ursprüngliche Integral aus Gleichung D.10 lautet nun

$$C \int_{y_1}^{y_2} \sqrt{1 - y^2}\, \mathrm{d}s = (\alpha^2 + \beta^2) \times \int_{y_1}^{y_2} \sqrt{1 - y^2}\, \mathrm{d}y . \tag{D.20}$$

Diese Integration können wir ausführen, indem wir $y = \sin\theta$ einsetzen:

$$\int \sqrt{1-y^2}\,\mathrm{d}y = \int \sqrt{1-\sin^2\theta}\,\mathrm{d}y = \int \cos\theta\cdot\cos\theta\,\mathrm{d}\theta \tag{D.21}$$

$$= \int \cos^2\theta\,\mathrm{d}\theta = \int_{\theta_1}^{\theta_2} \frac{1+\cos 2\theta}{2}\,\mathrm{d}\theta$$

$$= \frac{1}{2}\theta\Big|_{\theta_1}^{\theta_2} + \frac{1}{4}\sin 2\theta\Big|_{\theta_1}^{\theta_2} \tag{D.22}$$

$$= \frac{1}{2}\left[\frac{\pi}{2} - \sin^{-1}\frac{\beta}{\sqrt{\alpha^2+\beta^2}}\right]$$

$$+ \frac{1}{4}\left[\sin\pi - \sin\left\{2\left(\sin^{-1}\frac{\beta}{\sqrt{\alpha^2+\beta^2}}\right)\right\}\right]$$

$$= \frac{\pi}{4} - \frac{1}{2}\sin^{-1}\frac{\beta}{\sqrt{\alpha^2+\beta^2}} - \frac{1}{4}\frac{2\alpha\beta}{(\alpha^2+\beta^2)}\,. \tag{D.23}$$

Die Identität von $\sin^{-1}\left(\frac{\beta}{\sqrt{\alpha^2+\beta^2}}\right)$ und $\tan^{-1}\left(\frac{\beta}{\alpha}\right)$ beweisen wir wie folgt:

$$\sin^{-1}\frac{\beta}{\sqrt{\alpha^2+\beta^2}} = q\,, \tag{D.24}$$

$$\sin q = \frac{\beta}{\sqrt{\alpha^2+\beta^2}}\,, \tag{D.25}$$

$$\cos q = \frac{\alpha}{\sqrt{\alpha^2+\beta^2}}\,, \tag{D.26}$$

$$\frac{\sin q}{\cos q} = \tan q = \frac{\beta}{\alpha}\,, \tag{D.27}$$

$$q = \tan^{-1}\frac{\beta}{\alpha}\,. \tag{D.28}$$

Den letzten Term in unserem Ergebnis der Integration können wir noch in eine viel einfachere Form in $-\beta/\alpha$ umwandeln:

$$\frac{1}{4}\sin 2\sin^{-1}\frac{\beta}{\sqrt{\alpha^2+\beta^2}}\,, \tag{D.29}$$

$$\sin^{-1} a = \theta \,, \tag{D.30}$$

$$a = \sin\theta \,, \tag{D.31}$$

$$\sin 2\theta = 2\sin\theta\cos\theta = 2\sin\theta(\sqrt{1-\sin^2\theta}) \,, \tag{D.32}$$

$$= 2a\sqrt{1-a^2} \tag{D.33}$$

$$= 2\frac{\beta}{\sqrt{\alpha^2+\beta^2}}\left(\frac{\alpha^2+\beta^2-\beta^2}{\alpha^2+\beta^2}\right)^{1/2} = \frac{2\alpha\beta}{\alpha^2+\beta^2} \,. \tag{D.34}$$

Dieses Resultat multiplizieren wir mit $(\alpha^2 + \beta^2)$ und erhalten so das Ergebnis der ursprünglichen Integration über s in der Form

$$\int_0^{s_1} (\alpha^2 - 2\beta s - s^2)^{1/2}\,\mathrm{d}s = -\frac{1}{2}\alpha\beta + \frac{1}{2}(\alpha^2+\beta^2)\left[\frac{\pi}{2} - \tan^{-1}\left(\frac{\beta}{\alpha}\right)\right] \,, \tag{D.35}$$

die mit Gleichung D.10 identisch ist.

Diese Gleichung integrieren wir nun von 0 bis 2π über ϕ. Dabei verschwinden die Terme $\beta\alpha$ und $\tan^{-1}[\beta(\phi)/\alpha] = -\tan^{-1}[\beta(\phi+\pi)/\alpha]$ wegen $\int_0^{2\pi} \cos\phi\,\mathrm{d}\phi = 0$, und wir erhalten

$$\bar{u}_z(r) = \frac{1-\nu^2}{\pi Y}\frac{p_0}{a}\int_0^{2\pi} \frac{\pi}{4}(a^2 - r^2 + r^2\cos^2\phi)\,\mathrm{d}\phi \tag{D.36}$$

$$= \frac{1-\nu^2}{Y}\frac{\pi p_0}{4a}(2a^2 - r^2) \,. \tag{D.37}$$

D.3
Zwei Kugeln im Kontakt

Abbildung D.2 zeigt eine Anordnung zweier Kugeln, die sich berühren. Der Koordinatenursprung liegt an der Stelle der ersten Berührung der beiden Kugeln. Die x- und y-Achsen sind die gemeinsamen Tangenten an die Kugeln im Berührungspunkt; die z-Achse steht senkrecht auf dieser Ebene. Die Profile der Oberflächen in dem Bereich um den Ursprung werden näherungsweise durch Ausdrücke der Form

$$z_1 = A_1 x^2 + B_1 y^2 + C_1 xy + \cdots \tag{D.38}$$

beschrieben. Die Orientierung der x- und y-Achsen, x_1 und x_2, wählen wir so, dass der xy-Term in dieser Gleichung verschwindet:

$$z_1 = \frac{1}{2R_1}(x_1^2 + y_1^2) \,. \tag{D.39}$$

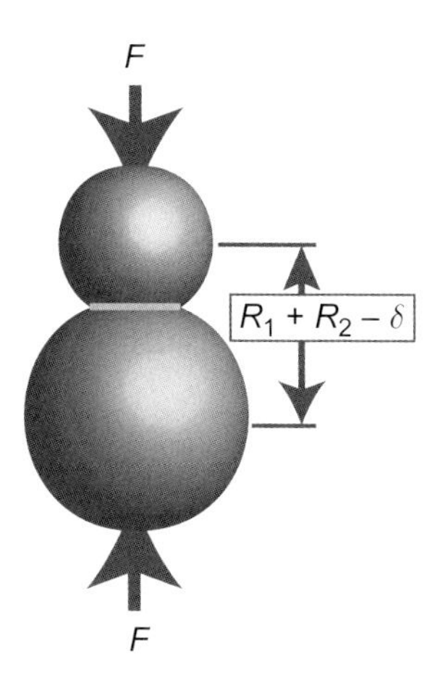

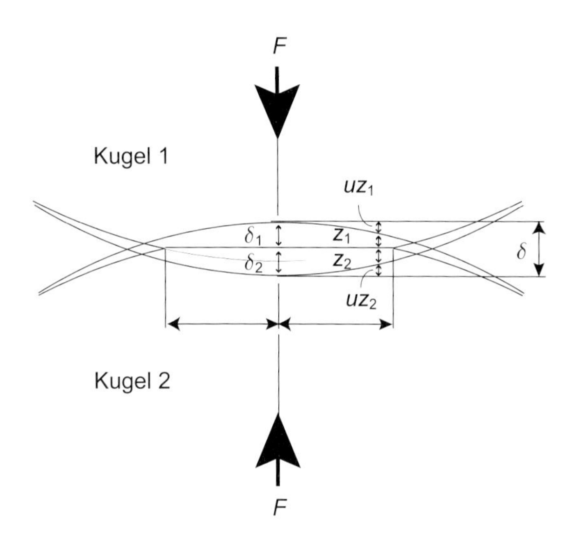

Abbildung D.2 Zwei Kugeln im Kontakt werden durch eine Kraft zusammengedrückt, die die Kugeln an ihrer Kontaktstelle flachpresst, ohne dass eine laterale Ausdehnung stattfindet. Wiedergabe mit freundlicher Genehmigung nach Abbildung 4.2 aus [1].

Für Kugel 2 erhalten wir entsprechend

$$z_2 = -\frac{1}{2R_2}(x_2^2 + y_2^2) , \tag{D.40}$$

wobei R_1 und R_2 die Radien von Kugel 1 bzw. 2 sind. Es gilt nun

$$\bar{u}_{z1} + \bar{u}_{z2} + h = \delta_1 + \delta_2 . \tag{D.41}$$

Der Abstand der beiden Oberflächen am Punkt (x, y) ist dann $h = z_1 - z_2$. Wir wählen gemeinsame x- und y-Achsen, sodass $h = Ax^2 + By^2 + Cxy$ gilt.

Wenn wir nun ein geeignetes Koordinatensystem wählen, ist

$$h = Ax^2 + By^2 = \left(\frac{1}{2R_1} + \frac{1}{2R_2}\right) x^2 + \left(\frac{1}{2R_1} + \frac{1}{2R_2}\right) y^2$$
$$= \frac{1}{2R}(x^2 + y^2) \tag{D.42}$$

mit

$$\frac{1}{R} = \frac{1}{R_1} + \frac{1}{R_2}\,, \tag{D.43}$$

$$A + B = \frac{1}{R_1} + \frac{1}{R_2}\,, \tag{D.44}$$

$$\bar{u}_{z1} + \bar{u}_{z2} + h = \delta_1 + \delta_2\,. \tag{D.45}$$

Mit $h = Ax^2 + By^2$ folgt

$$\bar{u}_{z1} + \bar{u}_{z2} = \delta - Ax^2 - By^2\,. \tag{D.46}$$

Aus Symmetriegründen setzen wir $A = B = 1/2R$ und erhalten wegen $x^2 + y^2 = r^2$

$$\bar{u}_{z1} + \bar{u}_{z2} = \delta - \frac{1}{2R^2} r^2 \qquad \text{mit} \qquad \frac{1}{R} = \frac{1}{R_1} + \frac{1}{R_2}\,. \tag{D.47}$$

Wie im vorigen Abschnitt gezeigt wurde, erzeugt die Druckverteilung $p = p_0\{1 - (r/a)^2\}^{1/2}$ senkrechte Verschiebungen der Form

$$\bar{u}_{z1} = \frac{1 - \nu_1^2}{Y_1} \frac{\pi p_0}{4a} (2a^2 - r^2)\,, \qquad (r \leq a)\,. \tag{D.48}$$

Der Druck auf die zweite Kugel ist gleich dem Druck auf die erste Kugel, also ist

$$\frac{1}{Y^*} = \frac{1 - \nu_1^2}{Y_1} + \frac{1 - \nu_2^2}{Y_2}\,. \tag{D.49}$$

Wenn wir nun $\bar{u}_{z1}$ und $\bar{u}_{z2}$ in Gleichung (D.48) einsetzen, bekommen wir

$$\frac{\pi p_0}{4aY^*}(2a^2 - r^2) = \delta - (1/2R)r^2\,, \tag{D.50}$$

woraus wir für $r = a$ den Radius der Kontaktfläche erhalten:

$$a = \frac{\pi p_0 R}{2Y^*}\,. \tag{D.51}$$

Der Gesamtdruck P ist

$$P = \int_0^a p(r) 2\pi r \, dr = \frac{2}{3} p_0 \pi a^2 \,. \qquad \text{(D.52)}$$

Den Gesamtdruck P können wir durch die Gesamtkraft F ersetzen,

$$a = \left(\frac{3FR}{4Y^*} \right)^{1/3} , \qquad \text{(D.53)}$$

$$\delta = \frac{a^2}{R} = \left(\frac{9F^2}{16RY^{*2}} \right)^{1/3} , \qquad \text{(D.54)}$$

$$p_0 = \frac{3F}{2\pi a^2} = \left(\frac{6FY^{*2}}{\pi^3 R^2} \right)^{1/3} . \qquad \text{(D.55)}$$

So erhalten wir

$$F = \frac{4}{3} \sqrt{R} Y^* \delta^{3/2} \,. \qquad \text{(D.56)}$$

Diese Gleichung wird regelmäßig für die Analyse von Eindrückungsversuchen verwendet. Sie liefert den Elastizitätsmodul der Probe unter der Annahme, dass das Probenmaterial groß (gegen das Volumen der Deformation), homogen und isotrop ist.

Literaturverzeichnis

1 Johnson, K. L. (1985) *Contact Mechanics*, S. 56, Cambridge University Press.

E
Farbtafeln

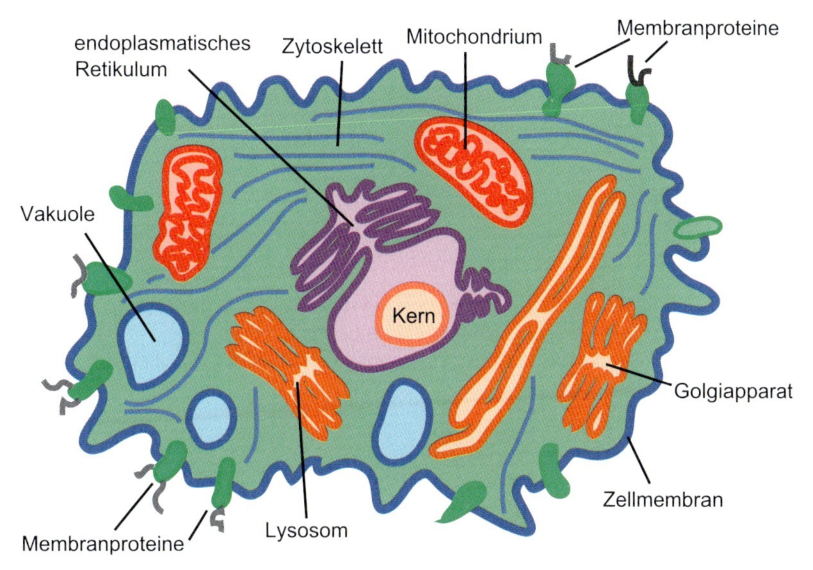

Abbildung 1.1 Schematischer Querschnitt durch eine tierische Zelle. Nur Hauptorganellen im Zytoplasma sind gezeigt.

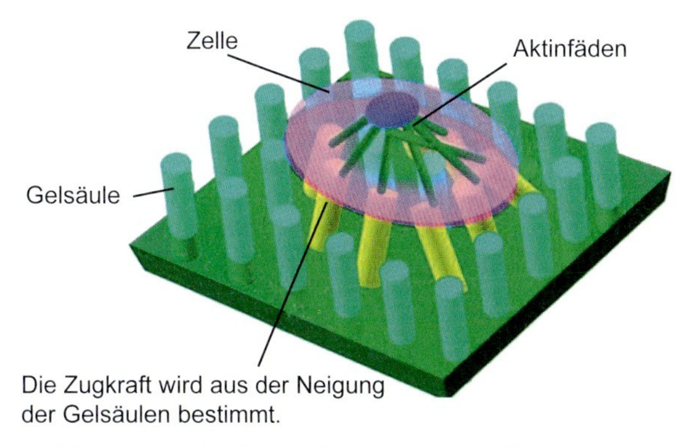

Abbildung 3.6 Schema der Gelsäulenmethode zur Kraftmessung zwischen einer sich bewegenden Zelle und den Oberseiten der Säulen (Abbildung Dr. Ichiro Harada).

Einführung in die Nanobiomechanik. Atsushi Ikai.

ISBN: 978-3-527-40954-9

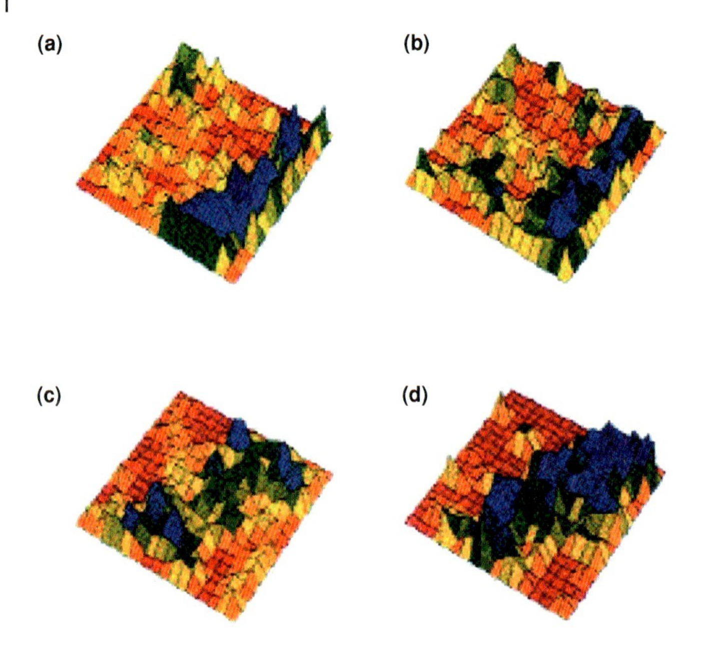

Abbildung 6.6 Mechanische Kartierung von Mannanmolekülen auf der Oberfläche von lebenden Hefezellen durch Verwendung einer mit dem Lektin Concanavalin A beschichteten AFM-Sonde. Wiedergabe mit freundlicher Genehmigung aus Gad, M., Ikai, A. (1995), *Biophysical Journal*, **69**, 2226.

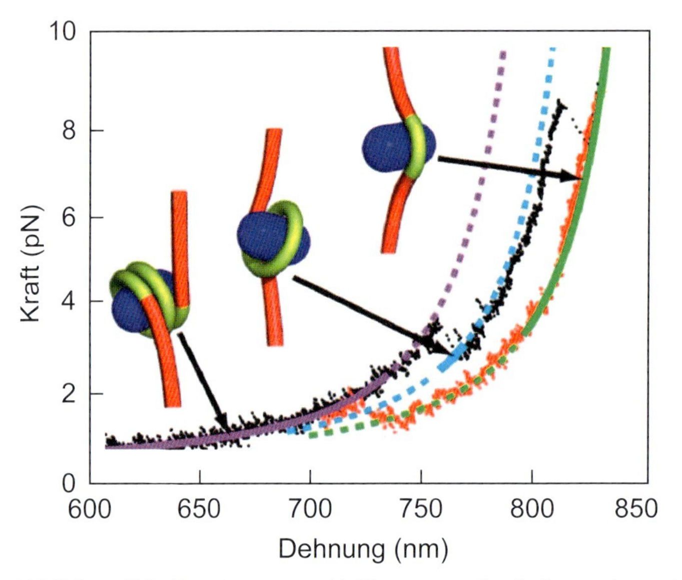

Abbildung 7.3 Entwirrung von Nukleosomen durch Anwendung einer Zugkraft von einigen pN mithilfe einer optischen Pinzette. Wiedergabe mit freundlicher Genehmigung aus Mihardja et al. (2006), *Proceedings of the National Academy of Sciences of the USA*, **103**, 15871.

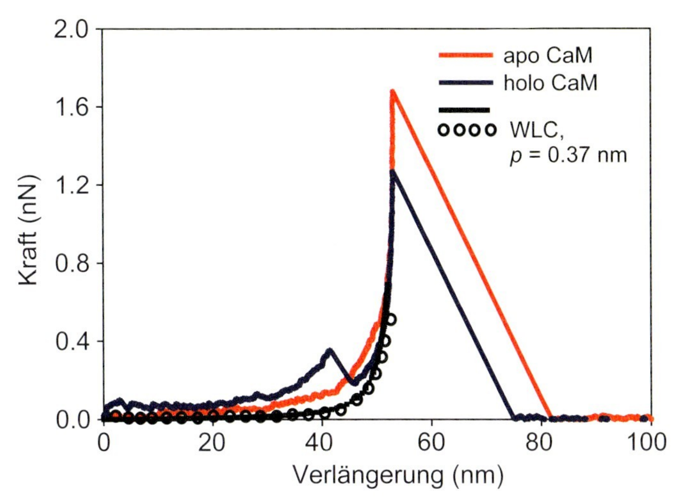

Abbildung 8.4 Streckung von APO- und Holo-Calmodulin sowie modellierte Daten für eine wurmartige Kette (WLC) mit der Persistenzlänge $p = 0.37$ nm. Wiedergabe mit freundlicher Genehmigung aus Hertadi, R., Ikai, A. (2002), *Protein Science*, **11**, 1532.

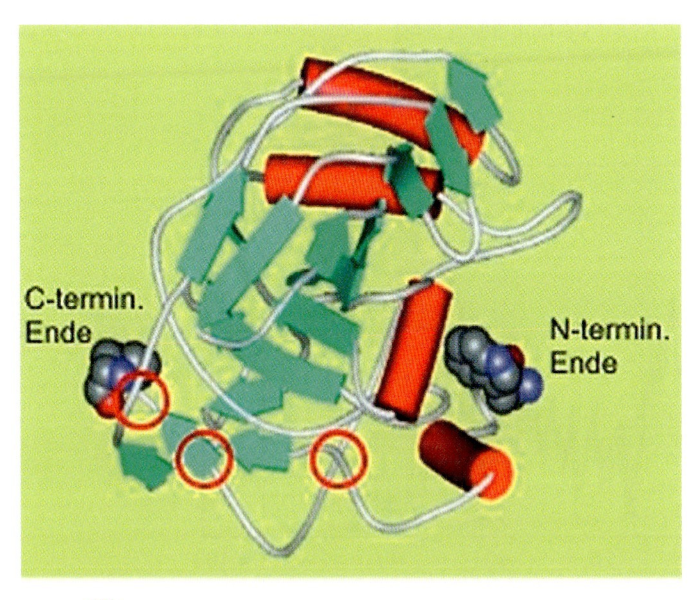

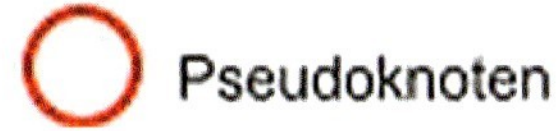

Abbildung 8.10 Kristallstruktur der Rinder-Carboanhydrase II (PDB Code: 1v9e) nach Saito et al. (2004), *Acta Crystallographica D*, **60**, 792.

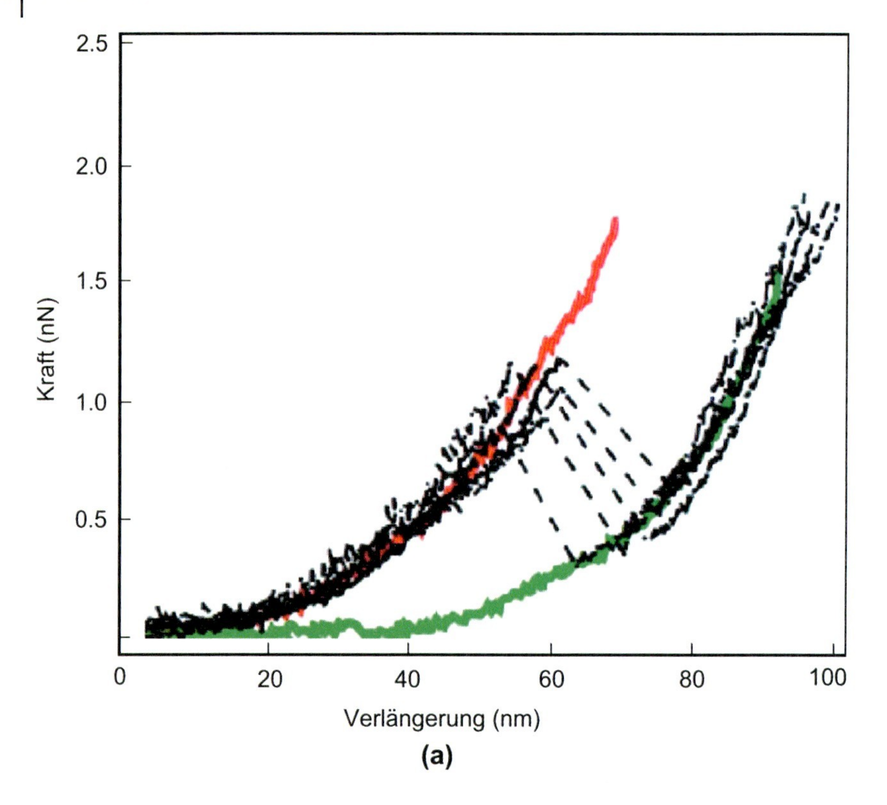

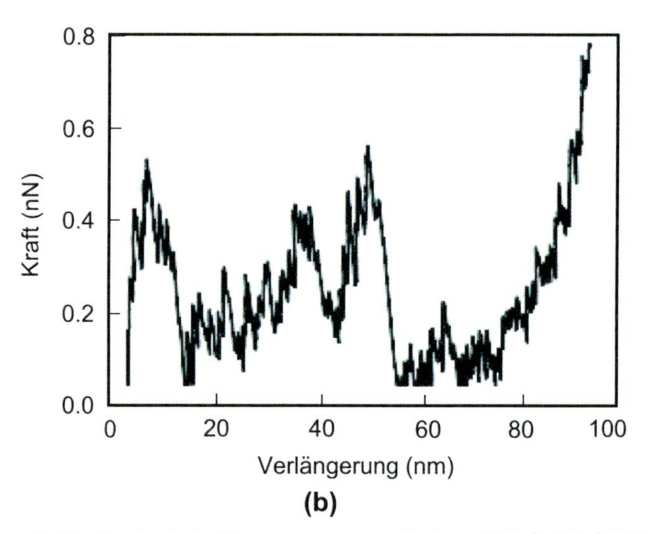

Abbildung 8.12 Knotenfreie Streckung von mutiertem BCA II (Gln253Cys). (a) Experimentelle Kurven für die Streckung von Typ I (oben) und Typ II (unten). Gelegentlich wurde ein Übergang von Typ I zu Typ II beobachtet. (b) SMD Simulation der Streckung von Typ I. Wiedergabe mit freundlicher Genehmigung aus Alam et al. (2002), *FEBS Letters*, **519**, 35, und Ohta et al. (2004), *Biophysical Journal*, **87**, 4007.

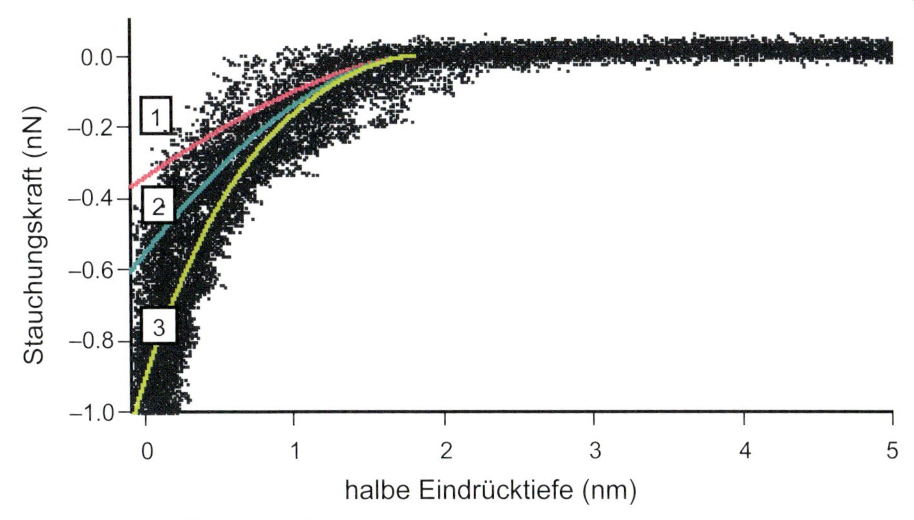

Abbildung 8.15 Messwerte (Punkte) und Anpassungskurven (farbig) bei der Kompression von BCA II. Kurve 1: Anpassung des Hertzmodells; Kurve 2: Anpassung des Tataramodells; Kurve 3: Exponentielle Anpassung an die experimentellen Werte. Wiedergabe mit freundlicher Genehmigung aus Afrin et al. (2005), *Protein Science*, **14**, 1447.

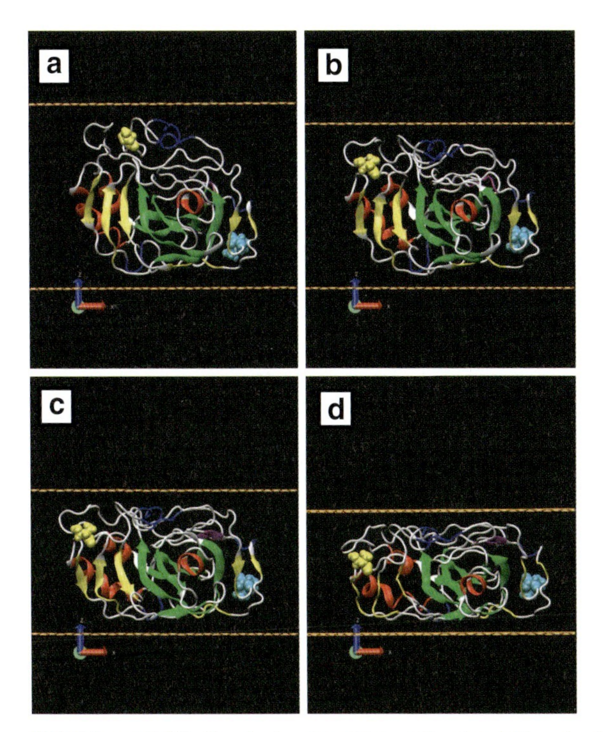

Abbildung 8.16 Ergebnis einer Computersimulation der Kompression von BCA II im Vakuum bei 300 K. (a) bis (d) zeigen vier Momentaufnahmen des Kompressionsprozesses. Wiedergabe mit freundlicher Genehmigung aus Tagami et al. (2006), *e-Journal of Surface Science and Nanotechnology*, **4**, 552.

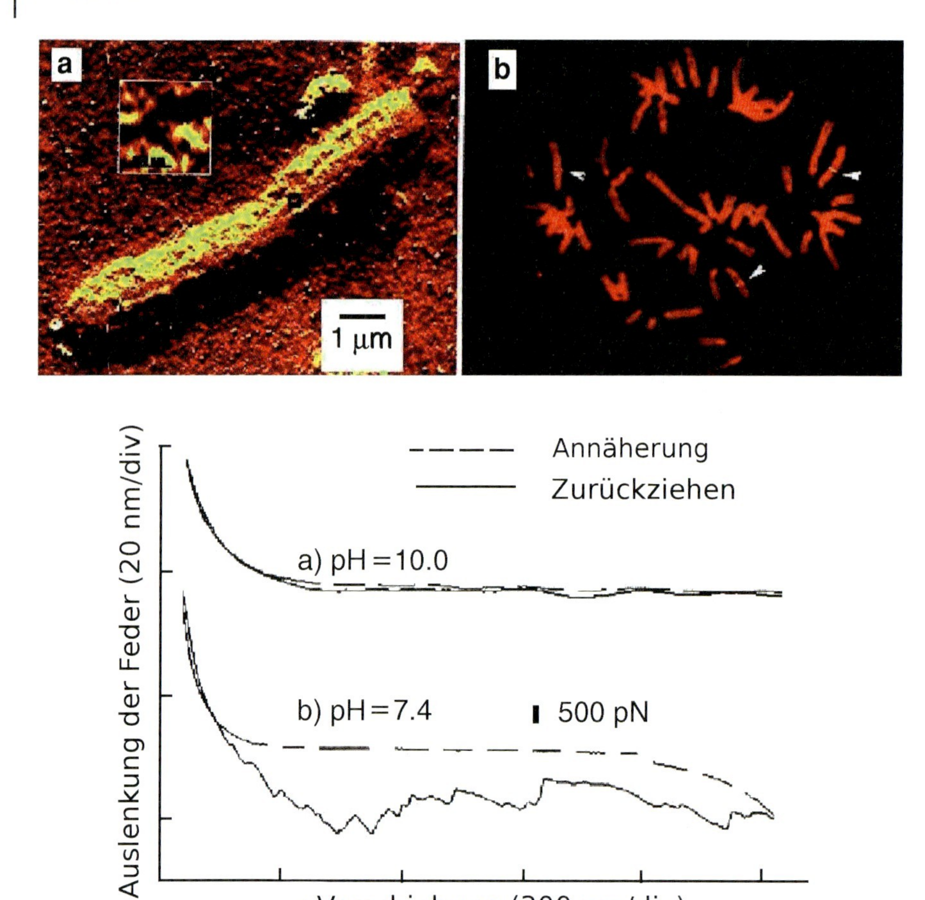

Abbildung 11.2 Extraktion von DNA aus einem isolierten Stück Mauschromosom. Die bei pH = 10 aufgenommenen Kraftkurven zeigen keine Ablenkung nach unten, wenn die Sonde aus dem Chromosom herausgezogen wurde. Bei pH = 7 ist dagegen eine ausgedehnte Ablenkung nach unten zu erkennen, die das Herausziehen der DNA anzeigt. Wiedergabe mit freundlicher Genehmigung aus Xu, X. M., Ikai, A. (1998), *Biochemical and Biophysical Research Communications*, **248**, 744.

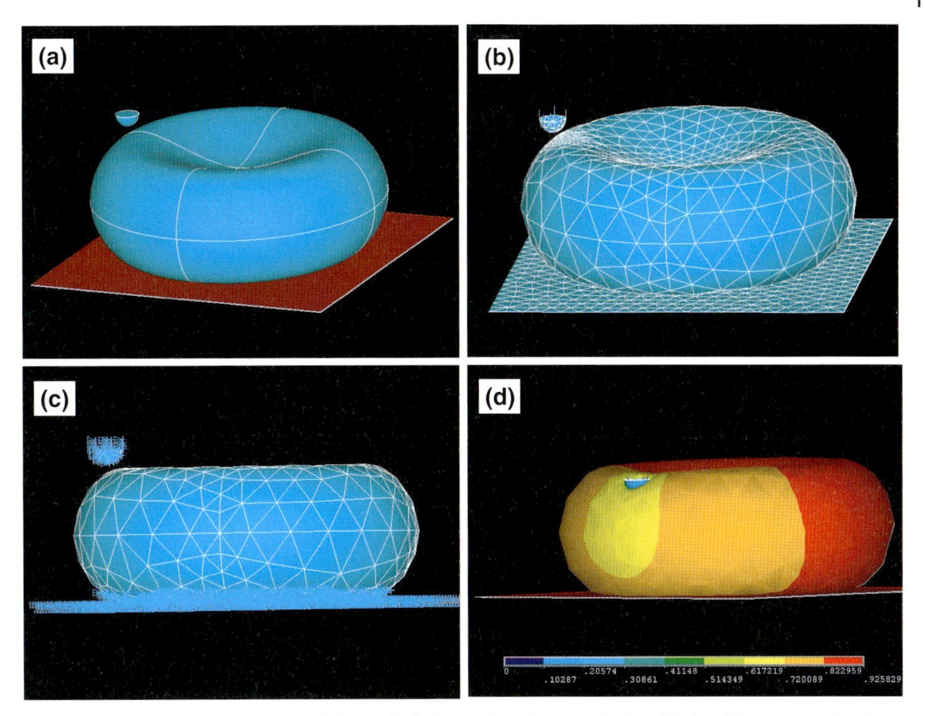

Abbildung 12.1 Die wesentlichen Schritte, die eine typische Finite-Elemente-Analyse ausmachen (hier mit der kommerziellen Software ANSYS 10.0): (a) Definition der Geometrie, (b) Diskretisierung der Spitze, ihrer Lagerung, der Probe und des Substrats in Knoten und Elemente (Gitterbildung), (c) Definition der Randbedingungen (kleine Dreiecke zeigen die Punkte, an denen Randbedingungen eingesetzt wurden: Die Bewegung der Spitze wurde auf die z-Richtung eingeschränkt, und die Unterseite des Erythrozyten sowie das Substrat wurde in x- und y-Richtung fixiert), (d) Visualisierung des globalen Verschiebungsvektors in Falschfarbendarstellung.

Index

Einführung in die Nanobiomechanik. Atsushi Ikai.

ISBN: 978-3-527-40954-9

l

m

n

o